dtv
premium

Ausführliche Informationen
über unsere Autoren und Bücher
finden Sie auf unserer Website
www.dtv.de

Julia Berger

GEFEUERT

Mein Leben nach der Kündigung

Deutscher Taschenbuch Verlag

FSC
Mix
Produktgruppe aus vorbildlich bewirtschafteten Wäldern und anderen kontrollierten Herkünften
Zert.-Nr. GFA-COC-001298
www.fsc.org
© 1996 Forest Stewardship Council

Originalausgabe 2010

Umschlagkonzept: Balk & Brumshagen
Umschlaggestaltung: Lisa Helm
Satz: Greiner & Reichel, Köln
Druck und Bindung: Kösel, Krugzell
Gedruckt auf säurefreiem, chlorfrei gebleichtem Papier
Printed in Germany · ISBN 978-3-423-24832-7

Für Ella, Johannes
und den Kleinen

Inhalt

Prolog

Im Sommer 2009 nahm mein Leben eine Wende, die ich nicht erwartet hätte. Mir wurde gekündigt. Telefonisch, freundlich, unmissverständlich. Ein einziger Anruf katapultierte mich aus meinem Arbeitnehmerdasein, das ich fünfzehn Jahre lang für selbstverständlich gehalten hatte. Ich landete auf einem mir bislang völlig fremden Planeten. Hier traf ich auf Menschen, die eine besondere Form des Deutschen sprechen. Von ihnen lernte ich Begriffe wie »Abwicklungsvereinbarung«, »Sperrzeiten« und »Zumutbarkeit«. Auf einmal war ich mit einem Stigma behaftet, dem der Gekündigten und Arbeitslosen. Ich erlebte meinen persönlichen »clash of civilisations«. Es war, als würde ich ein schroffes und kaltes Land bereisen, es war feindlich und unwirtlich. Alles, was ich darüber auf den nächsten Seiten erzähle, ist tatsächlich so passiert; lediglich die Namen aller Personen – auch mein Name – sind geändert.

Schon den ersten Hinweis, dass eine dramatische Änderung anstand, erhielt ich telefonisch. Am Tag vor der Kündigung rief mich mein Chef Jürgen an. Er erwischte mich zu einem denkbar ungünstigen Zeitpunkt. Ich war gerade damit beschäftigt, in der Innenstadt im Kaufrausch von einem Laden in den nächsten zu fallen. Es war der erste Shoppingausflug seit der Geburt meines Sohnes und mein Vorgesetzter war der Letzte, mit dem ich mich in diesem Moment unterhalten wollte. Ich erwartete, dass er mich überreden wollte, eine »herausfordernde« Aufgabe zu übernehmen (was bedeutete, dass sie keiner der Kollegen machen wollte …).

Stattdessen sagte er: »Ich habe schlechte Nachrichten …«

Ich habe mich selten so fehl am Platz gefühlt wie in diesem Moment. Das klang so ernst, dass ich mich sofort zwischen voll behängten Kleiderstangen und überfüllten Ladentischen hindurchschlängelte und aus dem Laden eilte.

Ich war in der Fußgängerzone, Menschen mit bunten Plastiktüten in den Händen strömten in beide Richtungen an mir vorbei, aus den Geschäften drang billiger lauter Pop. Ich scherte aus, um abseits etwas Ruhe zu suchen, und stieß auf den paar Metern dorthin mit mehreren Passanten zusammen, die ungerührt weiterliefen. Selbst hier dröhnten Stimmengewirr und Musik so laut, dass ich mir das freie Ohr zuhalten musste, um meinen Chef verstehen zu können.

»Unser Projekt wird eingestellt. Sofort«, sagte er.

Das saß. »Das gibt's doch nicht«, war das Einzige, was mir darauf einfiel. Damit hatte ich absolut nicht gerechnet. »Wie geht es den Kollegen?«, hörte ich mich nach einer kurzen Pause fragen.

Ich war in Elternzeit und deswegen die vergangenen Wochen nicht im Büro gewesen. Jürgen musste angesichts meiner relativ coolen Reaktion den Eindruck haben, dass ich souverän und gelassen und völlig Herr meiner Lage war. Dabei war seine kurze Botschaft wie ein Schlag auf den Kopf, der offensichtlich mein Denkvermögen und mein Gefühlszentrum gravierend beschädigt hatte. Unfähig, einen klaren Gedanken zu fassen und wie betäubt, telefonierte und antwortete ich völlig automatisch, wie ein Roboter. Für einen Moment war alle Energie aus mir entwichen. Regungslos hielt ich das Handy ans Ohr und konnte nicht fassen, was gerade passierte. In meinem Magen breitete sich langsam ein Gefühl aus, als hätte ich einen Reisekaugummi gegessen – flau und gedämpft.

Ich war erleichtert, als das Gespräch endlich endete. Jetzt konnte ich mich dem Schrecken, der in mir hochkroch, hingeben, ohne nebenbei die Anforderungen einer Konversation erfüllen zu müssen. Da stand ich nun am Rande der Fußgängerzone, das Handy noch immer in der Hand. Ich war ratlos und wusste nicht, was ich machen sollte. Also tat ich das Naheliegendste: Ich suchte ziellos Zuflucht in der Käuferwelle. Wie in Trance trieb ich in die Läden hinein und wieder hinaus, bevor ich mich endlich auf den Heimweg machte.

Die immer selben zwei Fragen schwirrten mir durch den

Kopf: Werden Sie mir einen anderen Job anbieten? Und: Sollte ich tatsächlich arbeitslos werden?

Meine Kollegen und ich, wir hätten uns einen besseren Zeitpunkt aussuchen können, um unsere Stelle zu verlieren – sollte es denn so weit kommen. Deutschland steckt in der schwersten Rezession in der Nachkriegsgeschichte. Was als Krise in der Finanzbranche begann, hat die gesamte Wirtschaft erwischt. Riesige Unternehmen mit Zehntausenden von Mitarbeitern betteln plötzlich öffentlichkeitswirksam um Kredite. Kleinere Firmen, die keiner kennt, gehen still und klanglos pleite. Ende des Jahres werden es insgesamt 35 000 Unternehmen sein, die 2009 in die Insolvenz geschlittert sind – das sind 5000 mehr als im Jahr zuvor. Viele Traditionsbetriebe sind darunter wie Märklin, Quelle, Rosenthal, Schiesser. 520 000 Beschäftigte haben deswegen ihren Arbeitsplatz verloren.

In diesem Frühsommer sind dreieinhalb Millionen Menschen ohne Stelle. Und viele, die eine haben, plagt die Angst, ihren Job zu verlieren: Immer mehr Unternehmen fahren die Arbeitszeit herunter, weil es nicht mehr genug Aufträge gibt. Mehr als eine Million Erwerbstätige sind deswegen in Kurzarbeit, ihr Lohn wird staatlich subventioniert. Da wird es schwierig werden, einen adäquaten neuen Job zu finden. Es gibt einfach zu wenige Stellen, und das nicht nur für uns. In vielen Branchen gehen die Ausschreibungen zurück.

Abgehetzt kam ich zu Hause an. Wie einer der berüchtigten Fahrradrowdys war ich schließlich zurückgefahren, als gelte es, einen Rekord aufzustellen. Mein Mann Johannes sah mich erstaunt an, als ich mit rotem Kopf und wirrem Haar vor ihm im Wohnzimmer stand und atemlos von Jürgens Anruf erzählte.

»Saublöd«, sagte er. Und dann, etwas ratlos: »Was wird jetzt?«

»Keine Ahnung«, antwortete ich leicht unwirsch. »Ich bin ja eigentlich in Elternzeit. Vielleicht wird mir gar nicht gekündigt.«

»Und wenn doch?«

Er war sehr erschrocken und das nervte mich. Ich hätte gerne das Exklusivrecht auf Betroffenheit gehabt, schließlich passierte gerade *mir* etwas. Das Gefühl, nicht nur mich selbst, sondern auch noch Johannes beruhigen zu müssen, überforderte mich. Natürlich war mir sofort klar, dass das mögliche Aus meines Jobs unser fein austariertes Familiensystem durcheinanderwirbeln würde. Bislang war ich diejenige mit der 50-Stunden-Woche und dem regelmäßigen Gehalt, das Johannes' Auftragsschwankungen als Freiberufler ausgleichen konnte. Objektiv gesehen hatte er also allen Grund besorgt zu sein.

Mir selbst machte noch etwas anderes Sorgen: Diese erste Kündigung konnte mein Abschied sein aus einer Arbeitswelt, wie ich sie kannte. Ich wusste, dass ich zur aussterbenden Spezies der vollzeitbeschäftigten Arbeitnehmer in Festanstellung gehörte – noch dazu war ich 15 Jahre lang durchgehend beim selben Arbeitgeber. Die Regel ist inzwischen permanentes Job-Hopping: Wechsel von Arbeitgebern sowie von Zeiten der Arbeit und Arbeitslosigkeit. Eine Lebensanstellung, wie sie noch für unsere Eltern möglich war, das gibt es heute so gut wie nicht mehr.

Festanstellungen entwickeln sich generell zum Auslaufmodell. Nach Auswertungen des Statistischen Bundesamts haben nur noch zwei Drittel der Erwerbstätigen eine sozialversicherungspflichtige Festanstellung. Vor zehn Jahren waren es noch fast drei Viertel. Dafür nehmen Erwerbsformen deutlich zu, die bislang als »untypische« Beschäftigungen galten: Leiharbeit, befristete Mitarbeit an Projekten und auf Honorarbasis, 400-Euro-Jobs und Teilzeitarbeit. Fast acht Millionen Deutsche arbeiten bereits auf diese Art »untypisch«.

Es konnte gut sein, dass dies auch meine Perspektive werden sollte.

Das Mittagessen

Ich gehöre zu den Menschen, bei denen das Glas immer halb voll ist, niemals halb leer. Als geübte Optimistin wache ich am Morgen nach dem missglückten Shoppingtag guter Dinge auf. Die Sonne scheint, die Vögel zwitschern. Das ist kein Tag für dramatische Ereignisse.

Ich rechne nicht wirklich mit dem Schlimmsten. Aufkommende Zweifel wische ich sofort weg: »Ich bin in Elternzeit und dadurch arbeitsrechtlich besonders geschützt«, sage ich mir. Argument um Argument fällt mir ein, warum schon nichts passieren wird. Unser Team arbeitet schließlich am Vorzeigeprojekt unseres Arbeitgebers. Solche Leute entlässt man nicht. Und falls doch – hier kommt mir leider ein egoistischer Gedanke, den ich nur ungern zulasse –, mir werden sie bestimmt nicht kündigen. Ich bin schon so lange in dem Laden und gut vorangekommen, habe mehrmals die Position gewechselt und viele Krisen überstanden – warum sollte das jetzt auf einmal anders ein?

Oberflächlich beruhigt starte ich gut gelaunt in den Tag und verdränge Jürgens Anruf einfach – bis mich der Personalreferent unangekündigt vom Mittagstisch klingelt.

Während meine 8-jährige Tochter Ella und eine Schulfreundin ihre Teller leer essen, wird mir von Herrn Roth der Rausschmiss angetragen. Es ist offensichtlich, dass ich nicht der erste Mitarbeiter bin, dem er eine Kündigung übermitteln muss. Der Mann hat Routine und wahrscheinlich mehrere Seminare zum Thema »Richtig kündigen« mit Auszeichnung absolviert.

Wortreich und flüssig erklärt er mir die Situation, redet über den Höhepunkt »Wir werden auch Ihnen kündigen« eilig hinweg und rechnet mir vor, zu welchem Termin das geschehen wird: Frühestens in sechs, spätestens in sieben Monaten bin ich draußen.

»Da Sie in Elternzeit sind, haben Sie einen besonderen Kündigungsschutz. Wir müssen erst beim Gewerbeaufsichtsamt Ihre Kündigung beantragen. Aber das haben wir bereits gemacht.«

Hier glaube ich ein Bedauern durchzuhören. Allerdings unterstelle ich ihm, dass sein Bedauern nicht mich betrifft, sondern den Umstand, dass ein Behördenumweg nötig ist.

»Ich weiß nicht, wie schnell die sind«, meint Herr Roth.

Ich bin sprachlos, was nicht weiter auffällt, da ich sowieso nicht zu Wort komme. Ich habe den Eindruck, neben mir zu stehen und nicht wirklich teilzunehmen an dem, was geschieht. Es ist ein völlig surrealer Moment. Ich fühle mich, als würde ich die ganze Szene beobachten. Endlich wache ich etwas aus der Apathie auf und werfe ein, wie es mit einem Wechsel auf eine andere Position innerhalb des Konzerns aussähe?

»Dann haben wir natürlich gar kein Problem, die Kündigung wieder zurückzunehmen. Aber die Chancen stehen nicht gut. Die Situation im Unternehmen ist schwierig. Es gibt keine Neueinstellungen.«

Da kommt Wut in mir auf, meine Wangen werden ganz heiß. »Hey, willst du mir damit sagen, dass ich richtig draußen bin? Erst vor zwei Jahren war ich doch bei dir, um den Vertrag für den Positionswechsel zu unterschreiben. Du hast mir gratuliert, und jetzt kündigst du mir? Und überhaupt: Was soll der Quatsch von wegen Neueinstellungen. Ich bin doch nicht neu hier!«

Das denke ich nur. Schließlich duzt man seinen Personalreferenten nicht (zumindest nicht in unserem Unternehmen), außerdem bin ich für so einen impulsiven Angriff zu höflich und dann sitzen ja auch noch zwei Kinder hinter meinem Rücken. Johannes und ich haben gestern vereinbart, unserer Tochter erst einmal nichts vom Ende des Projekts zu sagen, damit sie sich keine Sorgen macht.

Ich habe keine Übung im Gekündigtwerden. Es ist mein erstes Mal. Ich habe keine Ahnung, wie man sich in solch einer Situation richtig verhält. Ich halte mich an die gängigen Höflichkeitsregeln, was dazu führt, dass ich es fertigbringe, mich am Ende für das Gespräch zu bedanken. Für Herrn Roth bin ich definitiv ein angenehmer Kündigungspartner, was ich ihm in diesem Moment überhaupt nicht gönne. Egal, ich bin froh, endlich den Hörer auflegen zu können.

Ich bin erschüttert. Ich fühle mich klein und ausgeliefert und machtlos. Es ist, als ob etwas Riesiges über mir zusammenbricht. Und ich stehe schutzlos da, ohne die Möglichkeit zu flüchten oder mich zu verstecken. Auch in mir zerbröselt etwas. Mein Vertrauen in diesen Arbeitgeber, in die gemeinsame Zeit. Mein Vertrauen in mich, dass ich auch schwierige Phasen in der Arbeit überstehe. Meine Gewissheit, dass alles gut wird, dass schon nichts passiert. Ich stöhne unwillkürlich auf.

»Wer war das, Mama?«, höre ich meine Tochter fragen.

»Ach, nur jemand von der Arbeit«, nuschele ich, nehme meinen halb vollen Teller und leere die Reste des Mittagessens in den Mülleimer.

Nachdem Ella und ihre Freundin auf den Spielplatz gegangen sind, rufe ich noch am selben Nachmittag bei meinem Berufsverband an. Ich muss etwas tun, sonst werde ich verrückt. Ich kann Herrn Roths Anruf doch nicht einfach so stehen lassen. Immer wieder sage ich mir: »Bleib ganz ruhig. Mach jetzt nichts Übereiltes. Geh Schritt für Schritt vor. Informier dich erst einmal.« Ich lasse mich sofort zu den Anwälten durchstellen.

»Guten Tag, ich habe erfahren, dass mir gekündigt wird, weil das Projekt, für das ich arbeite, eingestellt wird. Ich bin aber in Elternzeit. Wie soll ich mich jetzt verhalten?« Ich bin aufgewühlt, als ich diesen Eröffnungssatz formuliere. Aber ich zwinge mich zur Ruhe – und ich bemühe mich, meine Frage möglichst offen zu stellen, um der Gegenseite Gelegenheit zu geben, ausführlich zu antworten. Doch statt einer Antwort kommt leider nur eine Frage zurück: »Haben Sie die Kündigung schon?«

»Nein, noch nicht.«

»Wir brauchen die Kündigung. Wenn Sie die haben, können Sie sie uns faxen.«

Ich bin verblüfft. Ich bin das erste Mal in meinem Leben von einer Kündigung betroffen und halte das für einen schweren und dramatischen Fall. Für mich ist gerade der Gau eingetreten, für den man solche Erfindungen unserer Zeit wie Versicherungen und Verbandsmitgliedschaften abschließt – in der Hoffnung, sie niemals nötig zu haben. Ich hatte daher mit einem deutlich größeren Interesse gerechnet. Und jetzt soll ich einfach nach einer Minute wieder auflegen?, wundere ich mich.

Vorsichtshalber frage ich noch einmal nach: »Und jetzt bleibt mir nichts anderes zu tun als abzuwarten?«

»Ja genau«, ich glaube zu hören, wie mein Telefonpartner nachsichtig lächelt. »Auch wenn das nicht sehr befriedigend ist.« Dann fügt er noch an: »Aber unterschreiben Sie nichts. Nur den Empfang der Kündigung, den können Sie quittieren.«

Ich lege ungern auf. Ich könnte jetzt gut Beistand gebrauchen, nicht nur rechtlichen, auch seelischen. Am liebsten hätte ich gehört: »Machen Sie sich keine Sorgen. Wir schaukeln das schon. Alles wird gut.«

Stattdessen sitze ich allein neben dem Telefon und weiß, dass *ich* jetzt diesen Satz werde sagen müssen. »Alles wird gut. Ich werde das Ding schon schaukeln.« Seit Ella auf der Welt ist, bin ich zur Hauptverdienerin der Familie geworden. Die Verantwortung, dass genug Geld zum Leben da ist, liegt bei mir. Johannes und ich haben damals die klassische Rollenverteilung umgedreht, weil er eine sehr unstete Auftragslage hat. Er ist Künstler. Mal hat er vier Aufträge parallel, dann wochen-, monatelang gar keinen. So ist das in seinem Beruf. Laut einer Statistik der Künstlersozialkasse verdienen freiberufliche Künstler im Schnitt 13 103 Euro brutto im Jahr. Davon kann man keine Familie ernähren.

Ich will niemanden anrufen, um mir Trost zu holen. Ich habe Angst davor, welche Reaktionen kommen könnten. Ein »Ach Gott, wie schlimm!« ist das Letzte, was ich jetzt ertragen könnte.

Also spreche ich mit niemandem über die Kündigung. Ich tue nichts, als darauf zu warten, dass Johannes nach Hause kommt.

»Mir wurde gekündigt«, schleudere ich ihm entgegen, kaum dass er zur Tür herein ist.

Er nimmt mich in den Arm. »Das wird schon. Ich bin ja auch noch da.«

Ich will daran glauben und mich getröstet fühlen. Aber es gelingt mir nicht ganz. Ich schaffe es immerhin, die Zweifel für einen Moment nicht zuzulassen. Die vergangenen Jahre haben mich geprägt. Ich weiß, dass ich verantwortlich bin für die finanzielle Sicherheit unserer Familie. Und ich weiß, dass ich das Johannes jetzt nicht auf einmal vorwerfen kann. Er kann nichts dafür. Seit Ella auf der Welt ist, hat er beruflich zurückgesteckt. Wer weiß, wie seine Karriere sonst verlaufen wäre. Wären wir ein kinderloses Paar, hätte er Aufträge in anderen Städten annehmen können, die ihn für mehrere Monate von zu Hause fortgeführt hätten. Er hat immer abgelehnt, weil wir nicht wussten, wie wir das mit Kind hätten organisieren sollen. Ich habe diese Aufteilung nie infrage gestellt. Das war so. Es hat funktioniert. Punkt. Aber jetzt mit der Kündigung wird mir die Verantwortung auf einen Schlag zur Last.

»Was soll nur werden?«, frage ich mich, noch immer in seinem Arm. Aber ich sage nichts. Ich halte meinen Mund.

Das Kollegentreffen

Die folgenden Tage begleitet mich der Eindruck des Surrealen, der mich während des Telefonats mit Herrn Roth überkam.

Ich kann es einfach nicht fassen, dass mir gekündigt wird.

Der Familienalltag läuft scheinbar ungestört weiter, aber der Schreck über die Kündigung stößt mir wieder und wieder auf. Ich bin zutiefst gekränkt und versuche zu verstehen, warum mir das passiert. Zum ersten Mal habe ich mit der Elternzeit eine längere Unterbrechung von der Arbeit vereinbart und kaum bin ich ein paar Monate nicht da, werde ich rausgeschmissen. »Bin ich etwa selbst daran schuld«?, frage ich mich. Aber andererseits, sage ich mir dann wieder, die Kollegen hat es doch auch getroffen. Es kann also nicht an der Elternzeit liegen.

Dann rennen meine Gedanken wieder los. Ich denke an alles, was ich jetzt tun muss: Stellenmärkte sichten, Bewerbungsunterlagen vorbereiten, eine Strategie entwickeln, wie ich mich positioniere, damit ich schnell einen neuen Job an Land ziehe.

Vielleicht kommt mir auch deswegen alles so seltsam vor, weil ich in Elternzeit bin. Mir fehlt die abrupte Freistellung, wie sie die Kollegen erfahren hatten. Sie mussten quasi von jetzt auf gleich ohne ein Zeichen der Vorwarnung ihren Stift fallen lassen. Ich dagegen habe mich in den vergangenen Monaten bereits an einen Alltag ohne Büro gewöhnt. Zwar stand für mich fest, in wenigen Wochen dorthin zurückzukehren. Ich hatte auch schon Pläne und Ideen, was ich dann wie umsetzen wollte. Aber nun theoretisch zu realisieren, dass sich diese Zukunft anders gestalten wird, ist schwierig.

Konkret sind dagegen die Existenzängste. Die vergangenen Monate der Elternzeit haben schon alle finanziellen Reserven aufgebraucht. Das Elterngeld beträgt knapp 70 Prozent des Nettoeinkommens vor der Geburt des Kindes. Das reicht uns nicht. Eigentlich war geplant, dass Johannes in dieser Zeit wieder mehr arbeitet, aber es klappt nicht. Die Auftragslage ist mauer als sonst, auch sein Metier leidet unter den Folgen der Wirtschaftskrise.

»Wir sind doch erst einmal abgesichert«, versucht mich Johannes während einem der vielen Gespräche zu beruhigen. »Jetzt bist du noch in Elternzeit, dann bekomme ich zwei Monate Elterngeld. Und danach könntest du notfalls Arbeitslosengeld beziehen. Wie lange gibt's das denn?«

»Maximal zwölf Monate«, antworte ich widerwillig und desinteressiert.

»Das ist doch eine lange Zeit«, sagt Johannes.

»Aber ich will nicht arbeitslos werden!«, rufe ich entsetzt. »Außerdem reicht das Geld doch gar nicht!«

Ich ziehe mich an meinen Schreibtisch zurück, damit ich nicht in einem Anfall von Verzweiflung meine Wut gegen ihn richte. Hier stürze ich mich in Aktionismus. Ich muss irgendetwas tun. Ich setze mich vor meinen Laptop, abonniere einen Job-Newsletter und will irgendwie damit beginnen, meine Bewerbungsunterlagen aufzubereiten. Da klingelt mein Handy. Eine Bekannte aus dem Unternehmen ist dran, die in einer anderen Abteilung arbeitet.

»Wie geht's?«, fragt sie.

Ich habe das Gefühl, dass etwas anderes in dieser Frage mitschwingt, komme aber nicht darauf, was es ist. Und ich antworte aus reiner Gewohnheit »gut« – außerdem hat das Klingeln meine Sorgen kurz verscheucht. Ich denke gerade in dem Moment ihres Anrufs nicht an die Kündigung. Es ist zum Glück unmöglich, ohne Unterlass daran zu denken. Sonst wäre ich schon längst wahnsinnig.

»Hast du schon gehört ...?«, fragt sie vorsichtig.

Ach so, jetzt verstehe ich. Sie spielt auf die Einstellung unseres Projekts an. »Ja, natürlich, gestern hat mich die Personalabteilung angerufen«, antworte ich.

»Und dein Chef nicht?«

»Doch, der auch.« Ich habe den unguten Eindruck, einem Verhör unterzogen zu werden.

Sie seufzt. »Das ist sooo schlimm!«

Stimmt, es ist schlimm. Aber erstens bin ich diejenige, die seufzen darf, und dann glaube ich, inzwischen herausgehört zu haben, dass sie weniger aus Mitgefühl anruft. Es ist die Neugier. Ich unterstelle ihr, dass sie gerne hören würde, wie mies sich das Unternehmen uns Gekündigten gegenüber verhalten hat. Das würde ihr in der internen Gerüchteküche einen entscheidenden Vorsprung und damit eine wichtige Rolle verschaffen. Sofort werde ich extrem vorsichtig und zurückhaltend. Sie spürt das wohl und verabschiedet sich schließlich mit dem unsensiblen Satz »Ich muss jetzt wieder weitermachen«, der jedem Gekündigten das Gefühl des Ausgegrenztseins gibt. Denn ich würde auch gerne weitermachen, darf aber nicht mehr.

Lieber sind mir die unzähligen Anrufe der gekündigten Kollegen, mit denen ich auch in regem E-Mail-Verkehr stehe. Es geht bei diesem Kommunikationsmarathon allein um den Austausch unserer Befindlichkeit. Jedes Mal beginnen wir vorsichtig mit der Frage »Wie geht's?« und bemühen uns um eine ehrliche Antwort, die unseren Gefühlshaushalt widerspiegelt. Die Kollegen sind froh, mit einem Leidensgenossen über ihre Situation sprechen zu können, und ich bin dankbar für jede neue Information, da ich mich hier zu Hause in Elternzeit von den Entwicklungen etwas abgeschnitten fühle.

Auch der Betriebsrat schaltet sich ein. Er lädt auf die Schnelle alle kurzfristig per E-Mail zu einer ersten Krisensitzung ein. Ich finde keinen Babysitter und rufe am nächsten Tag selbst beim Betriebsrat an. Von den Kollegen habe ich da bereits erfahren, dass das Gespräch nicht sehr ergiebig war. »Die haben uns wenig Hoffnungen gemacht. Eigentlich ging es nur darum, wie schlecht die rechtliche Situation für uns ist«, hat mir ein Kollege gleich im Anschluss erzählt.

Das Lamento kenne ich also schon und höre einfach darüber hinweg, als es der Betriebsrat tatsächlich anstimmt. Doch dann wird es plötzlich interessant: »Warum haben Sie keine Rückkehrklausel in Ihren Arbeitsvertrag aufnehmen lassen?«, fragt er mich. Er meint damit eine Vereinbarung, mit der ich mich gegen ein Scheitern des Projekts hätte absichern können. Mit einer Rückkehrklausel hätte ich mir für den Gau, der jetzt eingetreten ist, die Weiterbeschäftigung in einem anderen Tochterunternehmen zusichern lassen können. »Hätte« und »können« muss ich leider schreiben, da ich beim Wechsel vor wenigen Jahren in die Tochterfirma, die der Konzern nun schließt, daran nicht gedacht hatte.

»Es ist stets besser, bei solchen Dingen den Betriebsrat einzubeziehen. Aber im Nachhinein ist man immer schlauer«, sagt er noch.

Ich kann wenig darauf erwidern, denn er hat ja recht. Ich bin die beste Werbeveranstaltung für ihn und kann an dieser Stelle nur jedem empfehlen, keinen Arbeitsvertrag zu unterschreiben, ohne vorher fachkundigen Rat einzuholen.

Jetzt soll ich ihm eine Mail schicken, warum mich die Kündigung hart trifft. Er will soziale Kriterien hören: dass ich Kinder habe, Haupternährerin der Familie bin, »solche Sachen«, sagt er. Diese Informationen braucht er, um einen Widerspruch gegen die Kündigung formulieren zu können. So wie ich ihn verstehe, ist das in meinem Fall eine reine Formsache. Ich erledige meine Aufgabe trotzdem brav, aber widerwillig – er würde das doch von mir nicht verlangen, wenn es gar keinen Sinn machen würde, oder? Aber es ist mir sehr unangenehm, meine persönlichen Verhältnisse auf diese Weise und in dieser Situation zu offenbaren. Ich will nicht auf die Tränendrüse drücken, ich will kein Mitleid. Ich will meinen Job!

Der Aussichtslosigkeit der Lage entsprechend niedergeschlagen sind alle Kollegen, als wir uns am nächsten Tag zum »Abschied« treffen. Die Geschäftsführung zahlt uns eine Henkersmahlzeit.

Es ist ein wunderbarer Sommerabend. Während ich unter sattgrünen Bäumen zu unserem Treffpunkt radle, dem schönsten Gartenlokal der Stadt, tue ich genau das, was man an so einem Abend tun sollte: draußen sein, nette Leute treffen, den Sommer genießen. Es gelingt mir tatsächlich, den unangenehmen Anlass meiner Verabredung weitgehend zu verdrängen. Es ist schön, mit dem Fahrrad durch diesen lauen Abend zu fahren. »Ach«, sage ich mir und atme den Duft des Sommers ein. »Das wird schon alles. Du hast doch Zeit. Wer weiß, was für einen tollen Job du findest.« Auf einmal ist mein Optimismus wieder da.

Doch als ich in den Innenhof des Lokals trete, merke ich sofort, dass das heute nichts wird mit einem netten Sommerabend. Meine gute Laune bekommt einen empfindlichen Stoß, bald wird sie in sich zusammenfallen wie ein windschiefes Kartenhaus. Die Kollegen sind ganz offensichtlich nicht solche Verdrängungsmeister und Zwangsoptimisten wie ich. Sie sitzen mit hängenden Köpfen um einen großen runden Tisch, genau neben der Cocktailbar mit den Sambarhythmen. Es wirkt wie eine Insel des Frusts inmitten der lustigen Gesellschaft der anderen Gäste.

»Hallo! Ich freue mich, euch zu sehen, auch wenn ich mir einen anderen Anlass gewünscht hätte«, begrüße ich die Runde und ernte mattes Lächeln. Die Stimmung bleibt die nächsten Stunden gedrückt. Kurz funken Gesprächsversuche auf, dann stiert wieder jeder vor sich hin. Ab und an fange ich einen Blick auf, und man lächelt sich traurig und wissend an. Es ist nicht auszuhalten.

»Und was hast du jetzt vor?«, fragen wir uns alle gegenseitig, obwohl es für konkrete Pläne natürlich viel zu früh ist. Einem Gekündigten diese Frage zu stellen, ist eigentlich ein No-Go, weil sie ihn in die Rechtfertigungsecke drängt. Sie ist höchstens unter Schicksalsgefährten erlaubt. Dann ermöglicht sie, sich gegenseitig ein bisschen vorzujammern und aufzubauen. »Du musst dir doch keine Sorgen machen!«, sagt einer dem anderen reihum. Nur über eine Kollegin ärgere ich mich. Sie ist die Einzige im Team, die keine Kündigung erhalten hat, weil sie uns von einer anderen Tochterfirma nur »ausgeliehen« wurde. Sie hat sehr konkrete Vorstellungen, was aus mir nun werden soll und was ich tun soll, und hört gar nicht auf, mir ihre Version meiner Zukunft zu beschreiben. »Ja, ja«, sage ich und wechsle schnell den Platz. (Einige Wochen später werde ich erfahren, dass ihr schließlich auch gekündigt wurde. Da wird sie aus allen Wolken gefallen sein. Ich könnte Häme fühlen und ihr nun Vorschläge für ihre Zukunft unterbreiten. Aber es macht mich nur traurig und wütend. Sie jetzt auch noch. Musste das sein?)

Ich erfahre, dass fast alle Kollegen nach wie vor jeden Tag ins Büro gehen. »Was tun die dort?«, überlege ich mir, traue mich aber aus Rücksicht nicht, dies laut zu fragen. Denn alle sind freigestellt und das vom ersten Tag an, an dem die Einstellung des Projekts verkündet wurde. Unser Arbeitgeber hat nichts dagegen, dass das Team weiter ins Büro kommt, was ich ungewöhnlich finde. Die Personalabteilung hat sogar versprochen, die Computer die ersten Wochen noch stehen zu lassen und danach immerhin einen PC als Anlaufstelle für uns bereitzuhalten.

Es ist sicherlich nicht gerade der Augenblick, dem Unternehmen dankbar zu sein – andererseits gibt es auch Fälle, bei denen Mitarbeitern noch während des Kündigungsgesprächs der E-Mail-Account gesperrt wird und sie sofort ihren Schreibtisch verlassen müssen. Verglichen damit haben wir es also gut getroffen. Aber als ich einer Kollegin gegenüber eine Andeutung darüber mache, fährt sie mir sofort über den Mund mit der ironischen Bemerkung: »Sehr generös.«

Ich bin geradezu erleichtert, als ich diese traurige Veranstaltung wieder verlassen kann – das Baby dient mir als Ausrede. Auf dem Heimweg denke ich die ganze Zeit an die frustrierten Kollegen. Jetzt habe ich einen Eindruck erhalten, wie die Stimmung im Team an dem Tag gewesen sein muss, als Jürgen mich anrief und mir vom Aus des Projekts erzählte. Für mich war es bislang schwer, die Kündigung mit all ihrer Wucht und ihren Konsequenzen zu realisieren. Zwischen Anfällen von Existenzangst und vagen Gedanken über meine Bewerbungsstrategie habe ich immer wieder versucht, mich zu beruhigen. Irgendetwas wird sich schon finden, habe ich mir immer wieder gesagt. Außerdem: Ich habe sie ja noch nicht einmal, die Kündigung. Kann nicht vielleicht doch alles gut enden?, habe ich hartnäckig gehofft. Die Niedergeschlagenheit meiner Kollegen zieht jetzt auch mich völlig nach unten. Ich war heute Abend so zuversichtlich hergefahren, hatte es sogar geschafft, angesichts des herrlichen Wetters die Kündigung zu verdrängen und mir eine tolle Zukunft auszumalen, und bin jetzt, während ich mein Fahrrad vorm Haus abstelle, fertig mit der Welt.

Als ich die Haustür aufschließe, steht Johannes schon mit dem schreienden Baby auf dem Arm in Warteposition im Gang. Er ist sichtlich erleichtert, mich zu sehen, und hält mir sofort den Kleinen entgegen. Und ich bin erst erleichtert! Mag das Baby schreien, ich bin verdammt froh, zu Hause zu sein.

Der erste Ämterreigen

Jetzt ist Herrn Roths Anruf schon ein paar Wochen her und ich habe meinen Eltern noch immer nichts von der Kündigung erzählt. Ich weiß, dass ich es tun muss, und zwar bald. Das liegt mir wie ein Stein im Magen. Nach wie vor hoffe ich, dass aus der Kündigung nichts wird, dass sich vielleicht eine andere Lösung ergibt. Ich kann mir einfach nicht vorstellen, nach der Elternzeit nicht ins Unternehmen zurückzukehren. Bis dahin ist doch noch so viel Zeit – wer weiß, was währenddessen alles passiert. Vielleicht gibt es neue Projekte?

Trotzdem muss ich mit der Wahrheit herausrücken. Ich kann ihnen schließlich nicht einfach verschweigen, dass ich aller Voraussicht nach meinen Job verlieren werde. Mehrmals habe ich mich im letzten Moment darum gedrückt, etwas zu sagen. Ich will nicht, dass sie sich Sorgen machen. Aus dem Alter bin ich raus. Das würde mich auch nur zusätzlich belasten. Ich habe gerade weder Kraft noch Nerven, zusätzlich noch meine Eltern zu beruhigen.

»Heute ruf ich an!«, sage ich mir. »Heute muss es sein.« Es ist ein herrlicher sonnendurchfluteter Tag. Wir machen einen Familienspaziergang in den Park. Ella und Johannes spielen Federball, der Kleine schläft und ich greife kurz entschlossen zum Handy.

Auch mein Vater und seine Lebensgefährtin sind gerade spazieren.

»Es ist wunderschön hier«, schwärmt mein Vater. »Wir wandern ein Flussbett entlang und heute Abend gehen wir in ein Kammerkonzert.«

»Fein!«, sage ich und verschweige die Kündigung. Diese Freizeitidylle kann ich unmöglich mit so einer schlechten Nachricht versauen. Ich beschränke mich darauf, übers Wetter zu sprechen und so zu tun, als ob ich mich fürs Konzert interessieren würde. Als ich anschließend bei meiner Mutter durchklingele, ist der gute Vorsatz inzwischen schon so abgeschwächt, dass ich auch ihr nichts erzähle.

Allein mein Bruder erfährt die Wahrheit.

»Das ist schlecht«, sagt er. Mehr nicht. Kein Drama, keine bohrenden Nachfragen. Für mich ist das die beste Reaktion, die ich im Moment bekommen kann. Mit dieser nüchternen Feststellung kann ich umgehen, ohne das Gefühl zu haben, mich rechtfertigen oder Stärke und Optimismus demonstrieren zu müssen.

Auch mein Bruder bekommt die Wirtschaftskrise zu spüren. Er arbeitet in der Metallindustrie, die von der Krise hart getroffen ist. In seinem Unternehmen gibt es Kurzarbeit. Er muss mit weniger Geld zurechtkommen und mit der Sorge, wie es nach der Kurzarbeit weitergeht. Wird es sein Arbeitgeber durch die Krise schaffen oder drohen am Ende doch Kündigungen? Genau das erwarten Arbeitsmarktexperten für kommendes Jahr. Die Kurzarbeit, so der allgemeine Tenor, hilft zunächst, Entlassungen zu vermeiden. Aber wenn die Wirtschaft nicht schnell genug in Fahrt kommt, werden die Unternehmen über kurz oder lang doch Leute rausschmeißen.

Ich nehme mir seine Ruhe zum Vorbild und habe fest vor, die Aufregung, die immer wieder hochsteigt, nicht überhandnehmen zu lassen. Wir wissen in diesem Moment beide noch nicht, wie sehr wir bald die Nerven werden bewahren müssen.

Die Dinge gehen unerbittlich ihren Gang. Am nächsten Tag kommt mit der Post ein Brief vom Gewerbeaufsichtsamt. Ich bin Gegenstand eines »Ermittlungsverfahrens« und soll in einem Formular Stellung zu den Kündigungsabsichten meines Arbeitgebers nehmen. Das Amt wird dann entscheiden, ob die Kündigung in meiner Elternzeit zulässig ist. Ich soll unter anderem ein Kreuzchen machen bei der Frage »Sind Sie gegen die Kündigung – ja oder nein«. Das klingt leicht – natürlich werde ich widersprechen –, aber ich vermute heimliche Fallstricke.

Dieses Schreiben ist meine Hoffnung. Ich setze darauf, dass das Amt die Kündigung verbieten wird. Damit wäre das Thema gegessen. Ich könnte meinen Job behalten, das ist das Beste, was ich mir im Moment vorstellen kann. Damit ich mit dem Formular ja nichts falsch mache, rufe ich wieder bei meiner Rechtsberatung an.

Diesmal habe ich eine Anwältin in der Leitung. Ich lege auch ihr meinen Fall dar und frage, ob ich mit dem Formular vorbeikommen kann.

»Sie können es uns auch faxen«, ist die Antwort.

Nein, diesmal lasse ich mich nicht so schnell abwimmeln. Für mich geht es hier um viel. Ich will jetzt eine Auskunft und eine Beratung und gefälligst Unterstützung in meiner Hoffnung, dass alles schon nicht so schlimm werden wird.

»Ich komme lieber vorbei und bringe gleich meinen Arbeitsvertrag mit«, insistiere ich – und ergattere tatsächlich kurzfristig einen Termin.

Die paar Stunden bis dahin reichen mir, um meinen aktuellen Arbeitsvertrag und weitere Unterlagen zu kopieren, die ich für die Lösung meines »Falls« für relevant halte. Es sind vor allem mehrere Arbeitsverträge mit unterschiedlichen Tochterfirmen und Schreiben zu Betriebsübergängen.

Mein Arbeitgeber hatte bereits vor Jahren begonnen, sich in einzelne GmbHs aufzusplitten und damit seine Beschäftigten in verschiedene Klassen aufzuteilen. Beschäftigte der ersten Klasse hatten Tarifverträge mit regelmäßigen Einkommenssteigerungen, geringeren Arbeitszeiten, mehr Urlaubstagen und höherer Jobsicherheit. Beschäftigte zweiter Klasse waren in allerlei Tochterfirmen beschäftigt, in denen keine Tarifvereinbarungen galten. Sie verdienten in der Regel deutlich weniger, hofften (völlig realitätsfern), irgendwann einmal in die erste Klasse wechseln zu können, und setzten darauf, dass bis dahin schon alles gut gehen würde.

Ich war inzwischen eine Beschäftigte zweiter Klasse. Mit jeder neuen Aufgabe, die ich im Konzern im Laufe der Jahre übernommen habe, bin ich in ein anderes Tochterunternehmen gewechselt. Der Konzern hat, sobald er ein weiteres Geschäftsfeld erschloss, eine Firma nach der anderen gegründet.

Die Arbeitsbedingungen haben sich dabei von Mal zu Mal verschlechtert. Das Einzige, was sich für mich rechtlich bei all den Wechseln verbesserte, war die Kündigungsfrist. Damit war ich eine Ausnahme unter den Kollegen. Einige konnten zum Monatsende rausgeschmissen werden, bei mir waren es am Schluss sechs Monate. Ich hielt das fälschlicherweise immer für ein gutes Zeichen und interpretierte es so, dass der Konzern Interesse an meiner Mitarbeit hatte. Und jetzt wurde einfach die Tochterfirma, bei der ich angestellt war, geschlossen.

Ich schleppe also einen beachtlichen Packen Papier mit mir, als ich beim Berufsverband ankomme. Froh, endlich etwas tun zu können, bin ich guter Dinge. Doch als mir die Anwältin gegenübertritt, erhält meine Zuversicht einen Dämpfer. Ich bin etwas enttäuscht. Sie trägt nur einen DIN-A-5-Schreibblock bei sich und lächelt freundlich. Ich hätte mindestens einen Stapel Gesetzestexte und ein knallhartes Pokerface erwartet. Außerdem hat sie weder ein Kostüm an noch hochhackige Schuhe wie all die Anwältinnen, die durchs Fernsehen spazieren.

Wir setzen uns nebeneinander an die Ecke eines überdimensionierten Konferenztisches. Ich lege ihr Kopie für Kopie mit erläuternden Worten vor und sie macht sich hin und wieder Notizen. Ich bin verunsichert. Warum zitiert sie keine Fälle, die dem meinen ähneln und die mit horrenden Abfindungen endeten?

Nachdem alle Papiere übergeben sind und ich weiß, wie ich das Formular auszufüllen habe, damit mein Widerspruch auch korrekt ist, muss ich gehen, ohne einen konkreten Erfolg verbuchen zu können. Beim Verabschieden sagt sie: »Die Kündigung können Sie mir ja dann faxen.«

Leicht irritiert stehe ich im Aufzug und schaue durch mein Spiegelbild hindurch. Ich bin frustriert. Von diesem Termin hatte ich mir deutlich mehr erwartet. Stattdessen bin ich so schlau wie zuvor und soll jetzt wieder heimfahren.

Um mich nicht diesem schrecklichen Gedanken »Wie soll es jetzt nur weitergehen?« auszuliefern, flüchte ich mich in unerhebliche Überlegungen über nebensächliche Beobachtungen.

Mir fällt ihre Aufforderung, ihr die Kündigung zu faxen, ein. Ich wusste nicht, dass Anwälte so aufs Faxen stehen. Womöglich ist diese juristische Entwicklung an mir Laien bislang vorbeigegangen. Ich stelle mir vor, dass der Gerichtsalltag inzwischen vom Fax bestimmt wird. In der Mitte jedes Gerichtssaals steht ein Fax und die Anwälte sind nur noch durch dieses Gerät vertreten. Ein alter Gerichtsdiener steht jedes Mal mühsam auf, wenn es klingelt, schlurft zum Fax und trägt das Papier zum Richter.

Auf dem Heimweg summt das Handy. Mein Freund Luc ist dran. Er erzählt, dass er gerne ein »Minderleister« wäre. Ich überlege, was wohl mit ihm los ist. Luc ist, soweit ich weiß, nicht masochistisch veranlagt. Er ist nicht faul und ein Jammerlappen ist er auch nicht.

»Verstehe ich nicht«, sage ich etwas ratlos.

»Minderleister bekommen bei uns jetzt einen Haufen Kohle. Meine Firma will sie loswerden. Sie zahlt jedem, der geht, einen Grundbetrag von 60000 Euro. Und dann noch mal ein paar Tausend Euro pro Jahr der Betriebszugehörigkeit!«

»Ich wusste gar nicht, dass du deinen Job loswerden willst?«

»Das lohnt sich doch! Wer weiß, wie es mit dem Laden weitergeht!«

Jetzt verstehe ich. Luc will rechtzeitig den Absprung schaffen und dabei noch eine hübsche Summe einstecken. »Und wie stehen deine Chancen?«

»Kannste vergessen. Ich war schon beim Chef. Aber er sagt, damit seien andere Mitarbeiter gemeint. Er hat sich geweigert, mich als Minderleister zu melden.«

Neu ist die Idee seines Arbeitgebers nicht. Der amerikanische Manager Jack Welch, langjähriger Chef des Konzerns General Electric, teilte seine Belegschaft in drei Gruppen. Danach sind 20 Prozent der Mitarbeiter sehr gut und werden mit Boni überschüttet, 70 Prozent der Belegschaft machen einen ordentlichen Job und müssen weiter gefördert werden. Die restlichen zehn Prozent dagegen sind »Low-Performer«. Das einzig Richtige, was Manager mit ihnen machen können, ist laut Welch: rausschmeißen.

Vor ein paar Jahren scheiterte der frühere Infineon-Chef Ulrich Schumacher mit dem Versuch, diese Idee in Deutschland umzusetzen. Er wollte jährlich die schlechtesten fünf Prozent seiner Mitarbeiter loswerden, stieß jedoch auf Widerstand im Unternehmen. Arbeitsrechtlich ist es schwierig, eine Kündigung wegen »Minderleistung« durchzusetzen. Die Mitarbeiter in »spitze«, »geht so« und »unterirdisch« einzuteilen, reicht dafür nicht aus. Der Arbeitgeber müsste dem einzelnen Mitarbeiter die ungenügende Leistung nachweisen können und ihn zuvor abmahnen.

Darum setzt Lucs Firma auf Freiwilligkeit und macht den Abgang mit einem Haufen Geld attraktiv.

»Ach weißt du, Luc. Das sagt sich so leicht, dass man gekündigt werden will. Ich werde es wahrscheinlich wirklich.«

»Was? Wieso?«

»Die haben unser Projekt eingestellt.«

»Scheiße. Ist grad keine gute Zeit.«

»Nein.«

Ein paar Tage später bin ich noch immer nicht viel weiter. Der Sommer hält an, aller schlechter Vorhersagen zum Trotz – wäre die Kündigung nicht, ich würde das Wetter genießen, was Tolles draußen machen. Stattdessen gehe ich wieder und wieder zum Telefon und drücke die Wahlwiederholung. Seit Tagen versuche ich, jemanden beim Gewerbeaufsichtsamt zu erreichen. Nie nimmt einer ab, dabei habe ich die Durchwahl meines zuständigen Sachbearbeiters. Ich will mich nicht aufs Formular verlassen und auch mündlich gegen die Kündigung protestieren. Ich hoffe, dass dieser persönliche Kontakt etwas bringt.

»Ich weiß nicht, wie genau die sich das anschauen«, hatte die Anwältin zweifelnd gesagt. Mit meinem Anruf will ich die Behörde dazu bringen, dass sie sich wenigstens Mühe geben mit meinem Fall. Schließlich bin ich in Elternzeit und stehe damit unter einem besonderen Kündigungsschutz. Eigentlich darf mir der Arbeitgeber – wie auch während der Mutterschutzfristen vor und nach der Geburt des Kindes – gar nicht kündigen.

Es sei denn, das Gewerbeaufsichtsamt stimmt zu. Das passiert nur »in besonderen Fällen« und »ausnahmsweise«, informiert das Bundesfamilienministerium. Ein »besonderer Fall« sei es zum Beispiel, wenn der Betrieb stillgelegt wird und der Arbeitnehmer nicht in einem anderen dazugehörenden Betrieb weiterbeschäftigt werden kann. Das trifft meiner Meinung nach bei mir nicht zu. Schließlich hat mein Arbeitgeber genügend Tochterfirmen, bei denen ich unterkommen könnte. Ich hoffe, dass das Gewerbeaufsichtsamt das genauso sieht. Ich bemühe mich hartnäckig, diese Behörde als Joker zu sehen, den ich noch gegen die drohende Kündigung ausspielen werde.

Inzwischen habe ich es schon wieder mindestens zwanzig Mal klingeln lassen und fange an zu glauben, es mit einem Geisteramt zu tun zu haben, das es in Wirklichkeit gar nicht gibt. Gerade als ich den Hörer auflegen will, nimmt endlich jemand ab.

Es reicht, meinen Namen zu sagen, der Beamte weiß sofort, worum es geht. Das überrascht mich positiv. Allerdings macht er mir wenig Hoffnung.

»Da kann ich wahrscheinlich nichts machen«, warnt er mich schon einmal vor. »Wenn die Firma geschlossen wird, kann das Arbeitsverhältnis nicht bestehen bleiben.«

»Aber ich arbeite doch in einem Konzern …«, wende ich ein.

»Ich hatte schon einmal so einen Fall«, sagt er und klingt resigniert, »da musste man nur über den Gang gehen und war in der anderen Firma. Aber da kann man nichts machen.«

Ich bezweifle, dass man nichts machen kann. Aber ich weiß nicht, wie ich ihn davon überzeugen könnte. Ich kann keine Urteile zitieren, die für mich sprächen. Es ist ein ungutes Gefühl, ihm und seiner Entscheidung ausgeliefert zu sein.

»Ich warte jetzt erst einmal auf die Erklärung vom Betriebsrat«, sagt er noch. »Vom Betriebsrat erhoffe ich mir sehr viel.«

Was erhofft er sich da, wundere ich mich. Der Betriebsrat wird natürlich gegen die Kündigung sein.

»Ich an Ihrer Stelle würde schon mal rausfahren und mich umschauen, dass ich anderswo unterkomme«, höre ich ihn sagen. Er wählt wirklich die Worte »rausfahren« und »umschauen«, als handele es sich um eine Landpartie.

Noch während ich überlege, wie er sich das vorstellt mit dem Rausfahren und ob ich ein Fernglas für die Jobsuche mitnehmen soll, bedankt er sich für das Gespräch und legt auf.

Ich bleibe unschlüssig stehen. Die Hoffnung, die ich in das Gespräch gesetzt habe, war vergeblich. Das Ganze war recht enttäuschend. »Er wird doch nicht etwa tatsächlich der Kündigung zustimmen?«, frage ich mich entgeistert. »Dafür ist mein Fall doch zu offensichtlich!« Werde ich also tatsächlich arbeitslos? Und das gerade jetzt! Ständig erfahre ich aus den Medien, dass mit einem heftigen Anstieg der Arbeitslosigkeit gerechnet wird. »Ich will da nicht dabei sein!«, denke ich trotzig. Aber auf einmal werde ich wieder pragmatisch: Wenn es sowieso zur Kündigung kommt, kann ich genauso gut gleich bei der Arbeitsagentur anrufen. Das hätte zudem den Vorteil, dieses Behördentelefonat bereits abhaken zu können. Ich hole meinen Ordner, wo ich schon einmal vorsichtshalber die Nummer abgeheftet habe, und wähle kurz entschlossen 01801/555111, die Hotline der Arbeitsagentur.

Ich bin auf der Hut. Seit der Arbeitsmarktreform unter der Regierung Schröder haben sich die Arbeitsagenturen, wie die Arbeitsämter seither heißen, einen Ruf als harte Behörden erarbeitet. Meldet man sich zu spät arbeitslos, gibt es sofort Sperrzeiten, das heißt, dass das Arbeitslosengeld vorübergehend gestrichen wird. Dasselbe ist der Fall, wenn man eine Fortbildung ablehnt oder nicht zu einem Bewerbungstermin erscheint. Die Kollegen haben mich vorgewarnt: Der Verdacht, man suche eigentlich gar keine Arbeit, sondern wolle auf Kosten der anderen Beitragszahler faulenzen, würde den ganzen Kontakt mit der Agentur unterschwellig bestimmen.

Als sich nach einer Telefonroboterschleife endlich eine Mitarbeiterin meldet, sage ich mein Sprüchlein auf. Ich hätte nie gedacht, dass ich diese Worte einmal werde aussprechen müssen. Es ist ein komisches Gefühl. Ich komme mir vor wie eine Schauspielerin, die eine unpassende Rolle übernommen hat, wie eine Fehlbesetzung: »Guten Tag. Ich möchte, äh, muss, mich arbeitslos melden. Ich bin in Elternzeit und habe erfahren, dass ich meinen Job verlieren werde.«

»Wie lange sind Sie denn noch in Elternzeit?«, kommt es prompt zurück.

Ich vermisse ein Wort der Anteilnahme, liefere aber wie verlangt das Datum.

Darauf folgt sofort die nächste Datumsfrage: »Und zu welchem Termin wird Ihnen gekündigt?«

Als die Mitarbeiterin die lange Kündigungsfrist hört, sagt sie sofort: »Sie sind verpflichtet, sich drei Monate vor Ende des Arbeitsverhältnisses arbeitslos zu melden. Soll ich Sie trotzdem aufnehmen?«

Ich zögere. Wer weiß, wenn ich jetzt »Nein« sage, macht sie ein schwarzes Kreuz in ihrem Computer bei »unwilliger Kunde« und nachher wird mir eine Sperrzeit verpasst. Ich entschließe mich zu einer Gegenfrage. Damit bin ich auf der sicheren Seite. »Was empfehlen Sie?«

»Sie sind verpflichtet, sich drei Monate vor Ende ...« Ich überlege, ob ich es vielleicht immer noch mit einem Telefonroboter zu tun habe. Aber dann kommt ein neuer Satz: »Wenn Sie Beratungsbedarf haben, schon jetzt.«

Nein, Beratungsbedarf habe ich im Moment keinen, aber das sage ich lieber nicht. Es würde bestimmt schlecht ankommen. Ich vermute eine Falle und frage noch einmal: »Was empfehlen Sie?«

Sie schaltet wieder den Telefonroboter an: »Sie sind verpflichtet ...«

Ich sehe ein, dass es so nicht weitergeht, und sage, um der Endlosschleife unseres Gesprächs zu entkommen: »Also, dann jetzt.«

Sie beginnt meine Daten abzufragen: Vorname, Name, Geburtsort, Familienstand, Adresse. Da fällt mir unser anstehender Umzug ein. »Am besten nenne ich Ihnen zwei Adressen, ich ziehe in den nächsten Tagen um.«

Jetzt wird es ihr offensichtlich zu bunt. »Dann melden Sie

sich doch wieder, nachdem Sie umgezogen sind. Sonst schicken wir Ihnen alles an die alte Adresse.«

Diese Logik verstehe ich nicht: Kann Sie nicht zwei Adressen eingeben? Hat Sie noch nie etwas von einem Nachsendeantrag gehört? Aber ich willige ein.

Nachdem ich aufgelegt habe, überlege ich, was sie nun mit dem Datensatz macht, den sie offenbar während unseres Telefonats angelegt hat. Hat sie ihn wieder gelöscht? Oder hat sie ihn gespeichert und womöglich mit vielen schwarzen Kreuzchen versehen: »Störrischer Kunde, komplizierter Kunde, zieht jetzt auch noch um!«

Papierkram

Das Telefonat mit der Arbeitsagentur hat mir gezeigt, wie ernst es jetzt für mich wird. Zuvor gelang es mir zwischendurch immer wieder, die drohende Kündigung zu verdrängen und Hoffnung vor meine Angst zu schieben. Aber dieser erste Kontakt mit der Behörde hat mich aufgeschreckt. Auf einmal ist es mir unmöglich, den Kopf in den Sand zu stecken und abzuwarten. Das ist definitiv die falsche Strategie.

Also stürze ich mich in »Gekündigtenarbeit«, wie ich inzwischen alle Arbeiten nenne, die mit dem Rausschmiss zu tun haben – Telefonate mit Anwälten und Betriebsräten, Bewerbungsvorbereitungen. Doch dieser Aktionismus ist nicht wirklich zielführend. Eigentlich sollte ich in Ruhe und Gelassenheit überlegen, was jetzt am besten zu tun ist. Stattdessen schreibe ich wild To-do-Listen. So habe ich zwar wenigstens den Eindruck, etwas zu tun. Aber ich mache die Familie damit ganz verrückt.

Und mich auch. Denn eigentlich habe ich gar keine Zeit für diese hektische Betriebsamkeit. Das macht mich reizbar und nervös. Meine Hyperaktivität beschränkt sich zwangsläufig auf die paar Familienpausen, wenn die Kinder schlafen oder Johannes übernimmt. Darum hänge ich seit Tagen an Punkt eins meiner überlangen Prioritätenliste: dem Arbeitszeugnis.

Mein Chef Jürgen hatte mir vor ein paar Tagen eines geschickt. Er ist ein netter Chef, dem seine Mitarbeiter am Herzen liegen. Auch für ihn ist die Einstellung des Projekts eine Katastrophe. Nun bemüht er sich offenbar, seine Schäflein mit den besten Voraussetzungen auf den Arbeitsmarkt zu entlassen. Nur so kann ich mir erklären, warum er mein Zeugnis nicht nur selbst verfasst hat – bei meinen bisherigen Stationen übernahm das die Personalabteilung –, sondern es mir auch noch mit den Worten sendete: »Das ist nur ein Entwurf. Sag einfach, wenn du etwas anders haben möchtest.«

Jürgens »Entwurf« liest sich super. Aber ein paar Formulierungen machten mich dennoch sofort stutzig. Ich habe schon viele Zeugnisse gelesen und manche Worte und Sätze, die er verwendet hat, klingen ungewöhnlich, geradezu originell. Es ist auch völlig anders als die Zeugnisse, die mir bislang von der Personalabteilung ausgestellt wurden.

Nun ist es ja normalerweise von Vorteil, kein 08/15-Dokument zu haben, sondern etwas Individuelles vorweisen zu können. Im Falle von Zeugnissen gilt das aber nicht. Ich habe Profis angeheuert, die mir genau das bestätigten. Da ich nicht die Einzige bin, die ihr Zeugnis selbst schreiben darf, und auch manche Personalabteilung hierbei Nachhilfebedarf hat, gibt es einen richtigen Markt für Arbeitszeugnisse. Professionelle Berater helfen gegen Geld beim Formulieren, übersetzen die Bedeutung mancher Sätze oder verfassen gleich selbst ein vorzeigbares Zeugnis.

»Das mag ja gut gemeint gewesen sein, aber die Wirkung ist eindeutig negativ«, sagte der Mitarbeiter einer Zeugnisberatung zu Jürgens Entwurf und ich konnte durchs Telefon hören, wie er schmunzelte. »Womöglich merkt ein Personalverantwortlicher, der das liest, dass das jemand geschrieben hat, der sich in der Zeugnissprache nicht auskennt. Darauf würde ich mich aber nicht verlassen.«

Er hat dann das Zeugnis Wort für Wort analysiert und das Ergebnis war vernichtend. Die Zeugnissprache ist streng formalisiert. Alles hat eine Bedeutung: Rechtschreibfehler genauso wie Beurteilungen, die gut klingen, aber Interpretationsspielraum ermöglichen. Sogar Aspekte, die gar nicht erwähnt werden, können allein durch ihr Fehlen negativ wirken. Das liegt daran, dass Zeugnisse gut klingen müssen. Der Arbeitgeber hat die Pflicht, ein »wohlwollendes« Zeugnis auszustellen. Deswegen wird Negatives eben schön umschrieben.

Fassungslos las ich das Urteil des Experten: Mein Zeugnis enthalte »sehr ungewöhnliche und missverständliche Formulierungen« und »unvorteilhafte Leerstellen«, überhaupt wirke das Ganze wie ein Eigenentwurf und die sehr gute Note sei wegen der Fehler nicht glaubwürdig. So hatte mir Jürgen mal schnell im »Verhalten gegenüber Vorgesetzten« unabsichtlich die Note Vier verpasst. Und das, dessen bin ich mir sicher, aus Bescheidenheit: Er nannte bei der Bewertung meines Sozialverhaltens gegenüber Team und Vorgesetzten meine Kollegen zuerst, ohne zu wissen, dass das einer Kritik am Verhalten gegenüber den Vorgesetzten gleichkommt. Richtig hätte es lauten müssen: »Ihr Verhalten gegenüber Vorgesetzten und Kollegen …«

Jürgen schrieb auch immer meinen Vor- und Nachnamen. Das könne als »Distanzierung« verstanden werden, urteilte der Experte, dem nichts entging. Weder doppelte Verneinungen (das komme einer Abwertung gleich) noch die passive Formulierung »Wir bedanken uns« seien gut. »Wir danken ihr«, müsse es heißen, ansonsten wirke auch das negativ.

Ich war entsetzt über all die Fehler, die das Zeugnis enthielt. Eine böse Interpretation gut gemeinter Sätze und Wünsche folgte auf die andere. Nachdem ich mich durch die Vier-Seiten-Analyse gekämpft hatte, atmete ich erleichtert auf. Da hatte ich ja noch einmal Glück gehabt und genau das Richtige getan. Die 40 Euro für die Zeugnisberatung waren gut investiert!

Die folgenden Tage bin ich in den wenigen Pausen, die mir die Kinder lassen, damit beschäftigt, die schlechten Formulierungen rauszuschmeißen und stattdessen die Profisätze einzubauen und das Ganze immer und immer wieder nach Rechtschreibfehlern zu durchforsten. Schön zu lesen ist das Ergebnis nicht. Es ist eine Aneinanderreihung von standardisierten Beurteilungen, gewürzt mit Worten wie »außerordentlich«, »jederzeit«, »sehr groß« und »besonders hoch«.

Jetzt werde ich das Ding also Jürgen mailen. Ich habe ihn vorhin schon bei lautem Kindergeschrei im Hintergrund telefonisch vorsichtig auf die Änderungen aufmerksam gemacht und auch zugegeben, dass ich Profis zurate gezogen habe. »Damit mir keine falschen Formulierungen einfallen«, schwindelte ich. Es ist einfach zu seltsam und irgendwie peinlich, meinen Chef bei meinem eigenen Zeugnis zu korrigieren und es ihm dann zur Unterschrift weiterzuleiten.

Danach bin ich zufrieden, schon so viel geschafft zu haben. Ich klopfe mir auf die Schulter und gestehe mir zu, mit meiner Gekündigtenarbeit für heute aufzuhören.

Ich beginne mit den Vorbereitungen fürs Mittagessen. Die vergangenen Tage habe ich hin und her überlegt, ob ich Ella erzählen soll, was los ist. Ich möchte auf keinen Fall, dass sie sich Sorgen macht, weil ich möglicherweise den Job verliere. Andererseits halte ich es auch nicht für richtig, ihr so etwas Wichtiges zu verschweigen. Außerdem weiß ich, dass Kinder vieles gar nicht so tragisch nehmen wie befürchtet, weil sie einen ganz anderen Blick auf die Dinge haben als wir Erwachsenen. Jetzt, nachdem ich schon ein Erfolgserlebnis hatte, fasse ich den Mut, endlich etwas zu sagen. Ich bin fest entschlossen, jede Art von Drama zu vermeiden.

Als Ella zu mir in die Küche kommt, um mir das frisch geputzte Gemüse unterm Messer wegzuklauen, halte ich es für eine gute Gelegenheit, damit herauszurücken. Da ich nicht weiß, wie ich anfangen soll, stolpere ich unvermittelt ins Thema hinein:

»Ich wollte dir erzählen, dass das Projekt, für das ich gearbeitet habe, eingestellt wird.«

»Wieso?« Ella sieht mich verwundert an, den Großteil meines mühselig klein gehackten Gemüses in ihrer mit bunten Farben verschmierten rechten Hand.

»Anscheinend hat das Unternehmen im Moment nicht so viel Geld. Und dann werden Dinge, mit denen sich noch nichts verdienen lässt, eben eingestellt.«

»Wirst du jetzt arbeitslos? Muss ich dann nicht mehr zum Klavierunterricht? Das ist doch viel zu teuer …«, schiebt sie etwas scheinheilig nach.

»Nee, so weit kommt es nicht«, ich wende den Kopf ab, damit sie mein Schmunzeln nicht sieht. Das hat sie blitzschnell parat gehabt. Alle Achtung. Klavierspielen ist leider in letzter Zeit zum Streitthema geworden, weil sie nicht gerne übt.

»Ich bin erst mal noch in Elternzeit«, schwäche ich ab. »Natürlich spielst du weiter Klavier.« Da trollt sie sich maulend in ihr Zimmer – nicht ohne vorher noch schnell eine weitere Handvoll Gemüse abzustauben.

»Na, nimm dir mal ein Beispiel an deiner Tochter«, sage ich mir. »Sie bleibt ganz unaufgeregt und denkt praktisch.« Und sie hat recht. Wer weiß, wie lange wir uns den Klavierunterricht noch leisten können.

Während ich mit der Gemüseschneiderei von vorne beginne, kommt mein Mann nach Hause. Er winkt schon im Flur mit einem offiziell aussehenden Brief, der mit der Post gekommen ist. Er ist neugierig, wer mir da wohl schreibt. Aber ich ahne schon, was mich erwartet, und tatsächlich: Es ist ein Bescheid vom Gewerbeaufsichtsamt.

Die Behörde hat meiner Kündigung zugestimmt.

Als Anlage liegt die Kopie einer Rechnung bei. Knapp 200 Euro hat der Amtsweg meinen Arbeitgeber gekostet. Ich überlege kurz, ob ich die Anwältin informieren soll. Jetzt wird die Kündigung nicht lange auf sich warten lassen, befürchte ich.

Ich bin nicht wirklich überrascht. Schließlich musste ich damit rechnen, dass die Entscheidung so ausfällt. Zwar hatte ich die Hoffnung, es könnte anders kommen. Aber jetzt nehme ich den Ausgang gleichsam ohnmächtig zur Kenntnis. Was soll ich auch anderes machen? Die Kündigung, dieses schreckliche Zukunftsgespenst, ist also unvermeidbar. Wut kommt in mir hoch. Diesmal trifft sie den Beamten vom Gewerbeaufsichtsamt. Blieb ihm wirklich nichts anderes übrig, als zuzustimmen? Das kann doch gar nicht sein, dass sich der angebliche »besondere Schutz« der Elternzeit so mir nichts dir nichts in Luft auflöst! Gerade im Fall meines Arbeitgebers, der Tausende Mitarbeiter hat – wieso kann er so leicht den Kündigungsschutz umgehen? Und auch auf mich selbst bin ich wütend. »Da hast du's!«, schimpfe ich mich. »Was sollte der Eiertanz die letzten Wochen. War doch klar, dass dir gekündigt wird.«

Ich starre weiter auf den Brief in meiner Hand. Vier Wochen haben wir Zeit für einen Widerspruch gegen den Bescheid, lese ich unter der fett gedruckten »Rechtsbehelfsbelehrung«.

»Soll ich jetzt widersprechen?«, frage ich mich. Fast kommt

wieder diese vergebliche Hoffnung auf. Ich will schon zum Telefon eilen, um die Anwältin anzurufen. Doch dann, plötzlich lethargisch, stecke ich den Brief zurück ins Kuvert und beschließe, erst die Kündigung abzuwarten, die sicher die nächsten Tage kommen wird. Ich sehe auf einmal keinen Sinn darin, wieder die Anwältin zu konsultieren, nur um aufs Fax verwiesen zu werden.

Gut, dass am Nachmittag meine Freundin Sarah vorbeikommt. Das ist eine willkommene Ablenkung. Außerdem haben wir uns lange nicht mehr gesehen. Ihre Besuche sind ein seltenes Vergnügen. Sarah wohnt zwar in derselben Stadt wie wir, mit dem Bus ist man gerade mal eine Viertelstunde zwischen unseren beiden Wohnungen unterwegs. Aber sie ist immer so beschäftigt, dass sie Termine nur in Monaten vergibt.

Sie ruft etwa an und sagt: »Ich würde euch gerne mal wieder sehen.«

»Schön!«, antworte ich. »Du bist jederzeit willkommen. Wann passt es dir denn?«

»Lass mal sehen – dieses Wochenende bin ich in Genf, unter der Woche geht gar nicht und …« Sie blättert mehrere Minuten vor sich hin murmelnd in ihrem Terminkalender und kündigt ihren Besuch in sechseinhalb Wochen an.

Ich mache keine Einwände. Es ist immer so. Sarah ist Single und hat, seit ich sie kenne, ihre Freizeit gut durchorganisiert. Richtig schlimm ist es erst mit dem neuen Job geworden, den sie vor einem Jahr angenommen hat. Seither macht sie Überstunden ohne Ende, dazu kommen häufige Geschäftsreisen und manche Abendtermine. Der Job schafft sie ziemlich. Und das liegt nicht an ihrem zeitlichen Einsatz, sondern daran, dass sie immer einen Arbeitsberg vor sich herschiebt, der nicht kleiner wird. Ihre Abteilung ist deutlich unterbesetzt. Das weiß auch ihr Chef, der dennoch erwartet, dass seine Mitarbeiter das Unmögliche möglich machen.

Zu einem typischen Sarah-Besuch gehört deswegen inzwischen, dass sie von mir schnelltherapiert wird, sprich: sich ausjammern darf. Kommt sie abends nach der Arbeit, dann ist sie völlig erschöpft und frustriert. Sie erzählt eine Stunde lang von ihrem Büroalltag, wo (immer) viel zu viel zu tun ist, (immer) die Kollegin mobbt und (immer) noch mehr verlangt wird. Danach ist sie wieder sie selbst.

Wenn ich jetzt nach einem Elternzeittag den Kopf über Sarah schüttele, vergesse ich für einen Moment, dass ich selbst genauso war, es mir genauso ging. Bevor ich den Kleinen bekam, war ich im steten Kampf, mich gegenüber den zeitlichen Anforderungen des Jobs so weit zu behaupten, dass ein Familienleben überhaupt möglich war. Meine Laune dabei war nicht immer die beste. Ich war zeitweise sehr gestresst, habe nur noch funktioniert.

Was Sarah im Job erlebt, und auch ich kenne, ist typisch für die heutige Arbeitswelt. In den vergangenen Jahren hat die Belastung im Beruf deutlich zugenommen. Die Unternehmen verlangen von den Beschäftigten immer mehr. Diese versuchen zwar die gestiegenen Erwartungen zu erfüllen, sie zahlen dafür aber einen hohen Preis: Nicht nur das Privat- und Familienleben leidet darunter, sondern auch die Gesundheit. Die psychischen Erkrankungen verbreiten sich enorm. Allein die Anzahl der Krankheitstage durch Burnout, also das seelische und körperliche »Ausgebranntsein«, hat seit dem Jahr 2002 um ein Drittel zugenommen.

Belastend sind vor allem ein hoher Termin- und Leistungsdruck, der durch neue Organisationsformen, wie die Arbeit in Projekten, verstärkt wird. Dadurch erhalten die Mitarbeiter zwar mehr Freiheiten und Verantwortung, was positiv ist. Gleichzeitig haben sich aber die Arbeitsbedingungen verschlechtert, etwa weil es zu wenige Mitarbeiter gibt oder Stellen mit schlechter qualifizierten, aber billigeren Arbeitskräften besetzt werden. Wenn Arbeitgeber zugleich unrealistisch viel verlangen, lernen die Mitarbeiter die Kehrseite der neuen Eigenverantwortung kennen: Sie müssen selbst sehen, wie sie mit der Situation fertig werden. Das führt häufig zu Selbstausbeutung und einer »Entgrenzung« der Arbeit, die durch die modernen Kommunikationsmittel noch verstärkt wird. Die Grenze zwischen Berufs- und Privatleben weicht auf, selbst am Feierabend und am Wochenende sind Berufstätige auch unterhalb der Managementetagen heute erreichbar und »freiwillig« im Einsatz.

Eine Forschergruppe um Rolf Haubl vom Sigmund-Freud-Institut in Frankfurt und G. Günter Voß von der Technischen Universtät Chemnitz untersucht die psychosozialen Kosten dieser Veränderungen, die unsere Arbeitswelt seit einigen Jahren prägen. Vor allem der Druck, ökonomisch ununterbrochen effizient und innovativ sein zu müssen, verschleiße die psychophysischen Kräfte vieler Beschäftigter. Die Wissenschaftler warnen sogar vor einer »Blase« massiven ökonomischen und organisatorischen Drucks ähnlich der Finanzblase, deren Zerplatzen zur jetzigen Wirtschaftskrise geführt hat.

Ich habe mir in den vergangenen Monaten vorgenommen, nach der Elternzeit diesen Wahnsinn nicht mehr im bisherigen Ausmaß mitzumachen, stärker Grenzen zu ziehen. Doch nie hätte ich damit gerechnet, gekündigt zu werden, gar nicht mehr arbeiten zu dürfen. Jetzt ist die Frage, wie ich diesen Vorsatz mit der Kündigung und Jobsuche vereinbaren kann. Gar nicht, nehme ich realistischerweise an. Gerade von Neulingen wird voller Arbeitseinsatz verlangt – »weit über die übliche Arbeitszeit hinaus« heißt das dann im Zeugnisdeutsch.

Sarah ist heute entspannt, sie hat sich einen freien Tag genommen und dadurch ein verlängertes Wochenende hinter sich, in das sie all das hineingepackt hat, was für sie Ausgleich zur Arbeit ist. Sie war Sushi essen und beim Salsatanzen, bei einem philosophischen Gesprächskreis und einem Blind Date mit einer Internetbekanntschaft, und ob sie auch in der Sauna und beim Shoppen war, weiß ich nicht mehr so genau, da mir, die ich in meinem Familienalltag eingesponnen bin, ihr Freizeitverhalten eher fremd ist. Trotzdem habe ich mich gerne lange und ausführlich mit ihr darüber unterhalten, vor allem weil sie rücksichtsvollerweise nicht nach dem Stand meiner drohenden Arbeitslosigkeit gefragt hat. Danke, Sarah!

Die Kündigung

Die folgenden Tage warte ich auf die Kündigung. Es macht mich unruhig zu wissen, dass sie kommen wird. Ich will es hinter mich bringen. Jedes Mal, wenn ich den Postboten sehe, denke ich: »Jetzt ist es so weit.« Aber das ist es nicht. Herr Roth lässt sich Zeit. Das hat etwas von Folter. Ich wundere mich, wo die Kündigung bleibt, nachdem der Firma jetzt die Genehmigung vom Gewerbeaufsichtsamt vorliegt.

Diese Warterei weckt unrealistische Hoffnungen in mir. Ich weiß das, kann die Gedankenspielerei aber dennoch nicht abstellen: »Wollen sie mich etwa doch behalten? Tut sich irgendetwas im Unternehmen?«, frage ich mich.

Als ich tatsächlich schon überlege, anzurufen und nachzuhaken, kommt mir Herr Roth zuvor. Er klingelt wieder um die Mittagszeit. Diesmal habe ich schon gegessen. Ich bin gerade dabei, den Tisch abzuräumen.

»Ich wollte Ihnen nur sagen, dass wir Ihnen die Kündigung zustellen. Das Gewerbeaufsichtsamt hat ja jetzt zugestimmt.«

»Mhmh.« Ich weiß nicht, was ich darauf sagen soll, und beschließe, wenigstens einen Laut von mir zu geben.

»Sie müssen aber nicht zu Hause warten. Wir schicken extra einen Kurier, der ist gleich da.«

Na, das ist ja mal ein Service, denke ich. Ich hatte auch nicht vor, stundenlang zu Hause zu warten, um die Kündigung entgegennehmen zu dürfen! Im Gegenteil, jetzt wo ich weiß, dass sie kommt, will ich am liebsten ganz weit weg sein.

Tatsächlich klingelt es wenig später. Ein hochsommerlich gekleideter Kurier mit Schnauzer steht vor der Tür. Er trägt gelbe Shorts, die untrainierte Oberschenkel frei lassen. Ella ist auf das Klingeln hin in den Gang gerast und staunt ihn verwundert an.

Da steht er mit beigen Strümpfen in braunen Sandalen, etwas verlegen, und wartet darauf, dass der Empfang des Briefes bestätigt wird. Ich schreibe meinen Namen bemüht deutlich, was ich sonst nie mache. Will ich der besonderen Bedeutung dieses Moments gerecht werden? Ich halte meine erste Kündigung in der Hand. So unspektakulär gehen 15 Arbeitsjahre zu Ende.

Ich reiße das Kuvert gleich auf. Früher oder später muss ich den Brief ja sowieso lesen und ich will jetzt wissen, was genau drinsteht, wie so etwas formuliert wird. Johannes sieht mir neugierig über die Schulter, wendet sich aber schnell wieder ab. Das ist ihm jetzt zu viel Text. Er will raus an die Sonne und verabschiedet sich zusammen mit Ella, um ins Schwimmbad zu gehen.

Da stehe ich nun mit meiner Kündigung allein im Gang. Ich hatte sie mir anders vorgestellt. Nirgendwo steht das Wort »Kündigung«. Es steht auch nirgendwo ein Wort des Dankes für die gute langjährige Zusammenarbeit. Ein Satz stößt mir besonders auf. Im zweiten Absatz wird auf die Stellungnahme des Betriebsrats verwiesen und dann heißt es: »Das Gewerbeaufsichtsamt hat der Kündigung ebenfalls zugestimmt.« Das Wort »ebenfalls« stimmt nicht, stelle ich spitzfindig fest. Zwar hat das Amt zugestimmt, der Betriebsrat aber widersprochen, denn Herr Roth hat den Widerspruch sogar beigelegt. Nur hilft es mir leider gar nichts, diese Ungenauigkeit entdeckt zu haben.

Ich schaue mir den Widerspruch des Betriebsrats an. Es ist mir so unglaublich unangenehm und peinlich, nun lesen zu müssen, dass meine Kündigung eine »besondere soziale Härte« ist, weil ich zweifache Mutter und »Ernährerin« meiner Familie bin. Diesen rührseligen Widerspruch habe ich nicht nötig! Ich will doch nicht angestellt bleiben, weil ich ein sozialer Härtefall bin, sondern weil ich zum Unternehmen dazugehöre!

Mein Entsetzen wird noch größer, als ich wieder zur ersten Seite mit der Kündigung zurückblättere. Hier wird mir im letzten Absatz unter die Nase gerieben: »Wir weisen Sie darauf hin, dass Sie zur Aufrechterhaltung ungekürzter Ansprüche auf Arbeitslosengeld verpflichtet sind, sich rechtzeitig beim Arbeitsamt arbeitssuchend zu melden. Weiterhin sind Sie verpflichtet, aktiv nach einer Beschäftigung zu suchen.«

Es wäre mir lieber gewesen, diesen Satz nicht lesen zu müssen. Er kommt einer Vorverurteilung gleich. Natürlich suche ich »aktiv« nach einer Beschäftigung. Ich empfinde es als demütigend, auf diese Weise ermahnt zu werden. Ich ärgere mich über diese unnötige Maßregelung und vermute, dass der Gekündigte so auf seinen Platz verwiesen werden soll, damit er ja nicht auf die Idee kommt, mit dem Arbeitslosengeld ein Jahr Faulenzen einzulegen.

Ich faxe die Kündigung sofort meiner Anwältin und rufe sie kurz darauf an. Das macht nichts besser. Sie spricht von einem »höchstinstanzlichen Urteil«, das leider meine Chancen drastisch verschlechtern würde. Deswegen habe auch das Gewerbeaufsichtsamt zugestimmt.

Wenn ich sie richtig verstehe, ist mein Pech, dass mein Arbeitgeber aus einem Sammelsurium an Tochterunternehmen besteht. Das Bundesarbeitsgericht hat geurteilt, dass es keine konzernübergreifende Sozialauswahl gibt, wenn eine Tochterfirma geschlossen wird und deren Betriebszweck wegfällt. Das bedeutet für mich, dass mein Arbeitgeber mich nicht in eine andere Tochterfirma übernehmen muss und eine Kündigungsschutzklage erfolglos wäre. Für mich Laien ist das schwer nachvollziehbar. Nur weil unser Unternehmen laufend Tochtergesellschaften ausgegliedert hat, gehört schließlich dennoch alles zusammen.

Schlimmer als die Information über dieses Urteil ist aber meine Enttäuschung darüber, dass die Anwältin das einfach hinnimmt. Ich hätte mir energischen Zuspruch erwartet, in der Art: »Machen Sie sich keine Sorgen. Wir boxen Ihr Recht durch! Und wenn wir dafür vor den Europäischen Gerichtshof für Menschenrechte ziehen müssen. Sie werden Rechtsgeschichte machen!«

Stattdessen bittet sie darum, ihr das Abfindungsangebot zu faxen, sobald ich es habe.

Das Abfindungsangebot erhalte ich nur wenige Tage später. Als es mir übergeben wird, sitze ich im Büro von Herrn Roth, meinem Personalreferenten. Ich schreibe aus reiner Gewohnheit

»mein«, tatsächlich sehe ich Herrn Roth, seit er mir gekündigt hat, nicht mehr als »meinen« Referenten an.

Er gehört jetzt zur Gegenseite.

Wer genau diese Gegenseite ist, ist schwer zu bestimmen. Es ist kompliziert, einen Schuldigen zu finden für das Aus des Projekts, für die Kündigungen, für die »Abwicklungsvereinbarungen«, für den Umgang mit uns betroffenen Mitarbeitern.

»Abwicklungsvereinbarung« nennt Herr Roth die Sache mit der Abfindung. Der Deal ist, dass man unterschreibt, nicht gegen die Kündigung zu klagen, und dafür einen Batzen Geld erhält. So ist es im Kündigungsschutzgesetz geregelt. In § 1a steht: Bei Kündigungen aus betrieblichen Erfordernissen hat der Arbeitnehmer Anspruch auf eine Abfindung – solange er nicht klagt.

Meistens hört man von Abfindungen, die Managern gezahlt werden. Das sind dann gleich mehrere Millionen Euro. Bei ganz normalen Mitarbeitern ist dieser Haufen ungleich kleiner. Würde man ihn neben eine Managerabfindung legen, wäre er kaum zu sehen – wer einen Größenvergleich braucht, kann sich den Managerbatzen in Größe einer mit 500-Euro-Scheinen gefüllten Badewanne vorstellen, der Mitarbeiterbatzen passt locker in eine Hand. Um ein paar Zahlen zu nennen: Arcandor-Chef Karl-Gerhard Eick bekam nach sechs Monaten Einsatz 15 Millionen Euro und Porsche-Chef Wendelin Wiedeking erhielt bei seinem Abgang satte 50 Millionen Euro.

Während bei Managern die Abfindung nichts anderes ist als die Auszahlung der Restlaufzeit ihres Vertrages, soll die Abfindung den einfachen Mitarbeiter für den Verlust seines Arbeitsplatzes entschädigen. Dafür ist sie jedoch bei Weitem nicht hoch genug, in der Wirtschaftskrise, die es schwer macht, eine neue Stelle zu finden, sowieso nicht. Sie wird schließlich auch noch versteuert. Normalerweise orientiert sich die Abfindung an den Jahren der Betriebszugehörigkeit und dem sozialen Status, also dem Familienstand. Laut Kündigungsschutzgesetz steht dem Arbeitnehmer ein halbes Monatsgehalt pro Jahr der Betriebszugehörigkeit zu.

Als ich mich auf den Weg zu Herrn Roth mache, weiß ich, dass es um die Abfindung geht. Ich bin hin- und hergerissen. Einerseits tut es gut, mal wieder unterwegs zur Arbeitsstelle zu sein, andererseits gibt es wahrlich schönere Anlässe.

Seine Bürotür steht offen, ich klopfe trotzdem, um auf mich aufmerksam zu machen.

»Hallo, Herr Roth.« Wir schütteln uns die Hand.

Während ich an dem kleinen Besprechungstisch Platz nehme, sucht er auf dem Schreibtisch nach den Unterlagen. Zum ersten Mal fällt mir auf, dass er älter geworden ist. Wir kennen uns jetzt seit 15 Jahren, genauso lange wie ich im Unternehmen bin. Das ist eine lange Zeit. Die geht nicht spurlos an einem vorüber. Ich überlege, ob er wohl auch manchmal zurückdenkt. Erinnert er sich daran, wie ich ihm als blutige Anfängerin gegenübersaß, startbereit und voller Tatendrang? Ich versuche aus dem Fenster zu sehen, blicke aber nur auf einen Ficus benjamini. Ich empfinde die Situation als äußerst unangenehm, bin aber auch gespannt, wie der Verlauf des Gesprächs sein wird.

Nachdem sich Herr Roth mir gegenübergesetzt hat, verfallen wir erst einmal in Smalltalk und reden mit einer Ernsthaftigkeit über das Wetter und das Essen in der Kantine, als wäre ich nur zu diesem Zweck gekommen.

Ich gewinne bald den Eindruck, dass Herr Roth bemüht ist, sich als verantwortungsvollen Personaler darzustellen. Er kommt immer wieder zu dem Punkt, was »den Menschen« wichtig ist und was »die Menschen« brauchen und was man für sie tun muss. Er sagt nie Mitarbeiter, er sagt immer nur »Menschen«.

Jetzt sitzt ihm also der Mensch Julia Berger gegenüber und dieser Mensch weiß, dass es jetzt langsam ernst werden muss. Und tatsächlich, Herr Roth schlägt seine Mappe auf.

Ich höre, wie er sagt: »Es ist besonders unangenehm, dass es in diesem Fall mehrere junge Familien trifft«, und mir fällt auf, dass er immer kleiner wird und im Laufe des Gesprächs immer tiefer in den Stuhl rutscht. Er liest mir die für mich aufgesetzte

Abwicklungsvereinbarung vor. Als er bei der Höhe der Abfindung ist, guckt sein Kopf gerade noch über die Tischkante.

Als ich die Summe höre, bin ich verwundert, was man mir sicher anmerkt. Der Betrag ist deutlich niedriger, als ich ihn mir ausgerechnet habe. Ich unterbreche ihn beim Vorlesen.

»Entschuldigen Sie, dass ich kurz unterbreche, aber bei meiner Betriebszugehörigkeit …«

Herr Roth lässt mich nicht zu Ende sprechen: »Sie haben gar keine Betriebszugehörigkeit. Sie haben einen neuen Arbeitsvertrag bei einem neuen Unternehmen unterschrieben. Ich habe einen Kompromiss gefunden.« Das spielt wohl auf meinen Wechsel in eine Tochtergesellschaft vor wenigen Jahren an.

Ich halte es für das Klügste, auf diese Belehrung hin zu schweigen. Nachher werde ich das ganze Ding der Anwältin faxen und dann werde ich schon erfahren, ob er recht hat. Aber meine Konzentration ist dahin, ich höre ihm nicht mehr zu, als er fortfährt, die Vereinbarung vorzulesen. Ich denke über seine Worte nach. Er sagte »Ich habe einen Kompromiss gefunden«. Aber ich nehme nicht an, dass Herr Roth über die Höhe der Abfindung entscheidet. Da ist sie wieder. Die Schuldfrage. Der kleine Chef ist nicht schuld, er hätte gerne das Projekt weitergeführt und seine Mitarbeiter behalten. Der große Chef ist auch nicht schuld, er hat die Entwicklung zwar wohl früher kommen sehen, aber aufhalten konnte er sie nicht. Auch Herr Roth ist nicht schuld. Er macht seinen Job, hat aber den Anlass dazu nicht zu verantworten. Die Schuld liegt weiter oben bei den ganz großen Herren in Anzügen, die die Einstellung entschieden haben. Doch sicherlich befassen sie sich nicht mit so Kleinigkeiten wie den Jahren der Betriebszugehörigkeit der zu kündigenden Mitarbeiter.

Als Gekündigter siehst du dich plötzlich einem ungerechten System gegenüber. Sobald du meinst, einen Einzelnen in die Verantwortung nehmen zu können, rinnt dir dessen Schuld wieder durch die Finger. Es gibt keine Person, auf die du deine Wut und Verletztheit richten kannst. Du bist und bleibst gekündigt und fühlst dich mies behandelt.

Das Zuklappen der Mappe holt mich aus meinen Gedanken wieder in die Gegenwart zurück.

Herr Roth sieht mich an. »Am besten, Sie lesen sich das in Ruhe durch und melden sich dann bei mir«, sagt er. »Ich bin jetzt zwei Wochen in Urlaub, aber dann wieder für Sie zu erreichen.« Er gibt mir seine Visitenkarte. »Hier haben Sie alle meine Daten, auch die E-Mail-Adresse.«

Als wüsste ich nach all den Jahren seine Durchwahl und E-Mail-Adresse nicht auswendig.

Ich verlasse Herrn Roth sehr konsterniert. Nie hätte ich gedacht, dass ich mich einmal über die Jahre meiner Betriebszugehörigkeit streiten müsste. Ich war so naiv zu glauben, es werde schon alles berücksichtigt. Ich verstehe ihn auch nicht. Für das Unternehmen wäre das eine kleine Geste und eine verschwindend geringe Summe, und ich wäre zufrieden. Dieses Geschachere um die Dauer meiner Arbeitszeit ist so unnötig.

Als ich nach Hause komme, steht Johannes in der Küche und brät Reibekuchen.

»Und, wie war's?«, fragt er fröhlich mit dem Pfannenheber in der Hand. Ich weiß nicht, ob er wirklich fröhlich ist oder betont gute Stimmung verbreiten will, weil ich von einem ernsten Abfindungsgespräch komme. Aber ich habe gerade keine Energie, mir darüber Gedanken zu machen. Eines ist auf jeden Fall klar: Ich bin heute arm dran.

»Beschissen, furchtbar. Ich bin total erschüttert«, antworte ich dementsprechend.

Johannes lässt den Pfannenheber sinken: »Was ist denn los?«

»Die rechnen mir nicht meine gesamte Betriebszugehörigkeit an. Sie klauen mir einfach ein paar Jahre!« In meinem Ton schwingt Empörung mit. Habe ich nicht auch alles Recht, mich zu beschweren? So eine Schweinerei, und das nach all den Jahren, in denen sie angeblich so zufrieden mit mir waren.

»Nimm die Abfindung und lass es gut sein. Sei froh, dass du überhaupt etwas bekommst.« Er will mich trösten. Und ich bin mir unsicher, ob er recht hat oder nicht. Aber ich will jetzt nicht vernünftig sein. Mein Gerechtigkeitsgefühl ist verletzt. Auch mein Stolz ist verletzt und ich bin nicht zu trösten. Basta.

Ich faxe den Wisch der Anwältin, telefonisch erreiche ich sie nicht. Dann gehe ich Laufen, um mich abzureagieren. Aber Herr Roth läuft mit seiner blöden Abwicklungsvereinbarung die ganze Zeit mit. Wen oder was wickelt er damit eigentlich ab? Das Projekt? Den Job? Mich? Hat er mich also damals, als ich im Unternehmen anfing, aufgewickelt? Heißen Arbeitsverträge im Personaler-Deutsch womöglich Aufwicklungsvereinbarungen? »Frau Müller«, sagte Herr Roth wohl damals zu seiner Sekretärin. »Drucken Sie mal die Aufwicklungsvereinbarung für Frau Berger aus.«

Falsche Fragen

Heute Nacht habe ich schlecht geschlafen. Ich habe von Herrn Roth geträumt. Meine Kollegen, Jürgen, Herr Roth und ich waren auf einer Strandparty. Ich erinnere mich genau an Herrn Roths Badehose. Sie war grünbraun-orange und im 70er-Jahre-Stil gemustert. Herr Roth schleppte dann plötzlich eine aufblasbare Badeinsel an. Niemand wollte sie benutzen, aber ich setzte mich hinein und Herr Roth stieß mich ins Meer. Plötzlich machte es einen Knall und die Luft strömte aus dem Ding. Ich blickte Hilfe suchend zum Strand und sah, wie meine Kollegen aufgeregt mit den Armen winkten. Herr Roth war nicht mehr da. Dann bin ich aufgewacht und konnte nicht mehr einschlafen.

Seither tigere ich unruhig durch die Wohnung. Ich warte nur darauf, mich endlich mit der Anwältin besprechen zu können. Um zehn Uhr erwische ich sie. Das Gespräch ist aber nicht sehr ergiebig. Sie verspricht, mit Herrn Roth Kontakt aufzunehmen, aber jetzt fährt sie auch erst einmal zwei Wochen in Urlaub.

»Na toll«, denke ich und bin getroffen. Meine Kündigung scheint weder ihr noch Herrn Roth viel zu bedeuten, ihr Urlaub ist ihnen wohl wichtiger. »Das passt ja wieder super. Wieso fahre ich eigentlich nicht weg?«, frage ich mich.

Vorsichtshalber rechnet sie aus, wie lange wir eine Kündigungsschutzklage einreichen können. Nach Zustellung der Kündigung hat man dafür drei Wochen lang Zeit. Wenn sie zurückkommt, müssen ihre Verhandlungen mit Herrn Roth schnell über die Bühne gehen. Drei Tage bleiben ihr dann noch.

Kaum habe ich den Hörer aufgelegt, klingelt es. Luc ist dran.

»Jetzt hat's mich auch erwischt«, sagt er. »Ich bin meinen Job los.«

»Wie jetzt?«, ich kann es nicht fassen. »Hast du das mit dem Minderleister-Sein etwa doch hingekriegt?«

»Schön wär's. Dann stünde ich jetzt besser da. Nein, die Firma macht dicht. Allen wird gekündigt. Und das Beste ist: Wir dürfen uns dann wieder neu bewerben, weil sie in einer anderen Stadt einen neuen Betrieb aufmachen.«

»Und das ist erlaubt?« Ich wundere mich, mit so etwas kommt ein Unternehmen doch bestimmt nicht durch, nicht in Deutschland, oder?

»Das wird sich zeigen, ob das erlaubt ist. Was weiß ich. Ich will eigentlich nicht wegziehen, aber ich werde mich wohl bewerben müssen. Ich weiß auch nicht ... Und wie läuft es bei dir?«

»Ach, keine Ahnung. Ich bin ja eigentlich noch in Elternzeit.«

Das ist meine Standardantwort, wenn Freunde, Bekannte, frühere Kollegen, Verwandte, die von meinem unschönen Los wissen, mich nach dem Stand der Dinge fragen. Sie wissen nicht, dass sie damit die empfindliche Ader eines Gekündigten treffen.

Eine Frage wie »Und was tut sich?« setzt einen sofort unter Rechtfertigungsdruck. Das Beste wäre, man könnte antworten: »Ich habe inzwischen 38 Bewerbungen geschrieben, 19 Vorstellungsgespräche gehabt und 14 Jobangebote bekommen. Ich bin aber noch nicht sicher, ob ich eines annehme, denn ich habe eine so tolle Anwältin, die hat eine horrende Abfindungssumme ausgehandelt, davon könnte ich ein Jahr auf die Bahamas ziehen.« Kann man mit dergleichen nicht aufwarten, fühlt man sich ertappt. Man spürt förmlich, wie der andere sorgenvoll den Kopf schüttelt, sich wundert, warum man nicht mit mehr Eifer bei der Sache ist, und sich vornimmt, sich im Internet mal zu informieren, wie man am besten bei depressiver Verstimmung helfen kann.

Noch schlimmer ist die vermeintlich einfühlsam von Hobbypsychologen gestellte Frage »Und wie geht's dir damit?«. Die Tiefenanalytiker unter ihnen gehen noch einen Schritt weiter und stellen fest: »Am Boden scheinst du ja deswegen nicht zu sein?« Dabei schauen sie einen mit großen Augen an, lauernd, wie ich finde.

Ich habe nicht den Eindruck, wirkliches Mitgefühl zu erhalten – mit Ausnahme meines Familien- und engen Freundeskreises. Es scheint eher so eine Art Sensationslust zu sein, gemischt mit Schrecken und der Erleichterung, dass es einen selbst nicht getroffen hat. Sehr schnell habe ich den Eindruck, mich vor den neugierigen und fordernden Fragen nach dem Stand meiner Kündigung und nach meiner beruflichen Zukunft schützen zu müssen.

Die ehrliche Antwort wäre: »Wie soll's mir schon gehen? Ich bin entsetzt über die Kündigung, habe Geldsorgen und tue alles dafür, rechtzeitig einen neuen Job zu bekommen. Aber das geht nicht so schnell, verdammt noch mal!« Stattdessen rede ich mich mit der Elternzeit heraus. Wenn jemand gar nicht lockerlässt, sage ich: »Ich sehe das als Chance.« Das nimmt ihnen den Wind aus den Segeln und es ist nicht einmal unwahr. Ich bin inzwischen zu der Einsicht gelangt, dass ich die Kündigung nicht ändern kann – auch wenn ich sie noch nicht akzeptiere. Also bleibt nur eines: das Beste daraus zu machen. Das ist der einzig vernünftige Weg, der mir einfällt, damit umzugehen. Ich muss mich nur erst selbst noch dahin bringen, es auch wirklich zu glauben. Im Moment komme ich mir verlogen vor, wenn ich die Kündigung euphemistisch zur »Chance« und »Herausforderung« umetikettiere.

Ich schaffe es ja noch nicht einmal, meiner Mutter die Kündigung zu »beichten«. Ihr habe ich bis heute nur die halbe Wahrheit gesagt. Sie weiß zwar, dass das Projekt eingestellt ist, aber die Kündigung habe ich mit meinem neuen Lieblingssatz »Ich bin ja jetzt erst einmal in Elternzeit« verschwiegen. Sie würde sonst nur stellvertretend für mich Existenzängste ausstehen und das bringt niemandem etwas.

Immerhin weiß mein Vater inzwischen Bescheid. Ich habe ihn angerufen, nachdem die Kündigung da war.

Er reagierte auf die Mitteilung besonnen. »Das sind ja keine guten Nachrichten«, sagte er. Die darauffolgenden Tage stellte er mir die Begrüßungsfrage »Wie geht's?« auffallend sanft. Ganz traute er der schlechten Nachricht aber wohl nicht über den Weg, vielleicht nahm er auch an, ich würde übertreiben.

Als er mich kurz darauf mit seiner Lebensgefährtin besuchte, kamen wir bei Kaffee und Kuchen auf meine Arbeit zu sprechen.

»Ich kann mir gar nicht vorstellen, dass das Unternehmen das Projekt wirklich einstellt«, sagte er zweifelnd. »Ich habe gar nichts darüber gelesen. Was für ein Schreiben hast du denn erhalten?«

»Die Kündigung«, antwortete ich, obwohl er das doch schon wusste. Er hatte es wohl noch nicht ganz realisiert, so wie es mir am Anfang ja auch gegangen war.

Darauf sah er mich betroffen an. Jetzt ist die Sache klar und wir haben seither kein Wort mehr darüber verloren.

Doch es sind nicht nur die anderen, bei denen ich schnell das Gefühl habe, mich rechtfertigen zu müssen. Ich hadere auch mit mir selbst, weil so wenig vorangeht. Alles braucht unglaublich viel Zeit. Ich habe es mit Fristen zu tun und Behördenwegen. Ansprechpartner fahren einfach in den Urlaub, anstatt sich permanent um meine Angelegenheiten zu kümmern. Und dann bin ich doch eigentlich im Babyjahr. Die Elternzeit gibt es, damit sich Mutter und Vater der Erziehung ihres Kindes widmen können, steht auf den Seiten des Bundesfamilienministeriums. Es findet sich nichts darüber, was ist, wenn einem in der Elternzeit gekündigt wird.

Ich versuche, sie mir dadurch nicht völlig verderben zu lassen. Aber es ist schwierig. Natürlich lenken mich Ella und der Kleine oft von meinen Grübeleien über meine berufliche Zukunft ab. Manchmal aber nehme ich beide nur noch durch einen Nebel von Gekündigtengedanken wahr, ich denke darüber nach, was ich tun soll, wie ich es tun soll, was passieren kann. Plötzlich schrecke ich auf und sehe meine wunderbaren Kinder. Sofort habe ich ein schlechtes Gewissen, ich will nicht, dass sie unter der Kündigung leiden müssen! Ich will alles tun, sie davor zu beschützen. Aber ich bin unausgeglichen. Ich wechsle zwischen manischer Betriebsamkeit, mit der ich mich auf die Gekündigtenarbeit stürze, Momenten depressiver Verstimmung und bemüht zuversichtlichen Vorstellungen. Dazwischen habe ich Existenzängste, die zu unnötigen Streits übers Geld führen und seltsame Verhaltensweisen befördern. Zum Beispiel kaufe ich plötzlich keine Schokolade, um zu sparen – mit dem Ergebnis, dass ich mir dann am Sonntag eine überteuerte Tafel an der Tankstelle holen muss, wenn mich der Heißhunger überkommt.

Im Grunde habe ich gar keine Zeit zum Arbeitslossein. Das glaubt einem aber keiner (es sei denn, Sie haben gerade selbst ein Baby). Schließlich ist man ja zu Hause und arbeitet nicht. Das stimmt zwar, doch wenn ich morgens um 8 Uhr parat stehe und loslegen könnte, fällt leider dem Kleinen ein, aufzuwachen. Damit verschiebt sich sämtliche Gekündigtenarbeit auf unbestimmte Zeit nach hinten – vom Verfassen des Lebenslaufs bis zum Scannen der Stellenmärkte. Die Varianten eines auf diese Weise familienerfüllten Tages sind unendlich. Mal lädt die große Tochter die halbe Klasse zum Mittagessen ein oder Johannes braucht Hilfe oder ferne Verwandte kündigen sich für ein paar Tage an (»Du hast ja jetzt endlich einmal Zeit«) – und dann ziehen wir ja auch noch in wenigen Tagen um.

Das ist der denkbar ungünstigste Zeitpunkt dafür, aber nicht mehr zu ändern. Der Vertrag für die neue Wohnung war schon vor der Kündigungs-Odyssee unterschrieben, die alte Wohnung ist längst neu vermietet. Woher hätte ich wissen sollen, dass ich meinen Job verliere? »Leisten« konnten wir uns die ganze Geschichte nur, weil klar war, dass ich bald wieder voll verdiene – dachten wir zumindest. »Und das werde ich ja hoffentlich auch!«, versuche ich mich zu beruhigen, wenn die Sorgen überhandnehmen.

Da müssen wir jetzt durch. Es ist nun einmal nicht zu ändern. Und es hat auch sein Gutes: Sobald ich mit dem Umzug beschäftigt bin, rückt die Kündigung in den Hintergrund. Dieser »Nebenkriegsschauplatz« lenkt mich von Herrn Roth und meinen Bewerbungen, meiner unsicheren Zukunft und der Horrorvorstellung Arbeitslosigkeit ab.

Die ganze Wohnung steht bereits voller Kisten. Die ersten habe ich systematisch gepackt und ordentlich beschriftet. Doch nachdem ich Johannes erwischt habe, wie er einfach wahllos alles, was ihm in die Hände kam, in einen Umzugskarton warf, habe ich mein System aufgegeben. Jetzt greife auch ich, sobald ich fünf Minuten Zeit habe, erst nach links, dann nach rechts und schmeiße alles zusammen in den nächsten Karton.

Nach dem Telefonat mit Luc mache ich mich wieder an diese mir noch etwas ungewohnte Art des Packens. Als ich gerade dabei bin, den Föhn in die Kiste mit den Schirmen zu befördern, klingelt das Telefon. Es ist das Gewerbeaufsichtsamt. Eine Dame ruft an.

»Entschuldigen Sie, dass ich Sie störe. Sie sind sicherlich nicht erfreut, dass ich Sie anrufen muss. Aber Ihr Arbeitgeber …«

Sofort sehe ich einen Hoffnungsschimmer, trotz ihrer »Sicherlich-nicht-erfreut«-Einleitung: Haben sie ein neues Urteil gefunden? Wollen sie ihren Bescheid korrigieren und die Kündigungsgenehmigung revidieren? Habe ich es mit der Vorgesetzten zu tun, die sich für die falsche Entscheidung ihres Mitarbeiters entschuldigen möchte? Ich spüre einen Anflug von Schadenfreude, wenn ich mir das Gesicht von Herrn Roth vorstelle. Und was wird wohl die sonnengebräunte Anwältin dazu sagen?

»Nein, nein, das ist schon in Ordnung. Was gibt es denn?«

»Ihr Arbeitgeber hat bei uns Ihre Kündigung beantragt.«

»Ja, ich weiß«, sage ich und werde langsam ungeduldig. »Die hat ihr Mitarbeiter ja leider genehmigt.« Ich will, dass sie endlich zur Sache kommt.

»Ach, das ist schon bearbeitet?« Sie klingt erstaunt. Dann fällt bei ihr offenbar der Groschen: »Entschuldigung«, flötet sie schuldbewusst. »Das müssen wir uns ENDLICH abgewöhnen. Das ist jetzt schon öfters passiert. Mein Chef kam heute mit einem Brief zu mir und sagte, das sei liegen geblieben. Dabei hat der Kollege offensichtlich das Fax schon bearbeitet.«

Mir gefriert das Lächeln im Gesicht. Nachdem ich mich schnell verabschiedet habe, bleibe ich mit dem Hörer in der Hand einen Moment niedergeschmettert stehen. Diese sinnlosen Hoffnungen, es kostet jedes Mal so viel Kraft, die Enttäuschung wegzustecken. Warum lassen sie mich alle nicht einfach in Ruhe?

Mir ist jetzt ganz dringend nach einer Übersprungshandlung. Ich stürze mich auf das Regal im Gang mit den Winterschuhen. Sie brauchen vorm Umzug unbedingt eine neue Politur. Ich hoffe, Johannes hat sie noch nicht eingepackt.

Luftveränderungen

Während sich meine Anwältin wochenlang in Griechenland bräunt, reduziere ich wegen des Umzugs meine Gekündigtenarbeit. Stattdessen packe ich mindestens hundert Kisten, stelle Nachsendeanträge, lasse den Telefonanschluss ändern und reinige mehrmals meine Jacke von weißer Farbe. Johannes hat in Vorfreude auf den Umzug bereits mit dem Streichen begonnen, was dazu führt, dass alles, was noch nicht verpackt ist – einschließlich unserer Familie –, mit weißen Farbspritzern übersät ist.

Und endlich, als wir schon beginnen, uns an diesen seltsamen Zustand der verpackten und halb geweißelten Wohnung zu gewöhnen, ziehen wir tatsächlich um! Oh, es macht Spaß. Endlich beherrscht nicht mehr diese vermaledeite Kündigung meine Laune. Das Leben ist für ein paar Tage wieder bunt. Was für eine schöne Wohnung! Was für eine Luftveränderung! Das ist mindestens so gut wie Ferien in Griechenland. Und so viel nachhaltiger.

Leider gelingt es mir nicht, den Albtraum der Kündigung ganz zu verdrängen. Eines späten Nachmittags treffe ich unsere neue Nachbarin vor dem Haus.

»Arbeiten Sie wieder?«, fragt sie mich freundlich, was mich wundert. Wie kommt sie darauf? Habe ich meine Kleidung heute zu geschäftsmäßig gewählt oder schließt sie das daraus, dass sie mich gerade ohne Kind im Schlepptau sieht?

»Nein, ich bin in Elternzeit«, antworte ich und habe auf einmal das Gefühl, mich dafür rechtfertigen zu müssen. »Na, Ihnen geht's ja gut«, scheint ihr Gesichtsausdruck zu verraten – oder bilde ich mir das nur ein? In der Regel muss man sich erklären und mit dem Vorwurf auseinandersetzen, man sei eine »Rabenmutter«, wenn man arbeitet, obwohl kleine Kinder zu Hause sind. Aber ich hatte und habe noch immer Schwierigkeiten, mir die Elternzeit zuzugestehen. Am Anfang fühlte ich mich seltsam und beobachtet, wenn ich vormittags oder nachmittags spazierenging. Als dürfte man sich nur dann erhobenen Hauptes blicken lassen, wenn man von morgens bis abends einer geregelten Arbeit nachgeht. (Dabei weiß jeder, der einen Tag mit Kindern verbracht hat, dass das viel anstrengender ist als Schreibtischarbeit.) Ich ärgere mich über dieses übertriebene Arbeitsethos, mit dem ich es mir selbst schwer mache. »Was würde sie erst sagen, wenn sie erfährt, dass mir gekündigt wurde?«, frage ich mich, halte darüber meinen Mund und verabschiede mich freundlich.

Immerhin kommen wir mit der Wohnung voran. Sogar die Lampen hängen inzwischen. Schwierig war es nur – und ist es leider manchmal immer noch –, wenn wir etwas Bestimmtes suchen. Nachdem ich resigniert das Packsystem meines Mannes übernommen hatte, liegen in den Kartons die Schuhe neben dem Nähzeug und die Klaviernoten neben den Eierbechern.

»Nächstes Mal müssen wir die Kisten unbedingt systematisch packen und beschriften«, ruft er eines Morgens verzweifelt, nachdem er zum zweiten Mal erfolglos Kiste für Kiste nach Kopfschmerztabletten durchwühlt hat.

»Mhmh«, sage ich nur – und schweige klug. Ich habe jetzt Wichtigeres zu tun, als das Packsystem besser zu wissen: Ein Blick auf den mit Farbe verkleckten Wandkalender hat mir gezeigt, dass die Anwältin in den kalten deutschen Sommer zurückgekommen sein müsste.

Es wird wieder ernst.

Nach Tagen des Umzugs ist jetzt zum ersten Mal etwas Gekündigtenarbeit nötig. Ich schnappe mir mein Handy und wähle ihre Telefonnummer, die ich inzwischen auswendig kenne. Ich will sie gleich auf Spur bringen, damit sie ja nicht vergisst, Herrn Roth rechtzeitig zu kontaktieren. In drei Tagen endet die Frist, innerhalb derer ich gegen die Kündigung klagen kann.

»Du musst auf jeden Fall klagen«, hatte mir Luc geraten, der sich, seit er von seiner eigenen Kündigung weiß, voll ins Thema eingelesen hat. »Sonst bist du denen völlig ausgeliefert.«

Die Anwältin scheint das nicht so zu sehen. Sie hat zwar

ausgerechnet, bis wann wir klagen können, ist aber nicht besonders interessiert daran. Offenbar ist sie sehr entspannt aus ihrem Urlaub zurückgekehrt.

»Aber was ist, wenn Sie Herrn Roth nicht erreichen?«, frage ich irritiert. Mir reicht es jetzt mit dieser Gemütlichkeit. Erst fährt sie in Urlaub und dann vertrödelt sie womöglich meine Klagefrist. »Brauchen wir dann nicht die Klage, um unsere Verhandlungsposition zu verbessern?«

»Natürlich ist das normalerweise ein wichtiges Druckmittel«, erklärt sie geduldig. »Aber in Ihrem Fall würde ich davon abraten. Rechtlich haben Sie keinen Anspruch auf Weiterbeschäftigung. Das weiß auch Herr Roth. Mit einer Klage würden wir ihn wahrscheinlich nur verärgern.«

Da habe ich meine Antwort und ich muss ihr wohl glauben. Aber warum sagt sie das erst jetzt so klar? War sie im Urlaub auf einem Anwaltssegeltörn in der Ägäis und hat ihr das ein Kollege erzählt, als sie nebeneinander auf Deck saßen und die Beine über die Reling baumeln ließen? Oder höre ich nur in der neuen Wohnung besser?

Ich bin getroffen, wieder zerbröselt ein Stück Hoffnung. Da fällt mir noch etwas ein: »Warum hat Herr Roth gesagt, ich hätte keine Betriebszugehörigkeit? Ich bin doch schon seit 15 Jahren in dem Konzern.« Diese Frage schwirrt mir schon seit geraumer Zeit durch den Kopf.

»Da hat er schon recht«, sagt sie zu meinem Schrecken. »Die Betriebszugehörigkeit muss vertraglich vereinbart werden. In Ihrem Vertrag steht darüber nichts. Also sind die vorhergehenden Jahre in den anderen Tochterunternehmen verloren.«

»Das gibt's doch nicht!«, entfährt es mir. Vage erinnere ich mich, dass Herr Roth in unserem Gespräch etwas sagte wie »Das haben wir leider vergessen aufzunehmen«. Vergessen? Ich schnaube verächtlich. Das war doch sicherlich Absicht.

»Wenn man natürlich Ihren Fall kennt und weiß, wie Sie von einem Unternehmen in das andere geschoben wurden …«, unterbricht die Anwältin meinen Flashback.

Resigniert verabschiede ich mich. Diese Gekündigtenarbeit

heute war leider nicht erfolgreich. Da hätte ich lieber eine weitere Kiste auspacken sollen. Ich mag gar nicht darüber nachdenken, wie sehr ich mich verarscht fühle. »Hin und her geschoben«, meinte die Anwältin. Komisch, so habe ich das in all den Jahren nie gesehen. Aber dass ich mich von Herrn Roth bei der Betriebszugehörigkeit über den Tisch habe ziehen lassen ... Wäre ich ein Kindergartenkind, dann würde ich ihn jetzt gerne hauen. Aber ich bin ja erwachsen. Ich bemühe mich, ihn gedanklich ganz, ganz weit von mir wegzudrängen.

Leider werden die Nachrichten nicht besser. Am nächsten Vormittag meldet sich die Anwältin. Sie kann Herrn Roth nicht erreichen. Sie hätte es immer und immer wieder versucht. Aber er würde nie abnehmen.

»Das gibt es doch nicht!«, denke ich mir. Ich bin richtig verärgert. Es kann doch nicht so schwer sein, jemanden ans Telefon zu bekommen. Qualifiziert das Jurastudium etwa nicht fürs Telefonieren? Da fragt man sich halt durch, schmuggelt sich über die Zentrale ein, fragt Kollegen, ob Herr Roth überhaupt da ist oder noch in der Südsee weilt oder gar mit dem Schweinegrippevirus infiziert ist. Aber man nimmt es doch nicht hin, dass man zwei Tage gar nichts erreicht.

»Und jetzt?«, frage ich entgeistert. Alle meine Befürchtungen scheinen bestätigt. Sie versemmelt meine Klagefrist. Selbst wenn sie (und damit leider ich auch) gar nicht klagen will – egal, da geht es ums Prinzip. Und um mein Geld!

»Ich werde ihm eine E-Mail schreiben«, sagt sie.

Begeistert bin ich davon nicht. Ich bezweifle, dass man per E-Mail verhandeln kann. Ein Tag bleibt uns noch. An Herrn Roths Stelle würde ich den verstreichen lassen und erst dann auf die E-Mail antworten. Aber ich resigniere. Innerhalb von einem Tag finde ich keinen neuen Anwalt. Also lasse ich ihr freie Hand und beschließe, mich einfach auf sie zu verlassen.

Es wäre wahrscheinlich klüger gewesen, das von Anfang an zu tun, statt ihre Aussagen ständig infrage zu stellen. Aber es ist schwierig, die Ruhe zu bewahren, wenn man plötzlich von lauter vermeintlichen Experten umringt ist. Jeder hat irgendetwas zum Thema Kündigung und Abfindung zu sagen. Und weil sich alle widersprechen, macht es einen irgendwann nur noch verrückt.

Luc zum Beispiel, der inzwischen im Selbststudium zum Kündigungsexperten mutiert ist, stachelt mich auf. Er hält die Summe für mickrig. Er scheint da mehr Glück zu haben, obwohl er kein Minderleister ist. Sein Arbeitgeber wird offenbar deutlich mehr bezahlen als meiner. So einfach ist es wohl doch nicht, einen Betrieb in einer Stadt dichtzumachen, alle Leute rauszuschmeißen und dann in einer anderen Stadt eine neue Firma zu gründen und die ehemaligen Mitarbeiter zum großen Bewerbungsreigen einzuladen. Anscheinend befürchtet das Unternehmen jetzt, vor das Arbeitsgericht gezogen zu werden und kauft sich mit beachtlichen Abfindungen frei.

Ein anderer Freund von Johannes und mir, den ich um Rat gefragt habe, war dagegen überrascht, wie »großzügig« mein Arbeitgeber angeblich ist. »Sie müssten dir gar nichts zahlen«, meinte Max. Ich solle dankbar sein. Aber so sehe ich das nicht. Großzügig ist für mich etwas anderes. Ich versuche, es ihm zu erklären: »Denk mal an die Finanzkrise. Wenn da eine Bank einem gutgläubigen Kunden wissend ein Schrottpapier verkauft hat und danach gnädig einen Teil des Verlusts ausgleicht, ist das doch auch nicht großzügig. Genauso geht es mir mit der Betriebszugehörigkeit. Ich fühle mich um sie betrogen.«

Das sieht er ein. Trotzdem würde Max auf Nummer sicher gehen, das Geld nehmen und Ruhe geben.

Am schlimmsten sind aber diejenigen Besserwisser, die von irgendwelchen Fällen erzählen, die mit meiner Situation überhaupt nicht vergleichbar sind. Sie tun so, als sei die Kündigung nichts anderes als die Chance, an eine Riesensumme Geld zu kommen, vergleichbar einem Lottogewinn. »Hast du einen Rechtsanwalt?«, muss ich mich dann etwa fragen lassen. »Eine Bekannte einer Freundin der Schwägerin meiner Nachbarin hat eine Abfindung von 170 000 Euro erstritten. 170 000 Euro!«

Die Überlebenden

Schon seit einiger Zeit trage ich mich mit der Idee, meinen Noch-Chef Jürgen zu besuchen und bei Kollegen und Vorgesetzten von früher vorbeizuschauen – in meiner Exarbeit also. Nachdem heutzutage fast jeder einen Exmann oder eine Exfrau hat, ist es wahrscheinlich völlig normal, dass ich jetzt immerhin eine Exarbeit habe. Es passt in die Zeit. Vielleicht ist das der Ausgleich dafür, dass mein Mann seit Jahren derselbe ist.

Für heute habe ich meinen Besuch angekündigt und ich merke schnell: Das war eine dumme Idee. Jürgen ist zwar sehr freundlich und nimmt sich Zeit, aber ich werde das Gefühl nicht los, dass ich störe. Wir sitzen uns auf zwei Drehstühlen mitten im Raum gegenüber. Das hat etwas sehr Provisorisches und lädt nicht zum langen Verweilen ein. Vor allem weiß man in dieser Position nicht, wohin mit den Beinen. Gerne würde ich sie unter die Geborgenheit eines Tisches stecken.

»Wie geht es dir?«, fragt er, wartet aber netterweise die Antwort, über die ich nachdenke (ehrlich sein oder Floskel liefern?) nicht ab und fragt gleich weiter: »Was hast du denn jetzt vor?«

Da hätte ich lieber die Wie-geht-es-dir-Frage beantwortet. Ich nuschele etwas von einem Projekt, an dem ich gerade arbeite. Mir wurde gekündigt. Das ist nun einmal nicht zu ändern. Aber ich bin keinesfalls bereit, hier als arme Gekündigte aufzutreten. Im Laufe meines Berufslebens habe ich gelernt, wie wichtig der erfolgreiche Schein ist. Ich werde den Teufel tun und das, was ich mir die vergangenen Jahre aufgebaut habe, mit Bewerber-Gejammer zerstören. Keiner gibt dir aus Mitleid einen Job.

Jürgen lehnt sich im Stuhl zurück. »Der Pharmaindustrie geht es ganz gut …«, sagt er unvermittelt.

Aha?, wundere ich mich, ist das ein Bewerbungstipp? Ich beschränke mich bei meiner Antwort auf ein Lächeln.

Leider ermuntert ihn das weiterzumachen. »Du kannst dich auf jeden Fall auch auf höhere Positionen bewerben.«

»Ja, natürlich, werde ich tun«, versichere ich ihm schnell und drehe den Spieß um: »Wie geht's dir denn?« Die Frage ist ernst gemeint, er macht keinen frohen Eindruck.

Und tatsächlich rückt er mit der Sprache heraus, wenn auch zögerlich. »Es war nie mein Traum, diesen Job zu machen«, sagt er leise. Das finde ich interessant, er hat zwar als Einziger aus unserem alten Team eine Stelle im Konzern behalten – aber eben nicht in dem Bereich, in dem er eigentlich arbeiten möchte. Sind wir Gekündigten am Ende besser dran? Das gibt uns die Chance, etwas Neues anzufangen, hinter dem wir stehen können.

Ich lasse ihn mit seiner faulen Kompromisslösung allein, um bei der nächsten Verabredung vorbeizuschauen. Doch zu wem ich auch komme, es ist überall dasselbe: Entweder ist die Stimmung schlecht oder der Stress so hoch oder die Mittel sind so knapp, weil gespart werden muss. Und über allen hängt wie eine bedrohliche schwarze Wolke die Angst vor weiteren Kündigungen. Alle jammern. Da sitzen sie, die Überlebenden der bisherigen Kündigungswellen, auf ihren festen Arbeitsplätzen und sind unglücklich. Regelmäßigen Befragungen der Gewerkschaften zufolge geht das nicht nur meinen früheren Kollegen so. Laut dem Index »Gute Arbeit« haben nur zwölf Prozent aller Beschäftigten in Deutschland zufriedenstellende Arbeitsbedingungen. Alle anderen haben Grund zur Klage – über zu lange Arbeitszeiten, zu viel Stress, unfähige Vorgesetzte, schlechte Entwicklungsmöglichkeiten oder zu wenig Gehalt.

Für mich ist es ganz gut, dass sie alle so sehr mit sich beschäftigt sind. So bestreiten sie den Großteil der Unterhaltung selbst und die inquisitorischen Fragen – »Und was machst duuu jetzt?«, »Und was wird jetzt aus diiiiir?« oder noch unangenehmer mit therapeutischem Unterton: »Was möchtest du denn am liebsten machen?« – halten sich in Grenzen. Was ich bei fast allen spüre, ist der Schreck darüber, dass es mich erwischt hat. Damit hat wohl keiner gerechnet.

Ein früherer Vorgesetzter sagt zu mir kopfschüttelnd: »Und dabei arbeiten hier mindestens 500 Leute, die lange nicht so gut sind wie du.«

»Das spielt im Moment keine Rolle. Darum geht es nicht. Da werden jetzt einfach Stellen abgebaut, ob wir gut oder schlecht gearbeitet haben, interessiert nicht«, erkläre ich emotionslos, obwohl ich natürlich verletzt bin. Da haben sie alle immer Wunder was wichtig getan, wie zufrieden sie mit mir sind, und dann kündigen sie trotzdem?!

»Ich weiß schon«, sagt er resigniert.

An sich wäre so eine Aussage ein Grund, stolz zu sein. Aber danach ist mir gerade nicht. Ein Freund sagte, als er von der Kündigung hörte: »Ach, bei dir mache ich mir gar keine Sorgen.« Das war so selbstverständlich dahingesagt, dass ich schlecht erwidern konnte: »Ich mir schon.« Gott, was habe ich mir die letzten Wochen nicht für Sorgen gemacht, einen riesigen schwarzen Knäuel würden sie zusammen bilden, der die Macht hat, einen zu erdrücken. Ich habe Angst, Angst davor, dass ich nicht rechtzeitig eine adäquate und einigermaßen ordentlich bezahlte Stelle finden werde.

Einer meiner Vorgesetzten nimmt sich Zeit für einen gemeinsamen Kaffee. Das freut mich, weiß ich doch, wie beschäftigt er immer ist. Dieses überraschende Vieraugengespräch verläuft jedoch sehr seltsam. Nachdem die Frage, wie es mir geht (»gut«) und was ich mache (ich murmele etwas diffus von einem »Projekt«), geklärt ist, fängt er an zu jammern. Er erzählt mir, wie teuer das Leben ist und wie viel Geld die private Krankenversicherung verschlingt, und je länger ich zuhöre, desto mehr wundere ich mich: Wieso erzählt er mir das? Er muss doch wissen, dass ich viel weniger verdient habe als er. Sein Einkommen ist auf jeden Fall fünfstellig. Wenn selbst ihm das Geld nicht reicht, was soll ich dann erst sagen? Ich versuche, mit aufmerksamem Gesichtsausdruck wegzuhören, seine Bekenntnisse sind mir zu privat. Offensichtlich, schließe ich daraus, verdient man nie genug Geld – wahrscheinlich steigert man seinen Lebensstandard nach und nach entsprechend. Oder hat er ein schlechtes Gewissen, spekuliere ich auf einmal. Wusste er vielleicht schon früher vom Ende des Projekts als meine Kollegen und ich? Fühlt er sich nun mies, weil er uns nicht vorgewarnt hat und will sein Gewissen erleichtern, indem er mir zeigt, dass es ihm auch nicht so gut geht? Ich weiß es nicht. Aber mir ist nicht wohl in meiner Haut und ich bin froh, als er sich zum nächsten Termin verabschiedet.

Als ich mich am frühen Nachmittag wieder auf den Heimweg von meinem Ausflug in meine alte Arbeitswelt mache, bin ich sehr frustriert. Angeblich werden ein Drittel aller Stellen über persönliche Kontakte besetzt. Bei mir kam heute nichts dergleichen heraus. Okay, ich weiß jetzt, dass die Pharmaindustrie gut dasteht und habe ein paar Eisen ins Feuer gelegt. Aber wie oft musste ich mir anhören, dass es nun leider einen Einstellungsstopp gibt. Ein früherer Chef sagte sogar explizit, dass er mich gerne wieder bei sich hätte. Nur leider im Moment … Es wäre gut gewesen, den Beamten vom Gewerbeaufsichtsamt mit seinem Wanderrucksack dabeizuhaben. Ich hätte ihm gerne gezeigt, wie das so ist, mit dem »Rausfahren« und »Umschauen« und »Unterkommen«.

Beim Nachhauseweg stiere ich aus der U-Bahn ins Dunkle. Es war eine seltsame Erfahrung, wieder im Büro zu sein, die mich sehr traurig gemacht und völlig erschöpft hat. Eigentlich war alles wie immer, nur mein Arbeitsplatz hat gefehlt. Wie gerne hätte ich mich einfach an meinen Schreibtisch gesetzt und gearbeitet. Aber das ist ja nun vorbei.

Die Unterschrift

Es dauert ein paar Tage, bis ich meinen Bürobesuch verdaut habe. Aber es war gut, dass ich hingefahren bin. Es hat meinen Kampfgeist geweckt. All die Leute unglücklich an ihren Schreibtischen sitzen zu sehen, hat mein Kündigungsschicksal etwas relativiert. Immerhin, so wie den übrig gebliebenen Kollegen wird es mir nicht gehen! »Ich nutze das als Chance! Ich mache das Beste daraus!«, wiederhole ich immer wieder mein neues Mantra.

Ich bin fest entschlossen, mich nicht kleinkriegen zu lassen. Heute steht das Wort »Sparen« auf meiner To-do-Liste. Ich nutze das Vormittagsschläfchen des Kleinen und rechne eifrig. Umgeben von Ordnern und Taschenrechner sitze ich am Schreibtisch und gehe alle Fixkosten durch. Handy- und Telefontarife, Versicherungsbeiträge – alles kommt auf den Prüfstand. Am Ende kann ich tatsächlich ein paar Dinge streichen und ändern – das könnte reichen, um die höhere Miete fast auszugleichen, sobald alle Änderungen greifen (den Gedanken, dass bis dahin aller Erfahrung nach wieder neue Ausgaben auf uns zukommen, verdränge ich in diesem Moment lieber).

Ein Anruf klingelt mich aus der Rechnerei. Es ist Sarah. Sie ist stark erkältet. Ihre Stimme klingt so belegt, dass sie kaum zu verstehen ist. Sie ruft an, weil sie Zuspruch braucht. Obwohl sie eigentlich einsieht, dass sie sich am nächsten Tag krankmelden muss, plagt sie ein schlechtes Gewissen.

»Aber ich muss noch so viel machen, bevor ich mit meinem Chef nach England fliege. Da kann ich doch nicht einfach …«

Meine Rolle bei diesem Telefonat ist klar: Ich muss ihr Gewissen beruhigen und sie darin bestärken, zu Hause zu bleiben. Das ist anstrengend. Ich muss stärker sein als ihr übertriebenes Pflichtgefühl.

»Natürlich bleibst du morgen zu Hause. Du *musst* dich krankmelden«, sage ich also beschwörend.

»Aber was werden meine Kollegen sagen? Sicher heißt es dann: Wenn es ernst wird, klappt sie zusammen«, schnieft Sarah.

»So ein Quatsch. Du bist krank und basta.« Ich bemühe mich, meiner Stimme etwas Entschlossenes zu geben.

»Und der Arbeitsberg auf meinem Schreibtisch? Der wird dann ja noch größer!«, fällt ihr ein.

So geht das weiter und weiter. Auf einmal fällt mir die richtige Diagnose ein und ich sage unvermittelt: »Sarah, du leidest unter Präsentismus!«

»Was?« Sie klingt verdutzt.

»Das ist ein anerkanntes Arbeitsleiden. So nennen es Forscher, wenn Angestellte meinen, trotz Krankheit arbeiten zu müssen.« Das habe ich in einer Studie gelesen. 42 Prozent der Beschäftigten sind davon betroffen, haben Wissenschaftler der Bertelsmann-Stiftung festgestellt. Genau wie Sarah schleppen sich die Kranken vor allem aus Pflichtgefühl und weil sonst Arbeit liegen bleibt an den Arbeitsplatz.

»Kommen denn deine Kollegen auch krank zur Arbeit?«, frage ich detektivisch, um mich dem offenbar allgemeinen Problem anzunähern.

»Ja, viele.«

»Und wie findest du das?«

»Furchtbar ist das, wenn mir ein kranker Kollege mit seinen Rotztüchern gegenübersitzt.«

»Aber du willst ihnen das antun?« Das leuchtet Sarah ein. Sie verspricht, zu Hause zu bleiben und morgen kein »Präsentist« zu sein. Das ist der richtige Zeitpunkt, mich nach einem mühseligen Einstundentelefonat zu verabschieden.

Es wird auch höchste Zeit, der Kleine ist aufgewacht und ich will los. Ich will in die Stadt fahren, um mir einen Bewerbungsratgeber zu kaufen. Seit Wochen studiere ich Stellenanzeigen. Sie ähneln sich so sehr, als hätte sie derselbe Ghostwriter verfasst. Vom zukünftigen Mitarbeiter wird immer dasselbe erwartet. Es scheint geradezu, als gäbe es eine DIN-Norm für Bewerber. Und dieser DIN-Bewerber, weiß ich inzwischen, ist teamfähig, kommunikationsstark und flexibel. Er verfügt über ein hohes Maß an Eigeninitiative und Einsatzbereitschaft (bzw. Engagement). Er ist belastbar oder stresserprobt, kreativ oder ideenreich, hat Durchsetzungsvermögen oder Biss und überzeugt mit einem souveränen oder gewinnenden Auftreten. In vielen Fällen ist der DIN-Bewerber zudem »jung« oder er passt in ein »junges Team« oder bewirbt sich für »Junior«-Positionen und ist damit bestimmt nicht in meinem Alter. All die anderen DIN-Voraussetzungen erfülle ich, habe ich beschlossen.

Ich stehe in der größten Buchhandlung der Stadt. Das Angebot an Ratgebern überwältigt mich. Es gibt ein eigenes raumhohes und überbordendes Regal alleine für Bewerberliteratur. Ich bin platt. Wo soll ich da anfangen?

Wahllos greife ich ein Buch nach dem anderen heraus und blättere wild darin herum. Da entdecke ich eine Mitarbeiterin.

»Entschuldigen Sie«, spreche ich sie an. »Die Auswahl überfordert mich. Welchen Ratgeber nimmt man denn am besten?«

»Pfff«, sagt sie und scannt mit ihren Augen kurz das Regal ab. »Keine Ahnung ... Diese Verlage hier sind alle etabliert in dem Bereich.«

Ja, das sehe ich und sie scheinen Jahr für Jahr neue Ratgeber auf den Markt zu werfen. Es finden sich richtige Wälzer, fast 600 Seiten dick. Und dann gibt es für jeden Schritt, den ein Jobsucher nur machen kann, gleich ein extra Buch: zur Bewerbungsmappe, zum Lebenslauf, zur Initiativbewerbung und so weiter und so fort.

»Da muss man halt das nehmen, was einem sympathisch ist«, fällt der Buchhändlerin noch ein, als sie sich wieder von mir abwendet. Sympathisch? Nein, Sympathisches entdecke ich nicht. Dafür viel Küchenpsychologie. In simplen Tests soll ich zum Beispiel mein Motivationsprofil erfahren oder auf meine Stärken kommen. Und sehr viel Banales füllt die Seiten. So erfahre ich, dass ich beim Anschreiben die Adresse des Empfängers »richtig abschreiben« soll und bei der Arbeitsagentur »frühzeitig Termine« vereinbaren muss, da die Vermittler nicht sofort Zeit haben. Diese läppischen Tipps kosten dann 20 Euro oder sogar mehr. Immerhin lerne ich, was »friktionelle« Arbeitslosigkeit ist, nämlich die Phase zwischen altem und neuem Job.

»Du bist friktionell arbeitslos. Klingt erfolgreicher als gekündigt«, murmele ich vor mich hin und nehme mir vor, künftig auf die wenig einfühlsame, aber häufig gestellte Frage »Und? Was tut sich so?« zu antworten: »Ich bin friktionell jobsuchend und du?«

Weil ich bei den Bewerbungsbüchern nicht weiterkomme, gehe ich aus reiner Unentschlossenheit zur Wand mit den Karriereratgebern. Hier überfällt mich vollends der Ärger. Ein Autor zeigt seinen Lesern, wie sie »unkündbar« werden. Top-Mitarbeiter, so seine These, müssten sich keine Sorgen um ihren Arbeitsplatz machen. Da ist sie wieder: Diese seltsame allgegenwärtige Idee, dass Gekündigte und Arbeitslose selbst schuld sind an ihrem Schicksal. Das ist blanker Unsinn, meine Kollegen und ich sind das beste Gegenbeispiel dafür. Sicher gibt es Unternehmen, die erst einmal ihre vermeintlich weniger leistungsstarken Mitarbeiter loswerden wollen, so wie das in Lucs Firma gehandhabt wurde. Aber wenn es hart auf hart kommt, wenn ganze Firmenteile dichtgemacht werden, interessiert es keinen Menschen, wie viele Überstunden man geleistet hat, wie sehr man seine Ziele erreicht hat und wie hoch die Leistungsbezahlungen in den vergangenen Jahren waren. Selbst der zufriedene Chef nützt einem dann nichts. Er ist froh, wenn er sich selbst durch die Kündigungswelle retten kann.

Ich verlasse die Buchhandlung, ohne etwas zu kaufen. (Ein paar Tage später finde ich meinen Bewerbungsratgeber übers Internet. Auf der Webseite der Arbeitsagentur gibt es kostenlos den »Job-Profi«, eine 70-seitige PDF-Broschüre, die alles enthält, was man wissen muss, und die mit den kostenpflichtigen Ratgebern problemlos mithalten kann.) Als ich nach meinem erfolglosen Ratgebershopping nach Hause komme, ragt aus dem Briefkasten ein großes Kuvert. Was das wohl sein mag? Der Umschlag trägt den Stempel des Berufsverbandes. Das macht mich neugierig. Kaum in der Wohnung, reiße ich ihn sofort auf – es ist die Abwicklungsvereinbarung. Na, dann hat die Anwältin Herrn Roth ja offensichtlich doch noch erreicht. Ich hatte mich schon gewundert, warum sie nichts von sich hören ließ. Es liegt ein zweiseitiges Schreiben von ihr dabei, in dem sie festhält, dass alles seine Ordnung hat und warum. Doch die Botschaft ist enttäuschend. Denn höher ist meine Abfindung nicht geworden, wobei sie immerhin noch einen wichtigen Punkt ausgehandelt hat: Sollte ich während meiner Freistellung nebenberuflich Geld verdienen, wird mir das nicht vom Gehalt abgezogen. Das ist wichtig. Ich habe die vergangenen Jahre hin und wieder nebenberuflich auf selbstständiger Basis Aufträge angenommen und damit will ich nun wieder starten. Ich glaube, es ist eine gute Idee, meine Kontakte auf diese Weise zu nutzen und mich trotz Elternzeit wieder ins Gespräch zu bringen.

Meine Zukunft im Unternehmen ist mit dieser Vereinbarung allerdings besiegelt: Sie existiert nicht mehr.

Direkt nach meiner Elternzeit bin ich freigestellt. Das heißt, ich brauche – wie die Kollegen – nicht im Büro zu erscheinen. Mein Gehalt wird mir noch bis zum Ende der Kündigungszeit ausgezahlt. Das ist auch dringend nötig, um unser Konto wieder aufzufüllen! Wieder mache ich drei Kreuze, dass meine Kündigungsfrist sechs Monate beträgt. Wäre sie, wie bei meinen Kollegen drei Monate zum Monatsende oder noch kürzer, dann wäre ich mit Ende der Elternzeit in die Arbeitslosigkeit gerutscht.

Die Abfindungssumme wird beim »Ausscheiden« aus dem Unternehmen fällig. Und der Anspruch ist »vererbbar«. Obwohl ich eine Risikolebensversicherung habe, also für den Fall meines Ablebens bereits vorgesorgt habe, finde ich das kurios. Ich hoffe nicht, dass ich in den nächsten Wochen auch noch das Zeitliche segnen werde. Die Kündigung reicht mir erst einmal völlig.

Ich stelle die Vereinbarung hochkant aufs Klavier und schleiche ein paar Mal unschlüssig daran vorbei. Jetzt fehlt nur noch meine Unterschrift und die Sache ist erledigt. Aber es fällt mir unglaublich schwer, meinen Namen darunterzusetzen. Es kommt mir so vor, als würde ich damit meiner Kündigung zustimmen. Und es wurmt mich, dass sich mein Arbeitgeber so billig freikaufen konnte. Abserviert. So fühle ich mich. Endlich überwinde ich mich und bringe es hinter mich. Herr Roth und sein Vorgesetzter haben bereits unterschrieben. Der Vorgesetzte mit Füller, Herr Roth mit Kuli. Ich hefte ein Exemplar sofort ab und stecke das andere gleich in einen Umschlag. Jetzt will ich, dass es vorbei ist, ich laufe zur Post und gebe den Brief auf.

Abends kommen meine Mutter und meine Tante. Sie haben sich für ein paar Tage in einem Hotel in unserer Nähe einquartiert. Eigentlich passt mir dieser Besuch überhaupt nicht. Viel lieber würde ich mit meiner Gekündigtenarbeit vorankommen. Andererseits – »Du bist in Elternzeit Julia, mach mal halblang«, beruhige ich mich. »Während des kurzen Besuchs wirst du wohl nichts verpassen.«

Wir treffen uns beim Italiener um die Ecke. Es ist ein wunderschöner Sommerabend. Im Viertel ist fast mehr los als tagsüber. Frauen in weißen luftigen Kleidern schlendern vorbei, junge Eltern schieben ihre Kinder spazieren. Es ist, als könnte das Leben nicht anders sein als leicht. Ich genieße es, draußen zu sein, und vergesse fast die Abwicklungsvereinbarung. Ich lehne mich entspannt zurück und nehme einen Schluck Wein. Da fragt mich meine Tante leider, wann ich wieder zu arbeiten anfange. Ich überlege kurz, ob ich einfach schwindeln soll, um mich nicht den üblichen Reaktionen auszusetzen. Aber da meine Mutter dabeisitzt, bringe ich auch meine Tante auf ihren Stand: »Unser Projekt ist leider eingestellt worden.«

»Waaaaas? EINGESTELLT?«, ruft meine Tante in spitzem Ton mit Entsetzen in der Stimme. Sie rückt von mir ab, lehnt sich ganz an die äußere Seite ihres Stuhles und sieht mich mit offenem Mund an, sodass sich alle Gäste nach uns umdrehen. Das übertrifft noch die Reaktion, die ich befürchtet hatte. Ich wundere mich, warum sie gar so betroffen ist.

»Ja, die Wirtschaftskrise …«, beginne ich zu erklären und ende mit meinem Standardsatz: »Aber ich bin ja jetzt erst einmal noch in Elternzeit.«

Damit ist sie zufrieden. Sie erzählt dann, dass in ihrem Unternehmen die Geschäfte auch nicht gut laufen und bereits einer Mitarbeiterin gekündigt wurde.

»Erst ist alles bestens und lustig und alle verstehen sich gut«, sagt sie nachdenklich. »Und plötzlich gilt, jeder gegen jeden.«

So ist es immer. Wenn in Unternehmen erst die Sparappelle laut werden und dann Kündigungen drohen, sackt die Stimmung in den Teams in sich zusammen. Es gibt nichts Demotivierenderes als Kündigungen. Manche Unternehmen haben es über Jahre hinweg in immer wiederkehrenden Spar- und Personalabbaureigen geschafft, die Arbeitslust und Leistungsfähigkeit ihrer Mitarbeiter nachhaltig zu zerstören. Wie eine Studie des Wirtschaftswissenschaftlers Ingo Geishecker für das Deutsche Institut für Wirtschaftsforschung zeigt, kann die Angst, seinen Job zu verlieren, sogar schlimmer sein als eine tatsächliche Kündigung.

Der Stammdatensatz

Nachdem Mutter und Tante abgereist sind, widme ich mich sofort wieder meiner Gekündigtenarbeit. Ich nehme mir vor, so bald wie möglich, am besten heute und gleich, die Arbeitsagentur anzurufen, um das endlich hinter mich zu bringen. Doch dann geraten Johannes und ich in Streit. Wir streiten darum, wer am fleißigsten die Spülmaschine ein- und ausräumt. Recht haben wir beide. Wir haben nur unterschiedliche Spülstrategien. Aber im Moment will jeder den anderen von seiner Mehrbelastung beim Spülen überzeugen, was völlig unmöglich ist.

»Und außerdem habe ICH die letzten Tage immer gekocht«, höre ich mich sagen. »Was hat das mit Spülen zu tun?«, frage ich mich hinterher, aber da ist es schon draußen.

»Und ICH habe immer den Kleinen, wenn du telefonieren musst«, kontert Johannes.

Ganz klar, wird sind vom Spülen im Speziellen auf die familiären Pflichten im Allgemeinen gekommen. Jeder fühlt sich benachteiligt, weil wir beide neben der Familie noch Zeit für Berufliches (beziehungsweise in meinem Fall für Gekündigtenarbeit) und – wenn irgend möglich – ein wenig für uns selbst brauchen. Weil im Moment mit meiner Elternzeit, der Geburt des Babys und der Kündigung alles durcheinander ist, müssen wir auch die Aufgabenverteilung wieder aufs Neue aushandeln.

Dazu kommt meine Unausgeglichenheit. In Momenten, in denen mich mein Vorsatz, »das Beste aus der Kündigung zu machen«, mehr belastet als hilft, bin ich – ich gebe es ungern zu – ungewohnt launisch. Plötzlich nörgele ich dann am angeblich »falschen« Brot herum, das Johannes besorgt hat. Wenig später komme ich reumütig an und entschuldige mich.

»Tut mir leid. Das sind nur Übersprunghandlungen«, versuche ich meinem Mann dann zu erklären.

»Ist schon gut. Ich weiß gleich, dass du dich später dafür entschuldigen wirst«, verzeiht mir mein Mann regelmäßig.

Aber der Spülstreit heute ist eine Nummer heftiger. Diesmal ist Johannes richtig wütend. Wir sind noch nicht ganz versöhnt, als er sich mit dem Baby ins Kinderzimmer verzieht. Wir haben ausgemacht, dass er sich um den Kleinen kümmert, damit ich in Ruhe telefonieren kann. Wahrscheinlich wäre es aber klüger gewesen, an diesem schon mit einer Missstimmung behafteten Tag meinen Vorsatz zu ändern und lieber etwas anderes zu tun (zum Beispiel einen Versöhnungskaffee mit dem lieben Mann trinken), als nun auch noch ein unangenehmes Telefonat zu führen. Aber ich kann unerbittlich mit mir sein. Ich wähle zum zweiten Mal die Nummer 01801/555111.

Zuerst werde ich wieder von dem Telefonroboter begrüßt. »Willkommen in Ihrer Agentur für Arbeit. Wenn Sie Fragen rund um das Arbeitslosengeld II haben, auch als Hartz IV bekannt, wählen Sie die 2. Wenn Sie Fragen zum Kindergeld haben, wählen Sie die 5. Bei allen anderen Anliegen die 8.«

Ich frage mich, was sich wohl hinter den Nummern eins, drei, vier, sechs und sieben verbirgt und überlege kurz, ob ich sie austesten soll. Da ermahnt mich der Telefonroboter ungeduldig: »Ihre Eingabe war nicht verwertbar!« Dann wiederholt er sich: »Wählen Sie die 2, wenn Sie …«

Ich lasse ihn nicht aussprechen – womöglich sitzt im Hintergrund ein Mitarbeiter und misst, wie lange jemand im Vorprogramm herumtrödelt. Ich will mir kein Minus bei »Effizienz« einholen – und drücke einfach mittenrein die 8.

Eine Mitarbeiterin meldet sich mit ihrem Namen. Sie wird sich im Laufe des Gesprächs als sehr energische Person erweisen.

»Guten Tag. Ich rufe an, weil ich arbeitslos werde.«

»Oh je«, sagt sie. Ich bin dankbar für diese kurze Form der Anteilnahme. »Ist die Kündigung schon ausgesprochen?«

»Ja.«

»Waren Sie schon mal bei uns gemeldet?«

Nein, das war ich nicht. Aber ich erzähle ihr von meinem Anruf vor dem Umzug. Meine Erklärung dauert ihr offenbar zu lange. Sie unterbricht mich und fragt nach meinem Nach-

und Vornamen. Dann buchstabiert sie beides noch einmal in Affengeschwindigkeit, sodass ich kaum mitkomme. Ich überlege kurz, ob die Mitarbeiter der Arbeitsagentur nach Akkord bezahlt werden, habe aber keine Zeit, diesem Gedanken nachzuhängen, denn schon geht es weiter: »Familienstand?«, »Adresse?«, »Telefonnummer?«, »Handy?« Zwischendurch wiederholt sie meine Angaben im Schnellsprech. Trotzdem komme ich kaum nach mit dem Antworten. Das verunsichert mich. Dabei war das anscheinend nur die Einleitung.

»Gehen wir in die Stammdaten rein«, sagt sie plötzlich und es klingt bedrohlich. »Wir werden einen Termin als Rückruf vereinbaren. Der Jobberater in Ihrer Arbeitsagentur wird Sie anrufen. Sie müssen dann die Rentenversicherungsnummer, die Bankverbindung, Ihre Ausbildung und die letzten sieben Jahre Ihres beruflichen Werdegangs taggenau parat haben. Das müssen Sie sich dann davor zurechtlegen«, ermahnt sie mich vorsorglich, als sei ich ein kleines Kind. »Der Jobberater wird einen Termin mit Ihnen vereinbaren. Den müssen Sie dann wahrnehmen«, belehrt sie mich weiter. »Somit haben Sie sich ein Mal das Kommen gespart«, ergänzt sie zufrieden.

Ich komme gar nicht dazu, irgendetwas zu sagen. Das »Müssen«, die Geschwindigkeit und die Belehrungen bringen mich ganz durcheinander.

»Der Rückruf wird in zwei Tagen sein, morgens um 9 Uhr. Der Berater wird zeitnah anrufen, fünf Minuten früher oder später.«

»Schon in zwei Tagen?«, staune ich. Ich finde es bewundernswert, dass diese riesige Behörde so flott arbeitet. Aber andererseits ist es auch verdächtig, dass sie es gar so eilig mit mir haben.

Sie geht darauf gar nicht ein. »Wann haben Sie die Kündigung erhalten?«

Als ich ihr das Datum nenne, macht sie eine kurze Pause, die ich als Kommentar werte – ich sehe sie förmlich vor mir, wie sie ihre Augenbrauen hochzieht und unwillig den Kopf schüttelt, weil das schon Wochen zurückliegt.

»Aber ich bin in Elternzeit und die Kündigung greift erst in Monaten«, rechtfertige ich meinen späten Anruf.

Das besänftigt sie offenbar, denn sie nimmt ihr gewohntes Tempo auf, fragt kurz das Ende der Elternzeit und den Kündigungstermin ab und dann: »Wie lange waren Sie in der Firma?«

»Es ist ein Konzern«, will ich erklären. »Ich war in verschiedenen Tochterfirmen.«

Aber sie unterbricht mich. »Ich brauche …«

Ich will keine Belehrung mehr hören, unterbreche sie selbst und nenne mein Eintrittsdatum in den Konzern.

»Als was sind Sie beschäftigt?«

Ich nenne meine Position, aber so etwas hat sie noch nie gehört, und ich fange an zu erklären, was ich tue.

Da fragt sie schon weiter: »Branche?«

Auf einmal erinnert sie mich wieder unvermittelt daran, dass ich die nötigen Daten beim Rückruf in zwei Tagen bereithalten muss. »Taggenau!«

»Darf ich kurz noch einmal wiederholen?«, frage ich. »Also die Rentenversicherungsnummer, die Bankleitzahl«, verspreche ich mich – inzwischen bin ich tatsächlich schon etwas angeschlagen.

»BankVERBINDUNG«, korrigiert sie mich unwirsch. »Und Ihre Ausbildung!«

Dann fragt sie meine Erreichbarkeit ab. »Sind Sie am Handy ständig erreichbar?«

»Ständig? Ich habe es meistens dabei, wenn nicht, rufe ich zurück«, sage ich. Keine Ahnung, was sie daraus für ihren Stammdatensatz macht.

»Können Sie einen Termin in der Arbeitsagentur jederzeit oder nur nach Absprache machen?«, fragt sie weiter.

Ich bin unschlüssig, was ich antworten soll. Wer kann schon »jederzeit« Termine ausmachen. »Ich habe einen kleinen Sohn«, antworte ich, um Zeit zu gewinnen.

»Also nach Absprache«, beschließt sie. »Werden Sie für einen Bewerbungstermin vom Arbeitgeber freigestellt oder geht das nicht?«

»Das geht«, sage ich einfach. Es wäre ihr sicher wieder zu kompliziert, wenn ich erklären würde, dass ich gerade in Elternzeit und danach freigestellt bin.

»Also, wie gesagt, in zwei Tagen um 9 Uhr«, erinnert sie mich wieder. »Ich wünsche Ihnen alles Gute«, sagt sie noch und schickt dann ein fröhliches »Tschüüüüüs!« hinterher.

Ich bleibe einen Moment bewegungslos vor dem Telefon sitzen. Was war denn das gerade? Ich fühle mich schrecklich, überrannt und ausgefragt und ausgeliefert. Ich laufe ins Kinderzimmer. Johannes wickelt gerade das Baby.

»Jetzt bin ich in den Fängen der Arbeitsagentur«, sage ich matt.

»Ach was, da musst du nur ein paar Termine wahrnehmen«, meint er inzwischen wieder gut gelaunt, während der Kleine auf dem Wickeltisch mit nackten Beinen strampelt.

»Aber den ersten schon übermorgen«, sage ich noch, doch ich sehe ein, dass von Johannes im Moment kein Verständnis zu bekommen ist und gehe an meinen Schreibtisch. Ich kann ja selbst nicht genau erklären, warum mich der Anruf so fertiggemacht hat. Gehorsam beginne ich, meine Rentenversicherungsnummer und die anderen Angaben herauszusuchen.

Taggenau.

Danach schwinge ich mich aufs Rad und fahre durch die halbe Stadt. Ich habe einen Termin in einem Fotostudio vereinbart. Mein neues Bewerberfoto soll meine DIN-Persönlichkeit unterstreichen. Es ist noch immer früh am Tag, ich reihe mich ein in den Strom der Berufstätigen. Ich beobachte die Pendler um mich herum. Sie scheinen mit solch einer Selbstverständlichkeit auf dem Weg zur Arbeit zu sein. Bestimmt denken sie lieber nicht daran, wie schnell man aus diesem Arbeitsalltag herausfallen kann.

Als ich dem Fotografen Rainer gegenüberstehe, zückt er ein schweres schwarzes Buch, aus dem mich reihenweise Bewerber anblicken. Ich soll sagen, wie ich mir das Bild am ehesten vorstelle. Schwierig, sieht irgendwie alles gleich aus. Ich tippe schließlich auf eine lächelnde Dame vor grauem Hintergrund. Dann platziert er mich auf einen Hocker mitten im Raum, der zwischen weißen Planen und mehreren Scheinwerfern aufgestellt ist. Ich soll mich »gerade« hinsetzen. Aber er meint nicht das normale »gerade Sitzen«. Er biegt mich in die Fotografen-Gerade: Erst nach vorn, dann die Schulter zur Seite und dann den Kopf in die leichte Schieflage.

»Du glänzt«, stellt er tadelnd fest und holt eine große Puderquaste hervor, mit der er mir wild übers Gesicht fährt. Seine Kollegin, die sich bis zur Gesichtsmaske gepudert und bislang keine Miene verzogen hat (wahrscheinlich würde sonst der Putz herunterbröckeln), linst neugierig um die Ecke. Glänzende Bewerber sind offenbar selten.

Dann verschwindet Rainer hinter der Kamera. »Bitte freundlicher!«, ruft er mir zu. Ich setze gerade zu einem Lächeln an, da kommt schon der Befehl »Strahlen!« und während ich noch dabei bin, meine Mundwinkel in Position zu bringen, lässt er die Kamera sinken. »Die Bluse wirft zu viele Falten«, sagt er missmutig. »Zieh sie mal leicht nach unten.«

Ich ziehe meine Bluse nach unten, Rainer versteckt sich hinter der Kamera – und nimmt sie wieder herunter. »Warte mal«, sagt er, verschwindet leichtfüßig und kommt mit einer Wäscheklammer wieder. »So«, sagt er und klammert meine Bluse hinten am Rücken zusammen.

Dann geht es von vorne los: »Bitte freundlicher!«, »Strahlen« und diesmal: »Zähne zeigen!« Plötzlich springt Rainer vor und biegt mich weiter nach vorn. Ich fühle mich inzwischen wie der schiefe Turm von Pisa.

Und wieder: »Freundlicher!«, »Lächeln!« Auf einmal stellt er sich auf die Zehenspitzen und ist offensichtlich begeistert von der neuen Perspektive. Voller Grazie hüpft er auf einen Hocker, den er sich im Nu tänzelnd herbeigeschoben hat. Er ist ganz in seinem Element.

»Heb das Kinn höher!«, befiehlt er mir. »Noch höher!«

Ich gebe mein Bestes und widerstehe dem Impuls aufzuspringen und Rainer mit Wäscheklammern zu bewerfen, schließlich bin ich doch bestimmt schon ganz nah dran an meinem DIN-Bewerberfoto. »Das ziehe ich jetzt durch«, sage ich mir, biege mich nach vorne rechts und lege den Kopf nach links und recke das Kinn noch höher und drehe mich zur Kamera und dann wieder weg und ziehe die Bluse weiter runter und zeige wieder und wieder Zähne und frage mich: »Was machst du hier eigentlich? Wie soll das mit der Jobsuche weitergehen, wenn du dich schon beim Foto zum Idioten machst?«

Als mir Rainer die Fotos am Computer zeigt, sehe ich Dutzende Aufnahmen einer mir fremden Person nebeneinander. Mal lächelt sie von rechts, mal von links. Das soll ich sein? Ich muss die Fotos anklicken, die mir gefallen. Wenn man sie schnell durchklickt, sieht es aus wie im Daumenkino: Mundwinkel hoch und wieder runter und wieder hoch. Lustig. Aber davon ernsthaft das beste auszuwählen, finde ich sehr schwierig. Rainer nicht. Sofort hagelt es von ihm Noten: »Das gefällt mir gut.« »Nein, das ist nichts.« »Das Lachen da ist besser.« »Das hier ist super!« Nein, also da muss ich widersprechen. Das geht gar nicht. Die Frau sieht aus wie die wildhaarige Comicfigur Gundel Gaukeley. Wir einigen uns schließlich auf drei Fotos. Rainer zieht sie am Computer gleich in Form.

»Hier würde ich ein quadratisches Format wählen.«

Ich schweige und versuche, ein intelligentes Gesicht zu machen und dabei nachzuvollziehen, wieso da jetzt ein Quadrat zwingend sein soll.

»Bei dem nicht, da ist quer besser.«

Quadratisch? Quer? Ich steige aus. Hauptsache, ich habe mein DIN-Foto. Solange er es nicht dreieckig zuschneidet.

80 Euro kosten mich das Shooting und die Bilder. Auf dem Heimweg fällt mir ein, dass ich ganz vergessen habe zu fragen, ob er mich auch in sein dickes schwarzes Buch steckt. Als Gundel Gaukeley womöglich?

Angeblich sollen Bewerbungen dem Arbeitgeber einen Eindruck über die Person des Bewerbers geben. Aber das ist Quatsch. Genauso wie die Annahme, dass bei der typischen Frage im Vorstellungsgespräch: »Was sind denn Ihre Stärken und Schwächen?«, Ehrlichkeit trumpft. Das Gegenteil ist der Fall: Eine schön polierte Oberfläche macht sich am besten.

Dass mein Bewerbungsfoto mit mir selbst in Wirklichkeit gar nichts zu tun hat, stört mich überhaupt nicht. Hauptsache, der erste Eindruck stimmt und meine Mappe landet auf dem Stapel »Zum Vorstellungsgespräch einladen«.

Im Arbeitsalltag ist es ja auch nicht anders. Die meisten verstecken sich hinter einem Arbeits-Ich, das sich gegebenenfalls anpasst, notfalls schweigt und manchmal sogar verbiegen lässt. Rundheraus ehrlich zu sein, kommt selten gut. Sehr aufschlussreich, wie es in unseren Büros zugeht, ist eine Studie der Personalberatung Lachner Aden Beyer & Company, die Manager nach deren Werten befragte. Fast drei Viertel der Interviewten gaben zu, dass sich ihre moralisch-ethischen Maßstäbe im Lauf ihres Berufslebens verschoben haben, und 37 Prozent beobachten in ihrem direkten Arbeitsumfeld häufig moralisch verwerfliche Handlungen. Schon beim Berufseinstieg, vor allem aber mit der Übernahme erster Projektverantwortung und einer Führungsposition lauere die Gefahr, dass bedenkliche Praktiken die eigenen Wertvorstellungen verdrängten.

Was ist dagegen schon ein werbeprospekttaugliches Bewerberfoto mit geschönten Zähnen? (»Die weißele ich dir noch«, hatte Rainer gesagt.)

Abends blättere ich durch meine Bewerbungsunterlagen. Ich kann zufrieden sein. Eine befreundete Grafikerin hat mir inzwischen das Anschreiben und den Lebenslauf aufgepeppt. Ich lese mir noch einmal das letzte Zeugnis durch. Jetzt fällt mir zum ersten Mal auf, dass es in einem Punkt sogar verbessert wurde. Ich erinnere mich, dass Jürgen es damals Herrn Roth zur Kenntnis schicken wollte. Habe ich die Verbesserung also Herrn Roth zu verdanken? Ich bin etwas beschämt. Habe ich ihm doch Unrecht getan? Offensichtlich verhält er sich korrekt und scheint mir – soweit es die Umstände zulassen – wohlgesinnt zu sein. Habe ich auch der Anwältin Unrecht getan mit meinem Misstrauen? Es mag sein, dass ich manches zu persönlich nehme. Alle drei machen einfach nur ihren Job. Aber genau das ist wahrscheinlich das Problem: Ich will kein Job sein. Bei mir geht es jetzt seit der Kündigung um, wenn auch nicht alles, so doch ziemlich viel. Ich will persönlich behandelt werden und mich nicht als austauschbare Nummer fühlen.

Gerade weil alle nur ihren Job machen und nicht besonders an meinem Wohlergehen interessiert sind, weiß ich inzwischen, wie wichtig es ist, selbst sehr gut aufzupassen und überlegt vorzugehen, sobald klar ist, dass man seine Stelle verliert. Am besten wäre es, jeder Gekündigte würde einen Handzettel mit den wichtigsten Regeln erhalten.

Regel Nummer eins müsste ganz klar lauten: Sorge für ein gutes Zeugnis und frage dafür Experten um Rat.

Regel Nummer zwei könnte sein: Verwandle dich zum DIN-Bewerber, um die Erwartungen der Arbeitgeber zu erfüllen.

Ob das richtig ist und wie Regel Nummer drei, vier und fünf lauten, wird sich unweigerlich die nächsten Wochen herausstellen.

Der Sturz

Zwei Tage später steht der Morgen ganz im Zeichen des Anrufs der Arbeitsagentur. Die Kinderbetreuung ist organisiert. Mein Mann nimmt den Kleinen, damit ich in Ruhe telefonieren kann, und Ella ist in der Schule. Um neun Uhr soll ich angerufen werden. Der Zettel mit der Rentenversicherungsnummer und den anderen Angaben liegt bereit.

Um halb neun klingelt das Telefon. Ich sehe ein zweites Mal auf die Uhr. Das wird doch nicht schon die Arbeitsagentur sein? Ich nehme den Hörer ab.

Ellas Freundin ist dran.

»Ella ist mit dem Fahrrad hingefallen. Und dann war noch etwas mit dem Kreislauf. Es geht ihr schon besser, aber sie liegt jetzt hier und will abgeholt werden«, sagt sie mit ihrer zarten Kinderstimme.

Ich spüre nur noch mein Herz schlagen und reiße mich zusammen. Schnell frage ich: »Ist sie auf den Kopf gefallen? Kümmert sich ein Erwachsener um sie?«

»Unsere Lehrerin ist bei ihr. Ich glaube nicht, dass mit dem Kopf etwas ist, aber ich war nicht beim Sturz dabei. Sie war ohnmächtig.«

Ich lege auf, renne zu Johannes. Noch während ich ihm im Stakkato erzähle, was passiert ist, zieht er sich schon seine Schuhe an und macht sich in aller Eile auf den Weg. Ganz so schlimm kann es nicht sein, versuche ich mich zu beruhigen, sonst hätten sie doch einen Krankenwagen gerufen. Ich erinnere mich, wie ich heute Morgen Ellas Fahrradhelm auf der Ablage liegen sah und noch kurz überlegte, ob ich ihr hinterherrenne, um ihn ihr zu bringen. Verdammt. Und was mache ich jetzt mit der Arbeitsagentur? Ich bin völlig durch den Wind. Inzwischen ist es Viertel vor neun.

Da wacht der Kleine auf und lenkt mich kurz von meiner Sorge um Ella ab. Ich nehme ihn mit ins Wohnzimmer und schnalle ihn am Hochstuhl an. Neben ihn auf den Tisch stelle ich einen Korb mit allen Spielsachen, die ich auf die Schnelle zwischen die Finger bekomme.

Ich setze mich ihm gegenüber vors Telefon und sehe abwechselnd ihn an und die Uhr. Fünf vor neun, zwei vor neun, neun, drei nach neun. Die werden mich doch nicht vergessen haben? Und warum meldet sich Johannes nicht? Das macht mir Angst. »Es wird doch nichts Schlimmes sein?«, bange ich.

Um zehn nach neun klingelt es endlich. Es ist die Arbeitsagentur. Eine Mitarbeiterin stellt sich vor und sagt: »Immer, wenn ich nichts sage, gebe ich Ihre Daten ein.« Dann fragt sie tatsächlich sofort die Rentenversicherungsnummer und die Bankverbindung ab. Das Baby wirft sämtliches Holzspielzeug, schön eines nach dem anderen, auf den Boden. Es ist ein unglaublicher Krach und ich habe Mühe, sie zu verstehen. Außerdem bin ich ziemlich unkonzentriert, weil ich nicht weiß, was mit Ella ist. »Stammdaten«, höre ich da und: »Ihr Studium? Taggenau!«

Mist, taggenau habe ich Studienbeginn und -ende nicht. Aber sie ist flexibel und nimmt einfach den 1.10. fürs Wintersemester. Schwieriger wird es mit den Uni-Orten. Mehrere will das System nicht annehmen. Sie lässt es bei einem.

Daraufhin antworte ich nur noch systemgerecht – Ja, nein, Zahlen, Fakten, kein Entweder-oder, kein Und, keine Erklärungen. Der Kleine hat sich mit großer Mühe so weit vorgestreckt, dass er mein Wasserglas zum Kippen bringt. Ich fange es gerade noch auf.

Nachdem sie mein Kündigungsdatum gehört hat, stutzt sie. »Wir sind außerhalb der Frist. Sie haben die Pflicht, sich spätestens drei Monate vor Beginn der Arbeitslosigkeit zu melden.«

»Ja«, bestätige ich. Ich weiß selbst, dass ich mich viel früher als nötig melde. Zwar heißt es im »Merkblatt für Arbeitslose« tatsächlich, dass man sich »spätestens« drei Monate vorab melden soll (und falls man eine kürzere Kündigungszeit hat, innerhalb von drei Tagen nach der Kündigung), aber vier, fünf oder gar sechs Monate vorher – das ist dann offenbar selbst der Arbeitsagentur zu früh. Allerdings gibt es offiziell kein Datum, ab dem man frühestens anrufen darf. Aus ihrer Reaktion schließe ich, dass ich eine Ausnahme bin, offenbar rufen alle anderen erst knapp vor Beginn der Frist an.

»Bleiben Sie einen Moment dran.« Sie verschwindet. Was macht sie? Schlägt sie im Handbuch nach, was man mit Kunden, wie die Arbeitsagentur die Arbeitslosen inzwischen nennt, macht, die »außerhalb der Frist« sind? Die Pause dauert lange, zu lange. Der Kleine steckt sich eine Holzrassel tief in den Mund.

»So, jetzt bin ich wieder bei Ihnen«, höre ich. »Wir vereinbaren jetzt einen Termin. Den müssen Sie dann wahrnehmen und Ihren Personalausweis vorlegen. Wann passt es Ihnen denn?«

Ich nenne ihr ein Datum.

»So, jetzt sind wir fertig«, sagt sie zufrieden.

»Und mein Termin?«, wundere ich mich.

»Da meldet sich dann der Jobberater direkt bei Ihnen. Tschüüüüüüüs!«

Mit dem »Tschüs-Sagen« haben sie's in der Arbeitsagentur. Es kommt wie schon bei ihrer Kollegin vor zwei Tagen einen Tick zu fröhlich. Offenbar sind sie jedes Mal sehr glücklich, wenn sie einen neuen Kunden ins System aufgenommen haben.

Ich nehme den Kleinen aus dem Stuhl und lobe ihn, was für ein vorbildliches Baby er ist. »Sogar mit der Arbeitsagentur kann ich telefonieren, wenn du dabei bist.« Da muss er lachen.

Es klingelt wieder. Endlich, es ist Johannes. »Es ist nichts Schlimmes«, sagt er. »Sie ist über eine Bordsteinkante gestürzt und hat sich das Knie aufgeschrammt. In Ohnmacht ist sie erst gefallen, als sie in der Schule auf einem Stuhl saß. Jetzt geht es ihr schon wieder viel besser.«

Ich bin so unglaublich erleichtert. Wenn einem gekündigt wird, läuft man Gefahr, dem Jobverlust zu viel Gewicht zu geben. Plötzlich bestimmt die Kündigung und alles, was mit ihr zusammenhängt, das Leben. Die Art, wie der Personalreferent grüßt, die Kommunikationsgewohnheiten der Anwälte, der

Paragrafendschungel der Arbeitsagentur, alles ist plötzlich unglaublich bedeutend. Ellas Sturz, der uns so sehr erschreckt hat, hat diese Perspektive wieder zurechtgerückt. Er hat gezeigt, was wirklich wichtig ist. Das seltsame Arbeitsagenturtelefonat ist darüber fast völlig vergessen.

Am Abend mache ich mich wieder an meine Gekündigtenarbeit. Ich setze mich vor den Laptop und gebe meinen Namen in die Suchmaschine ein. Nicht etwa aus Eitelkeit, sondern um »Online-Reputation-Management« zu betreiben. Ich will mein virtuelles Ich kontrollieren, damit ich in der Bewerbungsphase nicht negativ auffalle.

Personalabteilungen sind längst dazu übergegangen, Informationen über Bewerber im Netz zu suchen. Nach einer Studie im Auftrag des Bundesverbraucherministeriums ziehen 28 Prozent der Unternehmen das Internet bei der Vorauswahl von Bewerbern zurate. Bei größeren Firmen ist es sogar fast jede zweite. Vor allem Hobbys und soziales Engagement interessieren die Personalentscheider. Wer bei der Internetrecherche negativ auffällt, wird gar nicht erst zum Vorstellungsgespräch eingeladen.

Auch meine Jobsuche übers Internet will ich verbessern. Ich habe schon längst einen branchenspezifischen Job-Newsletter abonniert, aber vielleicht geht da noch mehr. Immerhin wird jede zehnte Stelle über Online-Jobbörsen besetzt, hat das Institut für Arbeitsmarkt- und Berufsforschung (IAB) ermittelt. Laut einer Umfrage des IT-Branchenverbands Bitkom schreiben sogar 94 Prozent der Unternehmen Positionen im Internet aus.

Bitkom hat auch ein Ranking der meistbesuchten Jobseiten erstellt, dem ich nun folge. Auf den Plätzen 6, 5 und 3 liegen die bekannten Online-Jobbörsen monster.de, stellenmarkt.de und stepstone.de. Platz vier hat die Jobsuchmaschine Jobrapido, die das gesamte Internet laufend nach Stellenanzeigen durchforstet, auf Platz zwei liegt MeineStadt.de. Der mit Abstand größte Stellenmarkt im Internet ist www.arbeitsagentur.de. Pro Quartal besuchen fast acht Millionen Nutzer die Behörden-

Jobbörse. Die Seite wirbt mit 550 000 Jobs und drei Millionen Bewerberprofilen.

Der Start des Jobportals vor sechs Jahren, damals »virtueller Arbeitsmarkt« genannt, war ein Desaster. Das Projekt war eines der Kernstücke der Reform der Bundesagentur und sollte den Vermittlern die Arbeit erleichtern, Bewerber und Arbeitgeber schneller zusammenbringen und letztlich zu Einsparungen führen. Stattdessen hagelte es monatelang Häme: Zu lange Ladezeiten und umständliche Registrierungsverfahren erschwerten den Zugriff auf die Seite. Die Suchfunktion musste, kaum online, gleich wieder überarbeitet werden. Und das Ganze zu Kosten von 163 Millionen Euro, rechnet man den Aufwand für Schulungen und Personal hinzu sogar von 230 Millionen Euro.

Inzwischen läuft das Jobportal zwar. Aber nicht ohne in regelmäßigen Abständen für Aufregung zu sorgen. Kürzlich hat der Bundesdatenschutzbeauftragte Peter Schaar die Stellenbörse gerügt. Denn Arbeitgeber, die sich dort registrieren, erhalten, ohne vorher kontrolliert zu werden, Zugang zu persönlichen Bewerberdaten. Eine arbeitslose Sozialpädagogin hat sich sogar den Spaß gemacht, sich als angebliche Firma zu registrieren. Innerhalb kürzester Zeit hatte sie Bewerbungsmappen nichts ahnender Arbeitsloser in ihrem Briefkasten. Als der Missstand publik wurde, analysierte die Agentur die Jobanbieter und Stellenangebote – und sperrte mehrere Unternehmen, weil diese nur zum Schein Jobofferten auf der Webseite veröffentlicht hatten, um an Daten von Bewerbern zu gelangen.

Dennoch scheint an dem Portal – zumindest als Bewerber – kein Weg vorbeizuführen, wenn man sich keine Chancen verbauen will. Laut der IAB-Studie ist jede sechste Neueinstellung der Arbeitsagentur-Jobbörse oder einem Kontakt übers Arbeitsamt zu verdanken.

Ich bin gespannt, ob ich meinen »Traumjob«, wie es auf der Webseite heißt, finden werde. (»Traumjob« – das ist so ein weiterer Euphemismus im Arbeitsamtjargon. Er ist genauso scheinheilig wie die Bezeichnung »Kunde« für Arbeitslose, denen trotz dieser Bezeichnung schnell mit Sperrzeiten gedroht wird.)

Aber leider komme ich nicht weit. Statt auf interessante Stellenangebote stoße ich auf folgenden Hinweis: »Wegen geplanter Wartungs- und Erweiterungsarbeiten steht Ihnen die Jobbörse der Bundesagentur für Arbeit derzeit nicht zur Verfügung. Wir werden Ihnen den gewohnten Service schnellstmöglich wieder zur Verfügung stellen. Bitte versuchen Sie es zu einem späteren Zeitpunkt erneut.«

Das Arbeitspaket

Zwei Tage später komme ich mit Ella von einem Arzttermin zurück. Im Briefkasten sehe ich zwei Umschläge stecken, einen großen und einen kleinen, die ich sofort aufreiße. Beide sind von der Bundesagentur für Arbeit. Der Brief enthält die Terminvorladung meiner Jobberaterin. Ich wähle bewusst das Wort »Vorladung«, denn es ist eine »Einladung nach § 309 Abs. 1 Drittes Buch Sozialgesetzbuch (SGB III) in Verbindung mit § 38 Abs. 1 und 144 SGB III«. Ich soll »unbedingt« »die nachfolgende Rechtsfolgenbelehrung« beachten. Ich drehe den Brief um und lese die in geschätzter Schriftgröße 6, also in Minibuchstaben, verfasste »Rechtsfolgenbelehrung«: Wenn ich ohne wichtigen Grund der Aufforderung, mich bei der Arbeitsagentur zu melden, nicht nachkomme, tritt eine Sperrzeit von einer Woche ein, in der ich aufs Arbeitslosengeld verzichten muss.

Ich werde den Termin natürlich wahrnehmen, ärgere mich aber gewaltig. Denn die Jobberaterin hat ein deutlich späteres Datum gewählt als das von mir im Telefonat vor zwei Tagen genannte. Naiv, wie ich manchmal sein kann, war ich davon ausgegangen, dass wir gemeinsam einen Termin verabreden.

Ich bin also bereits etwas grimmig, als ich den großen Umschlag der Bundesagentur für Arbeit öffne.

»Sehr geehrte Frau Berger«, heißt es hier, »Sie haben sich telefonisch arbeitssuchend gemeldet. Nun ist Ihre Mitarbeit gefragt.« Meine Mitarbeit soll sein, dass ich das »Arbeitspaket vollständig ausgefüllt« zusammen mit einer Bewerbungsmappe bis zum vorgegebenen Datum bei der Arbeitsagentur einreiche. Ich blättere hektisch die Papiere durch, um das Datum zu finden. Das ist schon in vier Tagen! Schnell sehe ich die Punkte durch, was ich bis dahin alles machen muss: Bewerbungsunterlagen zusammenstellen, Zeugnisse kopieren, einen vierseitigen Fragebogen über das, was ich gemacht habe und machen will, ausfüllen und meine persönlichen Stärken definieren.

Dieses letzte Blatt ist kurios. Es sind 20 Eigenschaften vorgegeben. Man darf aber nur fünf ankreuzen. Ich sehe auf Anhieb, dass auf mich fast alle zutreffen. Und das nicht, weil ich so ein unglaublicher Überflieger bin, sondern weil solche Selbstverständlichkeiten vorgegeben werden. Zum Beispiel heißt es bei »Zuverlässigkeit«: »Ich bin in der Lage, Vereinbarungen einzuhalten.« Und bei »Kommunikationsfähigkeit«: »Ich bin in der Lage, mich klar und verständlich auszudrücken.«

Oh je. Ich bereue es, mich jetzt schon arbeitssuchend gemeldet zu haben. Ich hätte wirklich warten sollen, bis die gesetzliche Frist beginnt.

Vor allem passt es mir gerade dieses Wochenende überhaupt nicht, das Arbeitspaket auf dem Schreibtisch zu haben. Wir wollen ein paar Tage zu meinem Vater fahren, es sind schließlich Ferien. Leider können wir dieses Jahr nicht mit den Unterhaltungsprogrammen der Eltern von Ellas Schulfreundinnen mithalten. Theaterwochen in Paris sind definitiv nicht drin. Ferien auf einem Fünf-Sterne-Reiterhof in der Toskana oder sechs Wochen griechische Inseln auch nicht. Dafür war der Umzug zu teuer und ist die Zukunft zu unsicher.

»Warum fahren wir nicht ans Meer?«, meckert Ella. »Alle in meiner Klasse fahren die ganzen Ferien über weg! Nur ich nicht.«

Damit übertreibt sie sicher. Aber es tut trotzdem weh. Ich würde ihr so gerne einen tollen Urlaub gönnen. Wir waren schon lange nicht mehr richtig fort, Jahre. Erst der Jobwechsel, dann wichtige Termine, die mich nicht fortließen, dann die Schwangerschaft – und jetzt die Kündigung. Es war entweder keine Zeit oder kein Geld da zum groß Verreisen. Aber es hilft nichts. Es geht einfach nicht. Nur will ich das ihr gegenüber nicht betonen. Sie soll von meinen Sorgen nichts spüren.

»Das machen wir bald«, versuche ich zu vertrösten. »Es ist doch schön, wenn wir Opa besuchen. Wir waren lange nicht mehr dort.«

Wegen des Arbeitspakets verschiebt sich unsere Abfahrt um zwei Tage. Ich bin erleichtert, als ich den dicken Umschlag an die Agentur endlich in den Briefkasten stecke und wir losfahren können. Am ersten Abend unseres Besuches machen wir eine Spritztour aufs Land zu einem Dorffest und genießen den Blick auf weite Felder und einen wunderschönen Sonnenuntergang. Eine Band spielt laut und leidlich alte Rocksongs. Die Stimmung ist sehr entspannt – bis, eigentlich wie zu erwarten, die Rede auf meinen Job kommt.

»Besteht denn keine Möglichkeit, dass du eine andere Position im Unternehmen erhältst?«, fragt mich mein Vater unvermittelt.

Im Augenwinkel sehe ich seine Lebensgefährtin zustimmend nicken. Offenbar haben sich beide schon darüber ausgetauscht und sind sich einig, dass das doch eine prima Idee und Lösung wäre. Ich fühle mich in der Rolle des Problemkindes und habe es satt. Derart in die Ecke gedrängt, finde ich endlich die richtige Reaktion. Ich antworte entschlossen und gebe mir einen Anstrich von Überlegtheit. Mein Konter kommt leicht aggressiv, was mit etwas Wohlwollen aber auch als energisch verstanden werden kann.

»Ich spiele mit dem Gedanken, mich selbstständig zu machen. So kann ich nicht nur meine Kontakte nutzen, sondern ich bleibe dadurch auch im Gespräch, falls eine Position frei werden sollte.«

Es funktioniert. Mit dieser Antwort sind beide zufrieden und wir wechseln das Thema.

Nachdem dieser Punkt geklärt ist, gelingt es mir, die nächsten Tage abzuschalten. In meinem Heimatort spüre ich eine Unbeschwertheit, wie ich sie zuletzt als Jugendliche hatte, als mir Worte wie »Finanzamt« und »Dispokredit« noch völlig fremd waren. Es gelingt mir tatsächlich, fast nie an die Arbeitsagentur zu denken.

Wieder zu Hause, gehe ich der Idee mit der Selbstständigkeit nach. Bisher war meine Überlegung, dadurch meine Chancen bei der Jobsuche zu verbessern. Wenn ich durch freie Aufträge von mir reden mache, denkt man vielleicht eher an mich, wenn eine Stelle zu besetzen ist. Die Selbstständigkeit war ursprünglich also nur als Übergangslösung gedacht. Von Luc weiß ich aber, dass die Arbeitsagentur Existenzgründungen unterstützt. Er will das in Anspruch nehmen. Arbeitslose werden neun Monate lang gefördert, wenn sie eine selbstständige Tätigkeit aufnehmen. Der monatliche Zuschuss ist so hoch wie das Arbeitslosengeld, oben drauf kommen noch 300 Euro für die soziale Absicherung (siehe auch Seite 228). Diese kann man im Anschluss für weitere sechs Monate beantragen.

Das klingt gut und wirklich überlegenswert. Der Nachteil ist: Nach den neun Monaten ist Schluss. Wenn es bis dahin nicht geklappt hat, sich als Selbstständiger zu etablieren, gibt es kein Arbeitslosengeld mehr.

»Dann kommt nur noch Hartz IV«, sagt Experte Luc drastisch. Er will die Existenzgründung so weit wie möglich hinausschieben und erst einmal arbeitslos sein, aber nebenher bereits die Selbstständigkeit aufbauen. Das hat ihm ein Gründungscoach sogar explizit empfohlen. Neun Monate seien so schnell rum, war dessen Argument. Das stimmt wohl. Das Arbeitslosengeld dagegen gibt es – je nachdem, wie lange jemand eingezahlt hat – für unter 50-Jährige maximal 12 Monate lang.

Das war vor ein paar Jahren deutlich besser. Vor der Hartz-Reform, die 2005 unter der Regierung Schröder in Kraft getreten ist, wurde bis zu 32 Monate Arbeitslosengeld gezahlt, danach gab es die Arbeitslosenhilfe, die 50 – mit Familie 57 – Prozent des Nettoeinkommens vor der Arbeitslosigkeit betrug. Jetzt gibt es nach dem Arbeitslosengeld nur noch die »Grundsicherung für Arbeitslose«, also Hartz IV – und das nur dann, wenn man »bedürftig« ist, also keinen Partner hat, der einen mitversorgen kann, und über kein Vermögen verfügt.

Seit ich meinem Vater gegenüber das Wort »selbstständig« erwähnt habe, recherchiert er für mich darüber. Er schickt mir Mails, wo es welches Startkapital gibt und ruft an, sobald er von neuen Tricks gehört hat.

»Eine Bekannte meines Geschäftspartners hat sich kündigen lassen. Nach zwei Tagen Arbeitslosigkeit hat sie sich selbstständig gemacht und 30000 Euro dafür bekommen«, erzählt er begeistert.

Ich reagiere reserviert. Ich finde es nicht richtig, sich eigens dafür kündigen zu lassen, um den Gründungszuschuss oder sonstige Gelder einzusacken. Und ich kann mir auch nicht vorstellen, dass das so einfach funktioniert. Andererseits ist es schwierig, eine Grenze zu ziehen. Theoretisch könnte ich mich schließlich heute schon selbstständig machen, ohne den Gründungszuschuss zu nutzen. Aber das ist schlicht unmöglich. Von jetzt auf gleich könnte ich nie und nimmer als Selbstständige genug verdienen. Ob neun Monate mit Anschubfinanzierung reichen? Ich bin mir sehr unsicher mit meinem gegenüber meinem Vater noch groß herausposaunten Plan. Ich scheue auch das Risiko einer Selbstständigkeit. Ich bin darauf angewiesen, dass regelmäßig genug Geld hereinkommt. Eine schwankende Auftragslage kann ich mir schlicht nicht leisten. »Könnte es auf Dauer klappen?«, frage ich mich zweifelnd.

Falls nicht, müsste ich rechtzeitig vor Ablauf der neun Monate Gründungszuschuss einen Job suchen. Aber vielleicht bin ich dann zu lange weg vom Arbeitsmarkt. Vielleicht nimmt mich dann keiner mehr? Meine Zweifel führen mich immerhin zu einem Entschluss: Ich werde doppelgleisig fahren. Ich werde so bald wie möglich beginnen, mich als Selbstständige zu positionieren und gleichzeitig weiter Bewerbungen schreiben. Eines von beiden wird klappen, muss klappen. Bestimmt.

Abends fahre ich zu einem Treffen von Arbeitslosen, das von einem gemeinnützigen Verein organisiert wird. Es interessiert mich, welche Menschen dort hinkommen, was besprochen wird, wie die Stimmung ist. Es ist das erste Mal, dass ich auf so eine Veranstaltung gehe. Ich halte das für eine tolle Sache, die sicherlich vielen hilft. Ich betone das, weil es mir gar nicht so geht.

Als ich das kleine Büro, das Ort des regelmäßigen Treffens ist, betrete, möchte ich am liebsten gleich wieder rückwärts hinausgehen. Es riecht nach ungelüfteter Bettwäsche. Am Tisch sitzt ein Mann, der sich in Broschüren vertieft. Ich hatte ihn vorher von außen durchs Fenster gesehen und wusste schon da: »Das ist nichts für dich« und trödelte daraufhin unnötig beim Abschließen des Fahrrads.

Trotzdem bin ich reingegangen, nachdem ich extra hergefahren bin. Der Mitarbeiter hinter einer Art Theke begrüßt mich sehr offen und nett. Er scheint sich zu freuen, dass noch jemand gekommen ist. Auch ich schnappe mir erst einmal ein paar Prospekte, weil ich nicht weiß, was ich sonst tun soll, und setze mich damit an den Tisch. Ich versuche einen Smalltalk mit dem anderen Besucher anzufangen, aber das funktioniert überhaupt nicht.

Dann werde ich per Handschlag von einem Mitarbeiter begrüßt, der heute die Runde leitet. Als es losgeht, sind wir insgesamt zu viert. Er erzählt von dem Verein, von kostenlosen Bewerbungscoachings und sozialtherapeutischen Sprechstunden, in denen Arbeitslosen geholfen wird, ihr Selbstwertgefühl aufzubauen. Davon, dass es vielen hilft, in so einer existenzbedrohenden Situation nicht alleine zu sein, sondern zu sehen: anderen geht es auch so.

Es ist wirklich eine tolle Sache, was sie hier machen. Aber mich zieht das Treffen runter. Vielleicht ist es der falsche Zeitpunkt, vielleicht hätte ich an einem anderen Tag kommen sollen, an einem Tag, an dem ich verzweifelter war, direkt nach der Kündigung vielleicht. Heute habe ich nur das Gefühl, mich dagegen wehren und schnell fortzumüssen. Die anderen Teilnehmer sind in schwierigen, deutlich schwierigeren Situationen als ich.

Besonders nimmt mich die Geschichte eines Mannes mit, der wegen unglücklicher persönlicher Umstände nach seinem Hochschulstudium den Berufseinstieg verpasst hat. Jetzt, acht Jahre später, gilt er immer noch als Anfänger. »Ich habe immer gelernt und gearbeitet«, sagt er. Den Mitgliedsbeitrag in Höhe von zehn Euro monatlich kann er sich nicht leisten. Als das Gespräch allgemeiner wird und vom Arbeitsmarkt handelt, liefert er sehr fundierte Beiträge, die klarmachen: Der hat Ahnung, der hat gute Ideen, das ist ein echt kluger Kopf. Jedes Unternehmen sollte froh sein, so einen engagierten Menschen an Bord zu haben. Und doch ist angesichts seines Lebenslaufs völlig klar, warum er es nicht einmal bis zum Vorstellungsgespräch schafft. Ich habe keine Ahnung, wie er es anstellen könnte, zu einem Job zu kommen.

Ich versuche mehrmals erfolglos, den Absprung zu schaffen, doch das Gespräch nimmt immer wieder Fahrt auf. Nach zwei mühsamen Stunden ist es endlich so weit und wir verabschieden uns. Ich bin sehr froh, wieder gehen zu können. Den Antrag auf Mitgliedschaft habe ich in die Tasche gesteckt, warum, weiß ich selbst nicht genau. Wahrscheinlich, weil das so eine gute Sache ist, und womöglich auch in weiser Voraussicht, falls ich doch in die Lage geraten sollte, mir dort Hilfe holen zu müssen. Ich hoffe von ganzem Herzen, dass es so weit nicht kommt.

Die Jobberaterin

Heute Morgen schrecke ich aus dem Schlaf hoch. Ich habe Angst, verschlafen zu haben, und greife hektisch nach dem Wecker. Der Grund meiner Unruhe ist mein Termin bei der Arbeitsagentur, der mich schon seit Tagen belastet. Ich reagiere völlig übertrieben. Zum einen geht es bei diesem Treffen nur darum, mich persönlich vorzustellen. Und dann ist der Termin erst heute Nachmittag. Auch der Blick auf die Uhr könnte mich jetzt beruhigen. Es ist halb sieben. Ich stehe trotzdem auf und erfülle damit die Erwartungen meiner zuständigen Sachbearbeiterin Frau Mayer, wie ich später erfahren werde.

Am Nachmittag übernimmt Johannes frühzeitig die Kinderbetreuung. Ich will noch meine Unterlagen zusammensuchen und meine schwarze Hose bügeln. Ich packe die Mappe ein, die ich auch beim Gespräch mit Herrn Roth dabeihatte. Nach zehn Minuten laufe ich fertig angekleidet und ausgerüstet in der Wohnung umher.

»Und, wie sehe ich aus?«, frage ich Johannes, als ich bei ihm vorbeikomme. Er sitzt mit dem Kleinen, umgeben von einem Haufen Spielzeug, im Kinderzimmer.

»Nimm den Termin doch nicht so wichtig«, sagt er, ohne auf mein Äußeres überhaupt einzugehen. »Das ist nur eine Behörde.«

»Ich muss doch ordentlich aussehen. Ich will einen professionellen und engagierten Eindruck machen«, erkläre ich ihm.

»Was meinst du, was die dort tragen?«, fragt er leicht abfällig.

Eine Diskussion über den Dresscode von Jobberatern wäre zwar sicherlich interessant, aber ich verlasse ihn lieber, um im Schlafzimmer noch eine Jacke zu holen.

»Machst du dich selbstständig?«, fragt mich Ella, die hier auf dem Bett herumtobt.

»Ich weiß noch nicht, vielleicht.«

»Als Selbstständiger verdient man in einem Monat so viel,

dass man sich einen Porsche kaufen kann. Und im anderen Monat hat man nichts zu essen«, sagt sie altklug.

Ich muss lachen. Ich frage mich, wo sie das herhat. »Da darf man halt das Porschegeld nicht auf einmal ausgeben, sondern muss genug für die armen Monate aufheben«, antworte ich ihr.

»Stimmt«, gibt sie mir recht, um nach einem kurzen Moment der Stille zu fragen: »Warum musst du eigentlich zum Arbeitsamt?«

»Ach, das muss man machen, wenn man einen Job sucht. Das gehört zu den Dingen wie Steuern zahlen und zum Zahnarzt gehen. Es ist lästig, muss aber leider sein.« Ich ziehe mich noch einmal um. Mit weißer Hose tauche ich wieder bei Johannes auf.

»Und? Jetzt besser?« Ich bleibe vor ihm stehen.

»Ja.«

»Warum?«

»Das ist heller. Das wirkt teamorientiert.«

Ich muss lachen, obwohl ich etwas erbost bin, dass er mich nicht ernst nimmt. Aber zum Schimpfen habe ich jetzt keine Zeit. Ich will los. Allerdings – wenn ich so aus dem Fenster sehe: »Johannes?«, rufe ich und eile wieder ins Kinderzimmer. »Meinst du, es regnet bald?«

»Das weiß ich nicht.«

»Ich will doch nicht wissen, ob du das weißt, sondern ob du es glaubst?«

»Ich glaube«, antwortet mein Mann und macht eine Pause, um die Spannung zu erhöhen, »nein.«

Ich bin mir nicht so sicher. Johannes ist in seinen Wettervorhersagen zwar ziemlich treffgenau, aber heute? Ich packe vorsichtshalber meinen Mantel und das Regencape ein. Inzwischen ist meine Tasche so voll, dass ich eigentlich einen Rollkoffer mitnehmen müsste. Sicherlich würde ich damit einen sehr businessmäßigen Eindruck in der Arbeitsagentur machen. Aber ein Rollkoffer passt nicht aufs Fahrrad. Also bleibt es bei der Tasche, in der ich sowieso nie etwas finde. Da kommt es auf die paar Sachen mehr nicht an. Nachdem ich mich noch einmal umgezogen habe (doch die schwarze Hose, falls es regnet), sage ich meinen Lieben Tschüs. Sicherlich sind sie erleichtert, als ich endlich die Tür hinter mir zuziehe.

Ich fühle mich sehr unwohl. Die Schuhe sind unbequem. Und überhaupt, ich sehe doch aus wie meine eigene Tante. Missmutig belade ich mein Fahrrad und mache mich auf den Weg. Nach ein paar Metern fängt es an zu tröpfeln, was mich etwas mit mir und meiner schwarzen Tanten-Hose versöhnt. Ich lasse mir noch einmal durch den Kopf gehen, was ich alles sagen will.

Dieses Selbstgespräch mit der Arbeitsagentur führe ich schon seit Tagen. Ich habe Angst, dass mich die Jobberaterin in eine Weiterbildung stecken möchte, die mir nichts nützt. Die Macht dazu hat sie. Als Arbeitsloser darf man den Vorschlag für eine »Eingliederungsmaßnahme«, wie das im Behördendeutsch heißt, nicht einfach ablehnen – selbst wenn man der Ansicht ist, dass die gewählte Fortbildung nicht passend ist. Tut man es doch, wird man mit einer »Sperrzeit« bestraft, das heißt, dass das Arbeitslosengeld vorübergehend gestrichen wird. Das Thema Weiterbildung ist so kompliziert, dass die Arbeitsagentur eine eigene Broschüre dazu herausgibt. Auch wenn man sich selbst eine Weiterbildung wünscht, kommt man an seinem Jobberater nicht vorbei. Er ist derjenige, der entscheidet, welche Maßnahme sinnvoll ist und welche nicht, nicht etwa der Arbeitslose selbst. Vor dieser Bevormundung graut mir. Und nicht nur mir.

Gestern Abend traf ich Luc in der Stadt auf ein Bier. Mit dem Thema Arbeitsagentur haben wir einen großen Teil unserer Unterhaltung bestritten. Er hat heute Morgen dort ebenfalls einen Termin, allerdings bei einer anderen Mitarbeiterin. Ein paar Tage zuvor hatte ihn die Service-Hotline der Arbeitsagentur angerufen und daran erinnert. Das fanden wir beide seltsam. Bei mir hat sich bislang noch niemand gemeldet. Gelten männliche Arbeitlose vielleicht als unzuverlässiger?, frage ich mich.

»An deiner Stelle würde ich mir keine Sorgen machen«, beruhigte er mich. »Du bist doch noch in Elternzeit.«

»Trotzdem ist mir dieser Termin unangenehm. Die Vorstellung, dass ich jetzt Behördenpflichten erfüllen muss und von einer Sachbearbeiterin abhängig bin, ist mir ein Graus. Stört dich das gar nicht?«

»Doch, natürlich. Allein in dieses Amt reinzugehen, macht schon depressiv«, meinte Luc und dann sagte er einen der Sätze, die auch er sich schön vorformuliert hat: »Ich werde ihr natürlich sagen, dass ich dem Arbeitsmarkt weiterhin zur Verfügung stehe.« Da hat er sich gleich das Behördendeutsch angeeignet – »dem Arbeitsmarkt zur Verfügung stehen«. »Und wenn sie mir mit irgendwelchen Seminaren kommt, die ich besuchen muss, dann mache ich mich eben sofort selbstständig«, fügte er noch etwas trotzig an. Er zweifelt sehr an der Fachkompetenz seiner Beraterin, die er nun zum zweiten Mal aufsuchen sollte. »Die hat doch keine Ahnung von meinem Beruf und kann mit mir gar nichts anfangen«, ist sein Eindruck.

Es war schon dunkel geworden. Wir saßen auf einem schönen, matt beleuchteten Platz unter einem Baum. Eine fast südländische Atmosphäre. Also überhaupt nicht der Ort und der Abend, um sich die Laune von der Arbeitsagentur versauen zu lassen. Doch das mit den Seminaren ist so eine Sache. Eine Kollegin von Luc wurde dazu verdonnert. Anders kann man es nicht sagen. Obwohl sie noch gar nicht arbeitslos ist, weil ihr Anstellungsverhältnis noch läuft, hat ihre Jobberaterin sie einfach für eine »Eingliederungsmaßnahme« angemeldet – gegen ihren Willen. Dort soll sie nun wochenlang an jeweils drei Tagen lernen, wie man sich bewirbt. Dabei sind gerade diese Bewerberseminare umstritten. Das Institut für Arbeitsmarkt- und Berufsforschung, der Thinktank der Bundesagentur für Arbeit (!), hat bei Hartz-IV-Empfängern untersucht, was Maßnahmen der Weiterbildung bringen. Bewerbungstrainings schnitten dabei katastrophal ab. Sie haben überhaupt keinen Effekt auf die Einstellungschancen.

»Ich habe eine Idee, warum sie deine Kollegin in das Seminar gesteckt haben. Das macht sich gut in der Statistik«, sagte ich plötzlich. Erst vor ein paar Tagen hatte ich eine Studie des

Instituts der Deutschen Wirtschaft in Köln gelesen. Demnach gibt es im Sommer 2009 neben den offiziellen 3,5 Millionen Arbeitslosen eine verdeckte Arbeitslosigkeit, die noch einmal 750 000 Menschen umfasst. Und darunter fallen unter anderem alle Arbeitslosen, die Weiterbildungsmaßnahmen durchlaufen.

»Findest du das Wort ›Arbeitsloser‹ eigentlich auch so schlimm?«, fragte mich Luc.

»Ja!«, stimmte ich ihm sofort zu. »Das hat etwas Stigmatisierendes, weil es dich über das definiert, was dir fehlt. ›Jobsucher‹ wäre besser, neutraler.« Dann starrten wir wieder schweigend auf den schönen Platz vor uns und hingen trüben Gedanken über unser Arbeitslosenschicksal nach.

Und jetzt nähere ich mich unserem Schreckgespenst unweigerlich. Ich versuche mir vorzustellen, wie meine Beraterin wohl aussieht. Ich sehe sie so um die Mitte dreißig mit kürzeren aschblonden Haaren, freundlich, aber mit einem leicht verbitterten Zug um den Mund. Und gekleidet ist sie zwar gewählt, aber dezent bis unscheinbar. Sehen so Jobberater aus? Ich habe keine Ahnung. Vielleicht ist sie auch eine ganz flotte Person mit Pferdeschwanz? Ganz egal, ob sie kurze oder lange, rote oder schwarze Haare hat: Ich will sie unbedingt dahin bekommen, dass sie mir wohlgesinnt ist. Ich brauche einen Freund im Arbeitsamt, keinen Feind, der mir die Kündigung noch schwerer macht.

An der nächsten Kreuzung muss ich schon abbiegen. Und da ist es, ich erkenne das riesige hässliche graubraune Gebäude sofort von Weitem. Schicksalsergeben steuere ich den Fahrradparkplatz an. Ich sehe auf die Uhr – ich bin eine halbe Stunde zu früh dran. Ich beschließe, erst einmal hineinzugehen und mich zu orientieren. Vor dem Eingang steht eine sehr fein gekleidete Dame und wartet sichtlich auf jemanden oder etwas. Ich finde, sie passt nicht hierher. Ich hoffe, dass man das auch von mir sagen würde und vor allem: dass ich jetzt nicht zufällig jemanden treffe, den ich kenne. Das wäre mir sehr unangenehm.

Über eine Drehtür betrete ich die Arbeitsagentur. Sie ist von innen nicht weniger unschön als von außen. Die bestimmende Farbe ist braun und alles wirkt ältlich und ungepflegt. Auf der Toilette liegen kurze Schlangen grauen Klopapiers auf dem Boden verstreut. Über dem Waschbecken hängt ein Schild. Es ist in ungefähr zwei Metern Höhe angebracht und nur zu sehen, wenn man den Kopf in den Nacken legt. »Bitte behandeln Sie die Toiletten als wären sie Ihr Eigentum«, steht darauf. Mein Eigentum. Komische Wortwahl. Komische Idee, Eigentümer einer öffentlichen Toilette zu sein. Der schriftstellernde Koch Alain Bourdain hat einmal geschrieben, dass man an der Toilette erkennt, was ein Restaurant taugt. Sollte man diesen Tipp auf die Arbeitsagentur übertragen können, wird mich nichts Gutes erwarten. Ich fühle mich in meinen schlimmsten Befürchtungen bestätigt.

Um die Zeit totzuschlagen, laufe ich ein wenig im Erdgeschoss umher. Alle paar Meter stoße ich auf ein Plakat, von dem mich lachend »Tino Rindfleisch« grüßt, »einer von 4000 Fachberatern und Fachberaterinnen der Bundesagentur für Arbeit«. Wenn ich eine Frage zum Arbeitslosengeld I oder zur Jobsuche habe, soll ich ihn anrufen. Tino Rindfleisch sieht sehr jung aus. Ich schätze ihn auf 17 Jahre. Er hat blonde Stoppelhaare und ein Piercing in der Nase. Das heißt, ich bin mir nicht sicher, ob er tatsächlich eines trägt. Aber er sieht so aus, es würde passen. Aber der Name? Ich bezweifle, dass der echt ist.

Noch während ich über Tino Rindfleisch nachdenke, wende ich mich einer Vitrine zu. Hier hängen öffentliche Zustellungen. Es sind Briefe und ich kann den vollen Namen des Empfängers und den Inhalt lesen. Statt einer Adresse steht »Anschrift unbekannt«. Nun glaube ich zu verstehen. Deswegen wird der Brief hier wohl gezeigt. Das gilt als Zustellung und damit laufen mögliche Widerspruchsfristen für die Empfänger ab, die die Agentur nicht erreichen kann. Bei einem Brief ist die Frist schon vorbei. Armer Kerl. Wenn man in so eine Situation kommt, dass die eigenen Briefe öffentlich ausgehängt werden, geht es einem sicherlich nicht gerade gut.

Hier im Amt ist wenig los. Ein paar Besucher gehen eiligen

Schrittes an mir vorbei oder telefonieren wichtig mit dem Handy. Sie scheinen sich damit bewusst den Eindruck von Geschäftigkeit und Bedeutung geben zu wollen. Zwei Männer stehen am Informationsschalter. Ich beschließe, dass ich den Weg zu meiner Jobberaterin selbst finde, und mache mich auf in die oberen Etagen. Hier ist brauner Teppich verlegt, der offenbar Jahrzehnte alt ist. Überall sind Flecken, auch richtig große. Die Gänge sind sehr eng und von dunklen massiven Türen flankiert, an denen die Namen der Mitarbeiter stehen. Es ist alles sehr bedrückend und still. Ab und an kommt mir jemand entgegen, ob Mitarbeiter oder Leidensgenosse ist nicht erkennbar. Niemand grüßt. Auf einem etwas breiteren Gang ist eine Art Rezeption eingerichtet. Sie erinnert an ein billiges Hotel. »Empfang« steht darüber. Ich frage vorsichtshalber, ob ich mich hier anmelden muss, aber nein, ich soll direkt am Zimmer der Jobberaterin klopfen. Weil ich immer noch eine Viertelstunde zu früh dran bin, nehme ich auf einer Stuhlgruppe in der Nähe ihres Raumes Platz und starre aus dem Fenster, das auf den Innenhof geht, aber nur einen Blick auf die braune Außenwand ermöglicht.

Ich stehe auf und klopfe. Es ist zwei Minuten vor meinem Termin. Nachdem ich keine Reaktion erhalte, öffne ich vorsichtig die Tür. Da sitzt sie, meine Jobberaterin, Frau Mayer, und telefoniert. Sie hat kurze schwarze Haare und trägt ein langes, weites Kleid. Über ihrem üppigen Busen baumeln ein paar Ketten. Sie wirkt auf den ersten Blick sympathisch, aber älter als ich erwartet hatte. Mit Gesten gibt sie mir bedauernd zu verstehen, dass es noch einen Moment dauern wird. Ich nicke, ziehe die Tür zu und bleibe wartend im Gang stehen. Inzwischen begrüße ich jeden, den ich sehe. Das schweigende Nichtbeachten ist mir einfach zu dumm. Ein Mitarbeiter freut sich sichtlich darüber und sagt: »Sie können einfach reingehen. Immer schön lästig sein.« Dann geht er fröhlich pfeifend in sein Büro ein paar Türen weiter.

Jetzt höre ich, wie sich meine Beraterin am Telefon verabschiedet, aber nichts tut sich. Soll ich noch einmal klopfen? Ich bin unsicher. Eigentlich bin ich der Ansicht, dass sie mich nun hereinbitten muss. Aber wenn sie nun ihrerseits auf mich wartet? Das Ausharren hier im dunklen engen Gang direkt vor ihrer Tür wird mir zäh. Ich blicke auf die Uhr. Jetzt stehe ich bestimmt schon sieben Minuten hier. Ich klopfe noch einmal und strecke vorsichtig den Kopf ins Zimmer. Frau Mayer schreibt am Computer. Sie hebt irritiert den Kopf und sieht zur Tür.

»Ich hole Sie in einer Sekunde«, sagt sie abwehrend.

Also ziehe ich meinen Kopf zum zweiten Mal zurück und warte wieder. »Oh Gott, das ist ja ein toller Start«, denke ich mir. »Könnten wir vielleicht mal anfangen?« Ich wünsche mich sehr weit weg.

Da öffnet sich die Tür, und ich darf eintreten und ihr gegenüber Platz nehmen. Sie gibt mir nicht die Hand und überlässt es mir, als Erste zu grüßen. So hatte ich mir das Treffen nicht vorgestellt. Ich fühle mich nicht sehr willkommen. Entweder ist sie immer so oder sie nimmt mir die Türaufreißerei übel. Ich weiß es nicht, und ich nehme mir vor, darüber hinwegzusehen und unbeirrt freundlich zu bleiben. Ich muss es irgendwie schaffen, sie auf meine Seite zu ziehen. Ich packe meine Mappe aus und Frau Mayer versenkt sich sofort in das, was auf ihrem Bildschirm steht.

»Sie sind jetzt seit Längerem selbstständig?«

»Nein«, korrigiere ich. »Ich war fünfzehn Jahre bei meinem Arbeitgeber.«

»Ach so, genau. Dann vervollständigen wir mal Ihr Profil.« Sie füllt offenbar irgendwelche Sachen am Computer aus. Ich sitze untätig herum, beantworte hin und wieder eine Frage. Ich habe den Eindruck, dass sie zunehmend freundlicher wird. Offenbar ist sie mit meinem Lebenslauf zufrieden. Die Situation erinnert mich an einen Arztbesuch. Unser Kinderarzt studiert und füttert auch immer seinen Computer, während wir ihm gegenübersitzen. Ich hätte dann jedes Mal am liebsten ebenfalls einen PC vor mir, in dessen Universum ich mich vertiefen könnte. Da mir dieser auch hier und heute fehlt, sehe ich mich eben um. Gemütlich ist es nicht. Schick auch nicht. Eher zeitlos staubig. Man spürt den halbherzigen Versuch, das Büro persönlich zu gestalten. Am Fenster steht eine Lampe aus Stein, auf dem Tisch liegen Steine zwischen dickblättrigen Pflanzen. An der Wand hinter mir hängen ein paar Landschaftsaufnahmen verrutscht hinter Glas, es sieht so aus, als seien sie schon seit geraumer Zeit in eine Schieflage geraten.

»Darf ich Sie bitten, Ihre Kenntnisse selbst auszufüllen?« Sie steht auf und macht mir Platz. Das finde ich seltsam, aber ich tue ihr gerne den Gefallen. Wer hätte gedacht, dass ich einmal auf dem Stuhl eines Arbeitsagentur-Jobberaters sitzen würde? Fühlt sich ganz normal an. Der Stuhl ist nicht bequemer als der, den ich vor meinem Schreibtisch hatte. Wie gerne würde ich jetzt ein bisschen in meinem Profil und Stammdatensatz herumstöbern, aber ich bin ja nicht alleine. Frau Mayer steht ungeduldig neben mir und nestelt an ihrer beachtlichen Kette. Also tue ich, was ich soll: meine Kenntnisse zu Protokoll geben. Ich sehe auf dem Computer eine mehrere Bildschirmseiten lange Liste vor mir. Bei jedem Punkt soll ich ankreuzen, ob ich das gut, sehr gut oder hervorragend kann. Die Begriffe sind seltsam vage gewählt. Da steht zum Beispiel »Kulturwissenschaften« oder »Projektarbeit«. Ich finde es ungünstig, dass ich das spontan machen soll, klicke mich aber brav bis ans Ende.

Dann tauschen wir wieder den Platz und sitzen einander gegenüber. Die ganze Zeit schon habe ich überlegt, an wen mich meine Jobberaterin erinnert. Jetzt, nach dem Stühlerücken, habe ich's plötzlich – an eine Engländerin. Sie könnte gut in einer Roald-Dahl-Geschichte mitspielen – so könnte die vermeintlich liebenswürdige Frau aussehen, die sich einen besonders perfiden Plan ausgedacht hat, um ihren Mann loszuwerden. Sie »vergisst« ihn bei der Abreise in den sechswöchigen Urlaub im kaputten Aufzug ihres großen leeren Hauses.

»Es sieht gar nicht gut aus«, sagt sie und sieht mich über ihre Brille hinweg lächelnd an. »In Ihrer Branche gibt es gerade nichts. Und dann mit Kindern ... Die Unternehmen wollen niemanden mit Kind. Die wollen, dass ihre Mitarbeiter rund um die Uhr verfügbar sind. Aber das wird Ihnen so natürlich niemand sagen.«

Ich war zwei Drittel meines bisherigen Berufslebens Mutter und bin niemals deswegen diskriminiert worden. Aber ich sage nichts dazu. Ich weiß aus meinem Freundeskreis, dass es Arbeitgeber gibt, die Mütter lieber aus dem Unternehmen drängen als in Teilzeit zu beschäftigen. Trotzdem finde ich es erstaunlich, wie sicher sich meine Jobberaterin ist, dass ich keine Chancen auf dem Arbeitsmarkt habe. Statt auf eine fruchtlose Diskussion über die Diskriminierung von Frauen in der Arbeitswelt einzusteigen, erwähne ich lieber meine guten Kontakte, dass ich schon mit früheren Vorgesetzten gesprochen habe, die großes Interesse an meiner Mitarbeit haben, und ich mich notfalls selbstständig machen könnte. Sie nickt und lächelt und lächelt und nickt. Ich interpretiere das als Einverständnis.

Plötzlich fragt sie: »Haben Sie Ihren Ausweis dabei?«

Nein, leider nicht, und sofort fällt mir ein, dass in meiner Vorladung stand, dass ich ihn mitbringen muss. Aber sie ist kulant und mit meiner Bahncard zufrieden. Dann gibt sie mir meine Bewerbungsmappe zurück. Offenbar musste ich sie nur zusammenstellen und schicken, um zu beweisen, dass ich dazu fähig bin. Danach erklärt sie mir ein paar Formalitäten. Mein Bewerberprofil sei bereits jetzt im Internet zugänglich. Drei Monate vor Jobende muss ich mich persönlich arbeitslos melden. Dafür soll ich ohne Termin mit Kündigung und Personalausweis vorbeikommen und das direkt am »Empfang« erledigen.

»Am besten nicht am Anfang des Monats, da kommen alle. Wenn Sie können, kommen Sie gleich morgens um acht, da ist wenig los«, sagt sie. Dann gibt sie mir schon einmal die Unterlagen mit, falls ich mich selbstständig machen möchte. »Sie müssen, um einen Gründungszuschuss beantragen zu können, mindestens einen Tag arbeitslos sein«, schärft sie mir ein. Nachdem sie mir alles übergeben hat, frage ich sie, ob sie die Wirtschaftskrise spürt.

»Langweilig ist uns hier nicht«, sagt sie. Ich habe den Eindruck, dass sie sich über mein Interesse an ihrer Arbeit freut. Anfang des Monats und des Quartals seien in den Gängen alle Stühle besetzt und es gebe Wartezeiten von bis zu zwei Stunden. Nur Mitte des Monats, so wie heute, sei es ruhig. Und morgens um acht auch immer. »Die schlafen gerne lange.«

Ich sehe sie wohl etwas ungläubig an.

»Das ist so«, sie zuckt mit den Achseln und lächelt. »Aber mittags geht es dann zu …«

Ich fühle mich kurz ertappt. Seit ich in Elternzeit bin, stehe ich zwar nach wie vor früh auf, weil der Kleine Hunger hat und Ella in die Schule muss. Aber ich gehe nicht mehr um halb acht aus dem Haus wie früher. Allerdings, wenn etwas zu erledigen ist, stehe ich immer früh parat. Für Frau Mayer scheint das ein wichtiges Kriterium zu sein. Sie trennt offenbar ihre »Kunden« in gute und schlechte Arbeitslose. Gute Arbeitslose stehen voller Pflichtbewusstsein Morgen für Morgen pünktlich auf, auch wenn weder Kollegen noch Chef noch Arbeit auf sie warten. Ich bin entschlossen, für sie ein guter Arbeitsloser zu sein und setze darauf, dass sie die »guten« nicht in eine sinnlose Eingliederungsmaßnahme steckt.

Beim Verabschieden wünscht sie mir alles Gute und viel Erfolg in den nächsten Monaten. »Und nutzen Sie Ihre Kontakte«, ermuntert sie mich und sieht mir dabei tief in die Augen.

Ich bedanke mich für das »angenehme« Gespräch und verabscheue mich etwas für die Schleimerei. Dann trete ich in den braunen Gang und bin sehr froh, die Tür hinter mir zuziehen zu dürfen.

Als ich aus dem Gebäude bin, rufe ich gleich Luc an. »Ich war gerade beim Arbeitsamt …«

»Und wie war's?«, fragt er.

»Sie hat gar nicht gebohrt«, lache ich, tatsächlich bin ich ziemlich erleichtert. »Und bei dir?«

»Bei mir auch. Da war gar nichts von wegen, dass ich ein Seminar besuchen muss. Wir haben nur mein Bewerberprofil erstellt.«

Nach unserem Telefonat kämpfe ich mit meiner Tasche. Sie ist so überfüllt, dass ich die neuen Unterlagen nur mit Mühe einpacken kann. Dann schwinge ich mich fröhlich aufs Rad. Auf dem Nachhauseweg fängt es an, wie aus Eimern zu schütten. Ich stelle mich kurz unter und packe mein Regencape aus. Ich bin mal wieder für alle Wetter gerüstet, denke ich, und bin sehr zufrieden mit mir. Ich bin fit für dieses Wetter! Ich bin fit für Frau Mayer! Ich bin fit für diesen Arbeitsmarkt! Das wird schon.

In Aktion

Am nächsten Morgen sind die Erleichterung und die Zuversicht, die mich nach diesem ersten Termin in der Arbeitsagentur überkamen, verschwunden. Stattdessen fühle ich Ernüchterung und Wut. Wut über die Unverschämtheit, mir zu sagen, dass ich sowieso kaum Chancen habe. Und das von Leuten, die sich auch noch »Jobberater« nennen. Wut über den Zwang, solche Termine wahrnehmen zu müssen.

Mein misslungenes Gespräch ist keine Ausnahme. Für eine Studie der Hans-Böckler-Stiftung begleiteten zwei Wissenschaftler in den Jahren 2007 und 2008 42 Beratungsgespräche in Arbeitsagenturen. Nur in 17 Prozent der Gespräche gab es eine wirkliche Beratung, stellten die Forscher fest. Die Vermittler seien vor allem damit beschäftigt gewesen, Computerformulare auszufüllen. Das Fazit der Wissenschaftler: Zu einem Dialog »auf Augenhöhe«, in dem Erwerbsloser und Vermittler miteinander über die beste Strategie zur Beendigung der Arbeitslosigkeit verhandeln, komme es nur selten.

Wie ich aus dieser Studie erfuhr, müssen die Jobvermittler ein vorgegebenes Schema bei jedem Gespräch anwenden, das von der Controllingabteilung überprüft wird. Es ist auch im Nachhinein eine seltsame Vorstellung, Objekt eines prüfenden Controllerauges gewesen zu sein. Neu ist mir auch, dass ich sofort in meinen Jobchancen beurteilt wurde. Frau Mayer muss, kaum dass ich aus der Tür war, mich einer von vier Kategorien zugeordnet haben. Ich nehme an, sie hat mich wegen der Kinder zu einem »Betreuungskunden« gemacht, das heißt, dass ich in den nächsten zwölf Monaten keinen neuen Job finden werde. Das passt mir nicht, so zum Problemfall gemacht zu werden. Lieber wäre ich ein »Marktkunde«, der keiner besonderen Unterstützung bedarf. Zur Wahl stünde noch der Beratungskunde in den beiden Formen »Aktivieren« und »Fördern«. Muss ihn der Jobberater nur in seiner Motivation und Stellensuche »aktivieren«, ist er schneller zu vermitteln. Bei »Fördern« sind weitere Qualifizierungen nötig.

Am liebsten würde ich ihr einen Brief schreiben und zu meiner Einordnung Stellung nehmen: »Liebe Frau Mayer, leider muss ich annehmen, dass Sie mich als Betreuungskundin eingeordnet haben. Bitte erlauben Sie mir, darauf hinzuweisen, dass wir bei der Einschätzung meiner Chancen unterschiedlicher Auffassung sind. Ich bin mir sicher, in naher Zukunft eine neue Position zu finden und mein eigenes Geld verdienen zu können. Wenn es gut läuft, sogar, bevor ich überhaupt arbeitslos werde. Vergessen Sie nicht: Es sind Monate Zeit bis dahin. Daher möchte ich Sie bitten, mich als Marktkundin einzustufen. Ich würde mich sehr freuen, wenn Sie meinen Status noch einmal überdenken könnten. Für Rückfragen stehe ich Ihnen gerne zur Verfügung. Mit freundlichen Grüßen ...«

Aber ich werde mich hüten. Auf keinen Fall will ich es mir mit Frau Mayer verscherzen. Vielleicht ist es Zeit für eine neue Regel für Gekündigte. Regel Nummer eins und zwei waren: Sorge für ein gutes Zeugnis und verwandle dich zum DIN-Bewerber. Regel Nummer drei müsste lauten: Stelle dich gut mit deinem Jobberater. Er ist der Mächtigere von euch beiden.

Es wäre fair, wenn man seine Arbeitslosenversicherung kündigen und zu einem anderen Anbieter wechseln könnte. Verglichen mit allen anderen Versicherungen, die man im Laufe seines Lebens abschließt – Haftpflicht, Unfall, Hausrat et cetera – bietet die Arbeitslosenversicherung definitiv den schlechtesten Service. Wenn ich bei, sagen wir, meiner Haftpflichtversicherung anrufe, weil ich irgendetwas kaputt gemacht habe, was mir nicht gehört, werde ich dort sehr freundlich empfangen. Der Schadensfall wird geregelt, ohne dass ich auf meine Pflichten hingewiesen werde, mir mit Sperrzeiten gedroht wird oder mir ein Arbeitspaket auferlegt wird, wie es die Arbeitsagentur macht.

Im Umgang mit der Arbeitsagentur habe ich nie den Eindruck, einen Anspruch auf das Arbeitslosengeld und den »Service« zu haben. Im Gegenteil. Es wird einem das Gefühl vermittelt, dass man die Aufmerksamkeit der Arbeitsagentur gnädigerweise erhält, aber nur, wenn man »ein guter Arbeitsloser« ist und alles tut, was von einem erwartet wird. Man fühlt sich klein und erniedrigt. Und dass man seit der Arbeitsmarktreform als »Kunde« bezeichnet wird, wirkt fast höhnisch, wie ein Schlag ins Gesicht. Jedes Unternehmen, das seine Kunden auf diese Art und Weise behandelt, wäre in kürzester Zeit pleite. Auch der Begriff »Agentur« kann nicht darüber hinwegtäuschen, dass es sich hier um ein Amt und schikanöse Bürokratie handelt. Immerhin erreicht die Behörde damit eines: Jeder versucht, dass er so schnell wie möglich aus ihrem Machtkreis verschwindet und wieder zu Arbeit kommt.

Die folgenden Tage stehen ganz im Zeichen der Jobsuche. Ich muss unbedingt ein paar Bewerbungen losschicken. Zuerst will ich bei einem Arbeitgeber anrufen, der eine sehr interessante Position ausgeschrieben hat. Die Stelle scheint geradezu für mich gemacht. Ich erfülle jede einzelne Voraussetzung. Leider ist kein Ansprechpartner angegeben und den will ich jetzt erfragen. Und wer weiß, vielleicht ergibt sich aus dem Telefonat noch mehr. (»Sehr gut«, motiviert mich eine innere Stimme im Ohr. Sie gehört Frau Mayer, meiner Jobberaterin. »Genau so muss man es machen! Das habe ich in Bewerbungsratgebern gelesen.« Dann verstummt sie zum Glück. Was hat sie auch in meinem Kopf zu suchen?)

Allerdings habe ich die Rechnung ohne die Dame am anderen Ende der Leitung gemacht. Sie scheint die Funktion eines Bewerber-Abschreckers innezuhaben, obwohl ihre Telefonnummer in der Anzeige angegeben ist. Sie gewährt mir kein »Guten Morgen«. Meine Frage kommentiert sie mit einem knappen »Nein«. Und während ich mich noch verabschiede, knallt sie schon den Telefonhörer auf – natürlich ohne ein »Wiederhören« oder ähnlichen höflichen Schnickschnack.

Na gut, dann adressiere ich mein Anschreiben eben an die »sehr geehrten Damen und Herren«. Abwimmeln lasse ich mich so leicht nicht. Vielleicht ist Montagmorgen auch der falsche Zeitpunkt, um anzurufen.

Sämtliche Bewerbungsratgeber empfehlen Jobsuchern, vor der schriftlichen Bewerbung den telefonischen Kontakt zu suchen. Ich sehe ein, dass man damit aus der Masse der Bewerber herausstechen kann. Sicherlich macht sich nicht jeder die Mühe und manche scheuen womöglich auch die Situation. Andererseits muss man ja auch über etwas reden können beziehungsweise sinnvolle Fragen stellen. Und wenn das nicht klappt, sei es vor Aufregung oder weil die Chemie mit dem Gesprächspartner nicht stimmt, kann der Schuss nach hinten losgehen.

Damals, in der guten alten Zeit, als ich noch bei meinem Arbeitgeber fest im Sattel saß, war ich oftmals auf der anderen Seite: Bewerber riefen *mich* an. Diese Telefonate waren meistens überflüssig und deswegen nervig, manchmal aber auch sehr aufschlussreich. Ich erinnere mich vor allem an Bewerber, die einen negativen Eindruck hinterließen, weil sie entweder zu ahnungslos oder zu forsch waren.

Ich bin gespannt, was aus meiner Bewerbung wird und ob mir mein missglückter Telefonversuch negativ ausgelegt wird. Zumindest zum Vorstellungsgespräch würde ich sehr gerne eingeladen werden.

Ich versuche den unschönen Anruf zu verdrängen und mache mich an die nächste Stellenanzeige. Diesmal wird eine Onlinebewerbung gewünscht. Hätte ich die Wahl, würde ich lieber eine Bewerbungsmappe schicken. Es erscheint mir so unpersönlich, meine Daten in vorgegebene Abfragefenster einzugeben. Auch das Anschreiben würde ich lieber ausdrucken und persönlich unterschreiben, als es online zu formulieren. Es dauert lange, bis ich alles ausgefüllt, wieder und wieder kontrolliert und die gewünschten Dateien wie Zeugnisse hochgeladen habe.

Kaum habe ich den Button »Bewerbung abschicken« gedrückt, erhalte ich eine automatisierte E-Mail. Ich habe jetzt einen Benutzernamen und ein Kennwort. Das finde ich seltsam, die Bewerbung ist ja schließlich schon verschickt – oder geht das Unternehmen davon aus, dass man sich für mehrere Positionen bewirbt? Noch während ich darüber nachdenke, kommt schon die zweite automatisierte E-Mail. Nun wird mir für mein Interesse gedankt und ich werde um Geduld gebeten: »Die Bearbeitung Ihrer Bewerbung wird einige Zeit in Anspruch nehmen.« Dabei ist die Stelle doch »zum sofortigen Eintritt« ausgeschrieben, wundere ich mich.

Sobald ich die Zeitung aufschlage, habe ich den Eindruck, dass ich mich mit meiner Jobsuche noch mehr beeilen sollte. Für nächstes Jahr werden höhere Arbeitslosenzahlen prognostiziert. »Die Krise ist nicht vorbei. Die schwierigsten Monate kommen erst noch«, heißt es von allen Seiten. Einen Vorgeschmack darauf gibt es schon jetzt. Das Versandhaus Quelle ist pleite. Auf einen Schlag verlieren Tausende von Mitarbeitern ihren Arbeitsplatz.

Bei der Wirtschaftsentwicklung sind sich die Experten uneins. Kaum sagt ein Institut, es gehe aufwärts, schon meldet sich ein Bedenkenträger und warnt vor zu viel Optimismus. Bislang haben mich die regelmäßigen Konjunkturerwartungen zum Gähnen gelangweilt. Aber jetzt habe ich zum ersten Mal in meinem Leben den Eindruck, dass diese Prognosen etwas mit mir persönlich zu tun haben. Und nicht nur mit mir. So viele sind betroffen. Meine Kollegen, die Angst haben, den Job zu verlieren. Mein Bruder, in dessen Unternehmen Kurzarbeit ist. Johannes, bei dem die Aufträge zurückgehen. Luc, den es ebenfalls erwischt hat.

Der Test

Eigentlich sollte ich in die Exarbeit fahren. Aber ich mag nicht. Ich stelle mir vor, wie mich alle neugierig und wenig rücksichtsvoll fragen: »Und? Was läuft so bei dir seit deinem letzten Besuch?« Nein, danke. Das tu ich mir nicht an.

Ich muss die E-Mails löschen, bevor meine Elternzeit endet. So steht es in der Abwicklungsvereinbarung. Nicht alle, nur die »privaten«. Das kam mir komisch vor, als ich diesen Passus das erste Mal las, und ich konsultierte gleich die Anwältin.

»Haben Sie denn etwas Verfängliches geschrieben?«, fragte sie mich.

Nein, »Verfängliches« habe ich nie geschrieben, nicht, soweit ich mich erinnern kann. Und warum sollte ich auch? Andererseits sind 15 Jahre eine lange Zeit. Mag sein, dass irgendwann einmal eine E-Mail hin- und herging, die nachträglich »verfänglich« klingen mag. Die E-Mails nach einer Kündigung zu löschen, das sei ganz normal, sagte die Anwältin und empfahl mir, das auf jeden Fall zu tun.

Auch wenn es normal ist, frage ich mich, warum mein Arbeitgeber das verlangt. In unserem Unternehmen war die private Nutzung von Internet und E-Mail nicht untersagt. Deswegen bestand keine Gefahr, dass die Nachrichten von oben mitgelesen werden. Arbeitsrechtlich geht das nur, wenn die private Nutzung verboten ist. Ist sie erlaubt, muss der Arbeitnehmer erst sein Einverständnis erklären, bevor mitgelesen wird.

Aber warum löschen sie nicht einfach meine E-Mail-Adresse und alle Nachrichten, die ich jemals empfangen und geschrieben habe? Warum wollen sie nun nachträglich in mein E-Mail-Fach sehen? Denn das müssen sie doch wollen, das ist der einzige Grund, der mir einfällt, warum ich meine privaten Nachrichten löschen soll. Und die Vorstellung ist mir sehr unangenehm. Ob Herr Roth wohl hineinsieht? Es fühlt sich an, als würde er in meine Privatsphäre dringen. Mein E-Mail-Postfach, das war doch mein kleines persönliches virtuelles Fenster zu Kollegen, zu Geschäftspartnern, zur Außenwelt, auch wenn ich dabei auf meinem Arbeitsplatz saß und berufliche Nachrichten verfasst habe. Das ist so, als würden sie in einem Besprechungsraum sitzen und alle meine jemals geführten Telefonate abhören oder ihre Köpfe zusammenstecken, um sämtliche Notizen und Briefe, die ich verfasst habe, durchzublättern.

Also lösche ich die E-Mails jetzt. Alle. Von zu Hause aus. Ich bringe es nicht über mich, sie auf einmal in den Orkus zu befördern – ich nehme an aus reiner Sentimentalität. Ich kann es mir nicht verkneifen, sie durchzusehen. Es ist meine letzte Möglichkeit dazu. Ich bin gerade beim Jahr 2003, so weit reichen einige Mails zurück. Nicht alle, nur die, die ich damals aus irgendwelchen Gründen extra gespeichert habe, statt sie dem automatischen Löschvorgang zu überlassen. Hat jemand eine Vorstellung, an wie vielen fast vergessenen Chefs, Kollegen, Kontakten und Projekten ich bis dahin vorbeigekommen bin? Ich habe Namen gelesen, die ich schon völlig verdrängt hatte. Am Anfang habe ich aus Neugierde noch manche Nachricht geöffnet, später habe ich nur kurz innegehalten, wenn ein Betreff besonders herausstach. Es ist eine seltsame, einsame Art, sein Arbeitsleben Revue passieren zu lassen.

Das Interessante ist, dass im Nachhinein alles seinen Schrecken verliert. Grabenkämpfe, frustrierende Entscheidungen von oben, Kollegen, die einen auf die Palme brachten – plötzlich ist alles wie von einem rosa Schleier bedeckt und nur noch zum Gernhaben. Selbst über Personen, die das Zeug hatten, einen wahrhaftig an den Rand des Nervenzusammenbruchs zu treiben, kann man nur noch schmunzeln.

Während ich meine alten Mails lösche, rufe ich einen früheren Vorgesetzten an, um meine Mitarbeit auf Honorarbasis anzubieten. Ich sehe das als ersten Test, ob eine Selbstständigkeit erfolgreich sein könnte. Und ich will dadurch natürlich auch wieder von mir hören lassen, den Fuß in der Tür behalten. (»Sehr gut«, höre ich auf einmal wieder die Stimme von Frau Mayer im Ohr. »Nutzen Sie nur Ihre Kontakte! Weiter so!«)

Es ist viel einfacher als gedacht. Ich habe kaum meine Anfrage ausgesprochen, schon habe ich die Zusage für einen Auftrag, den ich von zu Hause erledigen kann. Das ist absolut euphorisierend! Das ist super! Ich will mich sofort voller Energie an die Arbeit machen. Aber das geht nicht. Die Kinder sind da, Johannes aber nicht und auf die Schnelle bekomme ich auch keinen Babysitter.

Ich nehme mir vor, abends in Ruhe damit anzufangen, aber da besucht uns spontan unser Freund Max.

»Entschuldige, dass ich einfach so hereinplatze, aber du hast doch Zeit?«, sagt er zur Begrüßung, mehr feststellend als fragend.

Er sitzt kaum, schon stimmt er sein Lamento an, die Tasche noch auf dem Schoß. Er ist mit seiner Arbeitssituation sehr unzufrieden. Das ist nichts Neues. Seinen Beschluss: »Es kann so nicht weitergehen!«, den er diesmal gleich als ersten Satz voranstellt, habe ich schon hundert Mal gehört. Er fühlt sich in einem Hamsterrad gefangen. Sein Job erfüllt ihn nicht, gleichzeitig herrscht dort so viel Stress, dass er permanent überfordert ist und keine Energie hat, nach einer Alternative zu suchen. Die könnte nun offenbar von außen kommen.

»Es ist ein offenes Geheimnis, dass es im Herbst, wenn die Geschäftsführung aus dem Urlaub zurück ist, betriebsbedingte Kündigungen geben wird«, erzählt er.

Ich finde es komisch, dass man als Geschäftsführer erst in Urlaub fährt, bevor man kündigt. Überlegt man sich das vor den Ferien und vertagt die Umsetzung auf später? Oder fällt der schwere Entschluss erst während der Ferien? Gehen Geschäftsführer vielleicht sogar zusammen in Krisenurlaub, um gemeinsam nach Lösungen zu fahnden? Ich stelle mir vor, wie erschöpfte Top-Manager mitten im gemeinsamen Moorbaden oder beim Heilfasten Krisenszenarien und Strategien besprechen, bis schließlich der weitreichende Beschluss fällt: »Wir kündigen.«

»Ist denn deine Abteilung auch betroffen?«, frage ich ihn.

»Wer weiß das schon? Auf jeden Fall brodelt die Gerüchteküche. Der eine hört das, der andere zieht diese Schlüsse daraus. Du weißt ja, wie das ist.«

Ja, ich weiß, wie das ist. Bei meinem Arbeitgeber gab es über die Jahre, die ich für ihn gearbeitet habe, mehrere Hochs und Tiefs. Die Reaktion auf wirtschaftliche Schwierigkeiten hieß immer Personalabbau – bis kurze Zeit später wieder Leute eingestellt wurden, weil sich die Auftragslage verbesserte. Ich verstehe nicht, wie man mehrmals hintereinander auf so eine kurzfristige Lösung wie Entlassungen setzen kann, aber ich bin ja kein Geschäftsführer. Von einem Kollegen habe ich erfahren, dass bei uns inzwischen auch Herr Roth um seinen Job bangt.

Unser Freund Max schüttelt den Kopf. »Vor drei Jahren hieß es erst, jetzt wird investiert, und heute wird schon wieder alles heruntergefahren …«

Sein Arbeitgeber und auch meiner sind mit ihren Entlassungen in guter Gesellschaft. Vier von zehn deutschen Unternehmen spüren die Wirtschaftskrise, zeigt eine Studie des Instituts für Arbeitsmarktforschung (IAB). Von ihnen hat jeder zehnte Betrieb deswegen bereits Mitarbeitern gekündigt. 17 Prozent setzen auf Kurzarbeit, 83 Prozent haben sich einen Einstellungsstopp verordnet und ein Fünftel hat die Löhne gekürzt. Das Fazit der IAB-Forscher: »Entscheidend für die weitere Entwicklung wird sein, ob die Betriebe mit solchen Maßnahmen bis zum Aufschwung durchhalten können.« In einer weiteren Studie schreibt das IAB, dass es im Herbst mit weiteren Entlassungen rechnet.

Max und ich werden in unserem Kopfschütteln über die Entlassungs-Einstellungs-Politik vom Telefon unterbrochen. Meine Freundin Sabine ruft an. Ich überlasse Max gerne für die Zeit des Telefonats Johannes, der ihn bestimmt auf andere Gedanken bringen wird. Sabine und ich haben uns lange nicht gesprochen. Sie zählt zu den Freunden, die leider Hunderte von Kilometern weit weg wohnen. Wir bringen uns kurz gegenseitig auf den neuesten Stand. Ich erzähle ihr ganz offen von der Kündigung.

»Super. Dann hast du ja jetzt Zeit«, sagt sie völlig unironisch.

Ich stutze. Ob sie mich falsch verstanden hat? Ich habe ja mittlerweile schon viel gehört, aber so eine Reaktion habe ich wirklich noch nie bekommen.

»Ich meine wegen dem Kleinen«, erklärt sie sich. »Das eine Jahr Elternzeit ist so schnell rum. Und du hast immer so viel gearbeitet.«

»Aber …«, setze ich an.

Doch sie spricht gleich weiter. »Du bist doch erst mal abgesichert und bekommst Arbeitslosengeld. Das würde ich ganz langsam angehen. So vielen, die ich kenne, wird gerade gekündigt oder sie sind in Kurzarbeit. Nur den Beamten geht's gut«, sagt sie noch. Sie ist selbst Beamtin. Und deswegen kann sie wahrscheinlich auch so etwas wie Sorgen eines Jobsuchers nicht nachvollziehen.

Sie hat ja keine Ahnung. Es ist der reine Horror, wenn ich mir vorstelle, arbeitslos zu werden. Mir fehlt schlicht die Ruhe, es »ganz langsam« angehen zu lassen, wenngleich ich es versuche, um einen klaren Kopf zu bewahren. Auch vor mir selbst habe ich ein Problem damit, »arbeitslos« zu sein. Das passt noch weniger in mein Selbstkonzept, als gekündigt zu werden. Aber unser Gespräch verläuft so nett, da kann ich doch nicht plötzlich so eine Dramatik hineinbringen. Also sage ich nichts, doch sie spürt meinen Widerspruch offenbar. Wohl darum beendet sie unser Telefonat schließlich mit einer Art Mahnung: »Mach dir jetzt wirklich mal keinen Stress. Auch wenn du plötzlich jeden Job erstrebenswert findest und mit jedem Angestellten tauschen möchtest, selbst wenn er nur Brötchen verkauft.«

Nachdem sich Max verabschiedet hat, sitze ich noch einen Moment mit Johannes im Wohnzimmer. Zum ersten Mal seit der Kündigung habe ich den Eindruck, die Dinge im Griff zu haben. Ich habe einen Auftrag geangelt – offenbar besteht also Interesse an meiner Arbeit, meine Bewerbungsunterlagen sind perfekt und die ersten Bewerbungen sind auf dem Weg. Auf einmal trägt meine Gekündigtenarbeit Früchte. Ich sehe Ergebnisse und das macht mich zuversichtlich.

»Du bekommst das hin«, sage ich mir zufrieden. Und es klingt zum ersten Mal seit Langem nicht mehr so, als müsste ich mich selbst überzeugen.

Da klingelt wieder das Telefon. Es ist mein Bruder. Sein »Hallo« klingt gedämpfter als sonst.

»Ich habe Krebs«, sagt er. »Morgen muss ich ins Krankenhaus.«

Das Taschengeld

Am nächsten Morgen wache ich mit einer düsteren Stimmung auf, es dauert ein paar Sekunden, bis mir einfällt warum: Krebs. Die Kündigung ist darüber mit einem Mal kein Thema mehr. Unerwartet gekündigt zu werden, das fühlte sich an, als hätte jemand mit einem Hammer in meinen Alltag geschlagen. Es hat mich sehr aus dem Gleichgewicht gebracht und diesen Schreck habe ich noch nicht überwunden, er kommt immer wieder hoch. Die Grundfesten unseres Lebens wurden erschüttert, die finanzielle Sicherheit, die mein Job unserer Familie garantierte, ist weggebrochen. Aber ich bin dabei, wieder Ordnung in das Durcheinander zu bringen. Ich kümmere mich um die Formalien, ich schaue nach Alternativen zu meinem alten Job, ich kann etwas tun. Und das hilft mir, über die Momente der Verzweiflung und Unsicherheit hinwegzukommen. Die Diagnose Krebs dagegen macht mich völlig hilflos. Das Einzige, was ich für meinen Bruder tun kann, ist für ihn da zu sein – und hoffen. Hoffen, dass der Krebs nicht schon weit fortgeschritten ist, hoffen, dass die Operation erfolgreich verläuft, hoffen, dass bald wieder alles gut ist.

Die folgenden Wochen sind von seiner Krankheit überschattet. Am Anfang telefonieren wir mehrmals täglich. So kann ich wenigstens seine Langeweile in der Klinik und vielleicht auch seine Ängste, über die wir nie sprechen, kurzzeitig vertreiben, hoffe ich. Ich besuche ihn auch mehrmals, immer wenn es mir mein Kalender erlaubt und es sich mit den Kindern organisieren lässt.

Dazwischen hänge ich mich voll in die Arbeit. Inzwischen ist ein weiterer Auftrag hereingekommen. Es spricht sich offenbar schnell herum, dass ich wieder Aufgaben übernehmen kann. Ich arbeite vor allem abends, weil tagsüber häufig etwas dazwischenkommt. Ich bin ja noch immer in Elternzeit. Nebenbei arbeite ich an meinem Businessplan. Den brauche ich, falls ich mich mit dem Gründungszuschuss der Arbeitsagentur selbstständig machen möchte. Ich bin zwar viel zu früh dran. Doch ich will vorsorgen, ich denke mir: »Wer weiß, wie viel Zeit dir dafür die nächsten Wochen bleibt.«

Ich bin mit allem rechtzeitig fertig, um zu meinem Bruder zu fahren, bevor er zu einer zweiten Operation in die Klinik muss. Ich beschließe, den Kleinen mitzunehmen. Die Idee ist, meinen Bruder abzulenken. Aber es funktioniert nicht.

Mein Bruder ist zu k. o. von der ersten Operation und genervt von seiner besorgten Familie. Er beginnt mir von den Risiken der zweiten OP zu erzählen, bricht aber ab – offenbar mache ich ein zu kummervolles Gesicht. Immerhin höre ich durch, dass er noch gar nicht sicher ist, ob er sich überhaupt wieder operieren lässt.

Mein Vater freut sich, uns zu sehen. Er kümmert sich rührend um uns. Die Krebserkrankung meines Bruders hat ihn gezeichnet. Seine Fürsorge weitet er auf uns aus, auch weil er merkt, dass sie meinen Bruder im Moment eher belastet. Und so komme ich nicht umhin, selbst zum Thema für ihn zu werden. Auf einmal hat er einen kranken Sohn und eine womöglich bald arbeitslose Tochter. Ich hatte ihm vor meiner Abreise den Businessplan gemailt. Damit wollte ich ihn beruhigen nach dem Motto: »Schau, ich mache was gegen die drohende Arbeitslosigkeit.« Und ich wollte auch seinen Rat und sein Feedback einholen. Das erhalte ich dann am Abend und es fällt strenger aus als erwartet.

»Also, Julia, das können wir so nicht lassen«, legt er los. Ganz klar, dieser Satz gefällt mir nicht. Am allerwenigsten behagt mir das »wir«. Das kann nur drei Dinge bedeuten. Erstens: Mein Vater will sich mit mir zusammen selbstständig machen. Oder zweitens: Mein Vater will mein neuer Chef werden. Oder drittens: Ich bin über Nacht wieder zum Schulmädchen mutiert. Alle drei Möglichkeiten gehen mir gegen den Strich. Aber bevor ich antworten kann, feuert er schon sein Urteil ab.

»Das ist absolut unprofessionell. Ich überarbeite das mal.«

Und dann will er mich dazu bringen, seinen Bekannten zu

kontaktieren, der für eine Unternehmensgründung »horrende Zuschüsse« erhalten hat. Ich bin in der Zwickmühle. Einerseits schätze ich die Expertise meines Vaters und ich wäre dumm, sie aus kindlichem Trotz nicht zu nutzen. Andererseits will ich mir nichts mehr sagen lassen (müssen) und dem Sozialstaat »horrende« Gelder abknöpfen, das will ich auch nicht – meiner Meinung nach ist der Gründungszuschuss ohnehin großzügig. Wir einigen uns schließlich darauf, dass er den Businessplan auf Vordermann bringt und mir hilft, realistisch einzuschätzen, wie viel ich damit verdienen könnte. Den Bekannten-Kontakt kann ich mit dem Argument wenigstens auf später verschieben, dass ich mir ja noch gar nicht sicher sei, ob ich mich wirklich selbstständig machen möchte.

Schwierig ist auch der Besuch bei meiner Mutter. Ich war nicht umhingekommen, ihr vor ein paar Wochen am Telefon von der Kündigung zu erzählen. Den Entschluss dazu traf ich, weil ich anfing mich zu verplappern und irgendwelche Treffen zu einer Zeit plante, die nach meiner Elternzeit lag.

»Weißt du jetzt schon, wann du wieder anfängst?«, fragte sie mich daraufhin hellsichtig.

»Ähm, ich habe noch etwas Zeit«, versuchte ich mich vage herausreden.

»Haben sie dir nichts angeboten?«, hakte sie nach. Warum können Mütter so hartnäckig sein?

Bei diesem Gespräch redete ich mich ein weiteres Mal mit meinem Elternzeit-Zustand heraus. Beim nächsten schenkte ich ihr dann reinen Wein ein. Seither arbeitet es in ihr.

Als wir uns jetzt wiedersehen, kommt daher das Gespräch unweigerlich auf meine berufliche Situation. Natürlich ist es gegenüber dem, was gerade meinem Bruder widerfährt, völlig unwichtig. Aber es hält sie, genauso wie meinen Vater, nicht davon ab, sich auch Sorgen um mich zu machen.

»Hast du dich schon beworben?«, fragt sie mich. »Ich habe eine interessante Stellenanzeige in der Zeitung gelesen. Da kann man im Internet mehr erfahren«, sagt sie und hält mir einen Zeitungsschnipsel unter die Nase.

»Mhm«, antworte ich einsilbig und denke: »Na super, meine Mama, die von meinem Job im Grunde keine Ahnung hat und noch nie im Internet war, gibt mir Stellen- und Bewerbungstipps.«

»Ja, ja, die habe ich auch gesehen. Keine Sorge. Ich bin dran. Ich habe doch tolle Referenzen«, versuche ich sie zu beruhigen.

»Ein Personalmensch wundert sich bestimmt, was du die ganze Zeit gemacht hast. Die wissen doch gar nicht, dass Kinder viel Arbeit bedeuten.«

Danke, Mama, sehr aufbauend. Aber es kommt noch schlimmer.

»Mit 45 ist Schluss! In dem Alter stellt einen keiner mehr neu ein«, mahnt sie.

Mit 45 … Also, wenn ich bis dahin kein Geld verdiene, habe ich echt ein Problem. »Mama, von 45 bin ich Jahre entfernt!«, rufe ich entrüstet und schnappe mir den Kleinen zum Wickeln, um dieses schreckliche Gespräch endlich zu beenden.

Als ich mich schließlich verabschiede, drückt sie mir einen Packen Geldscheine in die Hand. Ich will abwehren. Aber sie sagt: »Du weißt doch auch nicht, was jetzt kommt …«

»Ach Mama«, protestiere ich. »Ich habe dir doch erzählt, ich mache mich selbstständig, falls es mit der Jobsuche nicht klappt.« Aber sie will das Geld partout nicht zurücknehmen. Am Ende stecke ich es ein. Jetzt bin ich also schon so weit, wieder Taschengeld annehmen zu müssen. Super. Danach gibt sie mir noch einen zweiten Packen Geld. Den soll ich meinem Bruder mitbringen, weil sie ihn selbst nicht mehr sieht, bevor er am nächsten Tag erneut in die Klinik geht.

Am nächsten Morgen bringt mein Vater meinen Bruder ins Krankenhaus. Ich habe mich nicht getraut, ihn noch einmal auf die anstehende Operation und seine Entscheidung anzusprechen. Er wirkt abwesend und ich spüre, dass er jetzt alle Kraft braucht, sich zusammenzureißen, das durchzuziehen. Ich gehe mit dem Kleinen zum Bahnhof, um nach Hause zu fahren. Ich bin völlig geschafft, am Rand der Überforderung. Meine eigenen Jobsorgen sind in den Hintergrund gerückt, ich bin ratlos, was ich für meinen Bruder tun kann, und gestresst, wenn ich an meine Eltern denke. Am liebsten würde ich gar nichts machen, mich der Schwäche, die mich überkommt, hingeben und nur vor mich hinstieren, aber der Kleine verlangt meine Aufmerksamkeit.

Die persönliche Meldung

Gleich am nächsten Tag fahre ich zur Arbeitsagentur. Eigentlich wollte ich diesen Termin schon vor ein paar Tagen erledigen, aber ich habe den Plan aufgrund des Besuchs zu Hause verschoben. Heute morgen habe ich kurz überlegt, zu Hause zu bleiben, bis die Operation überstanden ist, mich jedoch dagegen entschieden, da ich nur tatenlos hätte warten können.

Jetzt, wo sich die Arbeitslosigkeit drohend nähert und ich in weniger als drei Monaten ohne Job dastehen werde, muss ich mich noch einmal persönlich arbeitslos melden. Ich war zwar bereits vor Monaten persönlich da, damals beim Termin mit Frau Mayer, aber das gilt nicht. Im »Merkblatt für Arbeitslose«, das tatsächlich – wie Luc kürzlich erwähnte – 79 Seiten dick ist, steht: »Ihre persönliche Arbeitslosmeldung ist eine unverzichtbare Anspruchsvoraussetzung zum Bezug von Arbeitslosengeld!« Eine Erklärung dafür, warum ich mich nicht auch vier, fünf oder sechs Monate vorher »persönlich« melden kann, finde ich nicht.

Ich stehe also um sechs Uhr morgens auf, damit ich gleich um acht in der Agentur bin. Um diese Zeit sei am wenigsten los, sagte mir damals Frau Mayer. Jetzt sitzt sie mir wieder im Ohr als personalisiertes Arbeitslosengewissen und übertönt das Weckerklingeln: »Aufstehen, Frau Berger«, ruft sie ärgerlich, weil ich nicht sofort senkrecht im Bett sitze. »Oder schlafen Sie auch gerne lange?«

Beim Frühstück beäugt mich Ella neugierig: »Was hast du denn da für eine komische Hose an?« Ich habe aus reiner Gewohnheit zur schwarzen Tanten-Hose gegriffen, die ich bereits beim ersten Arbeitsagenturtermin getragen habe. Ich fühle mich heute schlecht vorbereitet, weil meine Mappe noch nicht bereitliegt. In aller Eile packe ich alle möglichen Unterlagen zusammen: die Kündigung, die Abwicklungsvereinbarung, Gehaltsabrechnungen.

Was fehlt, ist die Arbeitsbescheinigung, ein Formular, das der Arbeitgeber ausfüllen muss. Sie ist seit dem Termin bei Frau Mayer unerledigt in einem Ordner abgeheftet. Ich hätte sie schon längst an Herrn Roth schicken können, habe auch immer wieder daran gedacht. Aber ich habe es aufgeschoben. Es ist mir unangenehm, Herrn Roth einen Brief schreiben zu müssen. Wie kindisch, vor allem, weil ich nicht darum herumkommen werde. Nun ärgere ich mich, dass ich mich bislang davor gedrückt habe.

Dabei bin ich mir gar nicht sicher, ob die Bescheinigung heute verlangt werden wird. Es war mir nicht möglich herauszufinden, was ich mitbringen soll – außer dem Personalausweis. Im »Merkblatt« steht »Arbeitspapiere« – was auch immer sich die Agentur darunter vorstellt – und den Antragsvordruck solle ich »gut leserlich ausfüllen«. Daraufhin wollte ich mir diesen Vordruck auf der Internetseite arbeitsagentur.de ausdrucken, hatte aber die Rechnung ohne die Behörde gemacht. Denn es gibt im Internet kein entsprechendes Formular: »Den Antrag auf Arbeitslosengeld erhalten Sie bei Ihrer Arbeitsagentur.« Schade, ich hätte ihn gerne ausgefüllt mitgebracht. Das würde mir und der Behörde Zeit sparen.

Heute Morgen überlege ich kurz, ob ich Tino Rindfleisch anrufen soll, um nach den nötigen Unterlagen zu fragen. Tino ist ja der nette Berater von der Arbeitsagentur-Hotline, der mich bei meinem letzten Termin im Arbeitsamt von mehreren Plakaten grüßte. Aber es ist noch zu früh. Die Hotline ist erst ab 8 Uhr zu erreichen.

Also lasse ich meine Mappe wie sie ist, schnappe mir meinen schwarzen Mantel und mache mich wie ein schwarzer Trauervogel auf den Weg. Es regnet wieder. Die Vorstellung gefällt mir, dass es jedes Mal regnet, wenn ich zum Arbeitsamt muss. Dabei mag ich Regen. Das Arbeitsamt mag ich definitiv nicht. Auf dem Weg dorthin beginne ich wieder Selbstgespräche mit den mir noch unbekannten Mitarbeitern zu führen, die ich jetzt treffen werde. Ich ertappe mich, wie ich mich ständig rechtfertige. Dafür, dass ich erst jetzt komme und nicht bereits am 1. des

Monats da war. (»Frau Mayer hat mir abgeraten, schon am 1. zu kommen. Außerdem ist mein Bruder sehr krank.«) Dafür, dass ich nur Originale dabeihabe und keine Kopien. (»Ich dachte, das sei nur zur Vorlage.«) Dafür, dass ich die Arbeitgeberbescheinigung noch nicht mitgebracht habe. (»Ich dachte, die bräuchten Sie erst am Ende des Beschäftigungsverhältnisses.«) Dafür, dass ich nicht ganz pünktlich um acht da sein werde. (»Ich musste erst einen dringenden Anruf erledigen. Wissen Sie, ich nutze meine Kontakte ...«)

Unterwegs suche ich erfolglos nach einem Kopierladen. Selbst in der Nähe der Arbeitsagentur gibt es keinen. Dafür sehe ich auffällig viele Sonnen- und Nagelstudios, Frisöre, Imbissläden und Kneipen. Um viertel nach acht parke ich vor dem hässlichen Betonklotz ein. Es ist viel los, mehr als beim letzten Mal. »Sehen Sie«, sage ich zu Frau Mayer im Ohr. »Es stimmt gar nicht, dass alle Arbeitslosen gerne lang schlafen.« Am Eingang hängt ein Hinweis auf ein »Sommer-Camp«, dabei ist der Herbst schon da. Innen hat heute ein Früchtestand offen. Ob sich hier ein Arbeitsloser mit dieser Idee selbstständig gemacht hat? Statt stehen zu bleiben und ihn zu fragen, eile ich wie alle anderen stumm durch das Gebäude und stehe schließlich um zwanzig nach acht an dem Empfang, der mich schon letztes Mal an ein Billighotel erinnerte. Eine Dame sitzt hinter einem Computer und blickt mich freundlich an. Tatsächlich, hier ist keine Schlange. Niemand ist da. »Okay«, sage ich zu Frau Mayer im Ohr, »danke für den Tipp.«

Zur lächelnden Empfangsdame sage ich: »Guten Morgen. Ich möchte mich persönlich arbeitslos melden. Telefonisch habe ich das bereits gemacht und bei der Jobberaterin war ich auch.« (»Du rechtfertigst dich schon wieder, du Musterschülerin«, schimpfe ich mich selbst.)

»Zu welchem Termin ist denn die Kündigung?«, will sie wissen, noch bevor ich ihr meinen Personalausweis und den Zettel mit meiner »Kundennummer« überreiche. Dabei tippt sie eifrig auf der Tastatur. Dann fragt sie mich: »Haben Sie früher in Duisburg gelebt?«

Etwas erstaunt schüttele ich den Kopf. Duisburg? Da hat ihr Computer offensichtlich etwas durcheinandergebracht. Sie gibt wieder irgendwelche Dinge ein, dann liest sie mir meine Adresse vor und fragt, ob diese noch aktuell sei. Offensichtlich hat sie mich jetzt in ihrem System entdeckt.

Plötzlich wendet sie sich mir zu. »Darf ich Ihnen noch zwei Fragen stellen?« Die Dame ist freundlich. Sehr freundlich. Sicherlich hat sie früher in der Dienstleistungsbranche gearbeitet. Vielleicht als Stewardess?

»Ja, natürlich.«

»Sind Sie krankgeschrieben?«

Verwundert schüttele ich den Kopf. »Nein.«

»Haben Sie einen Schwerbehindertenausweis?«

Ich glaube, mich verhört zu haben, verneine aber brav. Beide Fragen kommen so unvermittelt völlig seltsam rüber.

»Darf ich Sie dann bitten, Platz zu nehmen? Sie werden aufgerufen.«

Ach so, das war erst der Anfang. »Was passiert jetzt wohl noch?«, frage ich mich und verlasse den Empfang. Als ich mich umdrehe, sehe ich hinter mir eine Schlange. Fünf Leidensgenossen haben sich in der kurzen Zeit hinter mir angestellt. Wäre ich Frau Mayer, würde ich schlussfolgern, dass Arbeitslose gerne gegen halb neun anfangen zu arbeiten.

Ich gehe auf den großen leeren Stuhlkreis zu, unentschlossen, wo ich mich hinsetzen soll. An die Wand werden von einem Diaprojektor Stellenanzeigen geworfen. Ich komme gerade dazu, zwei Ausschreibungen zu lesen – für eine Sekretärin und einen Filialleiter. Bei Interesse soll man sich »sofort« beim zuständigen Berater melden. Dann höre ich schon eine Stimme schwach aber bestimmt »Frau Berger!« rufen.

Ich blicke mich suchend um und entdecke in der Tür eines angrenzenden Zimmers eine kleine Person in Wartestellung. Hastig raffe ich meine Sachen zusammen und eile auf sie zu.

»Das ging ja schnell«, sage ich ehrlich begeistert.

»Jaaa«, antwortet sie achselzuckend und führt mich durch ein Großraumbüro, in dem drei Arbeitsplätze durch Stellwände voneinander abgetrennt sind. Der Schreibtisch nebenan ist verwaist. Eine vollgeräumte Umzugskiste steht daneben.

»Bitte nehmen Sie doch Platz«, fordert sie mich wie eine Gastgeberin auf.

Da sitze ich also wieder und schaue mich um, während sie die immergleiche Frage stellt: »Zu welchem Termin wurde Ihnen denn gekündigt?« Das habe ich in meinen monatelangen Kontakten mit der Arbeitsagentur insgesamt sechs Mal beantwortet. Drei Mal am Telefon, dann bei Frau Mayer, dann vorhin am Empfang und jetzt. Ich verstehe nicht, warum das Kündigungsdatum nicht bereits in meinem Stammdatensatz, der bei meinem zweiten Telefonat mit der Agentur angelegt wurde, vermerkt ist.

Auch die Sachbearbeiterin tippt fleißig in ihren Computer. Ich wundere mich, was sie da eigentlich tippt. Gibt es womöglich gar keinen Datensatz, auf den alle Mitarbeiter zugreifen können? Muss jeder meine Angaben von Neuem eingeben? Oder schicken sie sich nur interne Nachrichten? »Liebe Frau Mayer«, schreibt meine Sachbearbeiterin vielleicht. »Hier bei mir sitzt jetzt also Frau Berger. Haben Sie ihr geraten, nicht am 1. zu kommen? Sie macht einen ganz guten Eindruck, ist schon um kurz vor halb neun bei mir. Mal sehen, ob sie sich als gute Arbeitslose erweist. Mit freundlichen Grüßen …«

Aus reiner Langeweile blättere ich in den Broschüren, die ausgebreitet vor mir liegen. »Nehmen Sie nur mit, was Sie brauchen«, sagt sie gönnerisch, ohne ihr Tippen zu unterbrechen. Aber ich habe bereits etwas viel Interessanteres entdeckt: Ich kann das Gespräch zwei Schreibtische weiter mithören:

»Und Sie möchten wieder als Physikerin arbeiten?«, höre ich eine Frau fragen.

»Ja, oder etwas in Richtung Wirtschaft«, antwortet eine junge Stimme.

»Ah ja.«

»Wie funktioniert das jetzt? Sucht das Arbeitsamt für mich Stellen?«

»Ach, du Ahnungslose«, denke ich und überlege, ob ich sie

nachher zu einem Kaffee treffen soll, um ihr zu erzählen, wie das hier läuft. Aber da werde ich in meinem Lauschangriff unterbrochen: »Haben Sie die Kündigung dabei?«, fragt meine Sachbearbeiterin.

»Ja, ich habe alle relevanten Unterlagen hier«, antworte ich geschäftig und überreiche die Kündigung und den Bescheid vom Gewerbeaufsichtsamt, das damals leider die Kündigung meines Arbeitgebers genehmigt hatte. »Zur Vorlage bei der Arbeitsagentur« steht darauf. Meine Sachbearbeiterin gibt ihn mir aber prompt wieder zurück. »Das brauchen wir nicht.«

»Ich dachte, das sei wichtig, um zu dokumentieren, dass ich widersprochen habe«, hake ich nach. So schnell lasse ich mich mit dem Bescheid nicht abwimmeln.

»Wie? Wo haben Sie widersprochen?«, fragt sie mich völlig planlos.

»Na, der Kündigung!«

»Der Kündigung?!«, wiederholt sie verwirrt. So etwas hat sie offenbar noch nie gehört. Dass jemand einer Kündigung widerspricht. »Nein, das brauchen wir nicht«, beschließt sie und wendet sich wieder ihrem Computer zu.

Unzufrieden packe ich den Bescheid wieder ein. Ich halte sie ab sofort für ahnungslos und begriffsstutzig, lächle aber weiterhin bemüht freundlich. Plötzlich merke ich, dass meine linke Schulter schmerzt. Wieso denn das jetzt auf einmal? Heute Morgen bin ich gesund aufgewacht und im Arbeitsamt tut plötzlich etwas weh. Ich beschließe, dass hier irgendetwas Psychosomatisches vorliegen muss und bemühe mich, den Schmerz zu verdrängen. Um mich abzulenken, beäuge ich ihren Schreibtisch. Es ist schon erstaunlich, wie erdrückend und muffig die Atmosphäre in diesem Gebäude und diesen Büros ist. Der braune Teppich, die graue Wand, die dicken dunklen Türen – sicherlich bekamen die Architekten als Vorgabe: »Machen Sie es bitte so hässlich wie möglich, damit die Arbeitslosen nicht auf die Idee kommen, sich wohlzufühlen.« Ihren Schreibtisch umgeben ein paar dickblättrige Pflanzen, auf denen sie kleine schwarze Silvester-Schornsteinfeger platziert hat. Auch am

Fensterbrett entdecke ich Schornsteinfeger. Sie scheint gerne ins neue Jahr zu feiern. Das macht sie mir wieder sympathisch. Direkt vor mir erinnert mich ein Blumentopf mit englischem Rosenmuster an Frau Mayer.

»So!«, ruft da meine Sachbearbeiterin und rollt mit ihrem Stuhl in meine Richtung. Sie hat einen dicken Packen Formulare und Zettel in der Hand, obenauf liegt das »Merkblatt für Arbeitslose«.

»Das habe ich schon«, stelle ich fest.

»Sehr gut«, lobt sie mich. Das gefällt ihr offenbar. Dann erklärt sie mir, was ich alles ausfüllen (lassen) muss. Sobald alle neuen Unterlagen beisammen sind, soll ich bei der Service-Hotline anrufen und einen neuen Termin ausmachen. Ich verabschiede mich und noch während ich meinen Mantel anziehe, tippt sie schon wieder in ihren PC. Was gibt sie da nur die ganze Zeit ein? Vielleicht schreibt sie eine Mail an Tino Rindfleisch? »Lieber Tino Rindfleisch, ich habe hier Frau Berger. Sie wird sich die nächsten Tage bei Ihnen melden, um einen neuen Termin zu vereinbaren. Mal sehen, wie lange sie dafür braucht. Mit freundlichen Grüßen ...«

Ich bin erleichtert, so schnell wieder gehen zu können. Das Ganze hat vielleicht insgesamt eine Viertelstunde gedauert. Aber es ärgert mich, dass ich noch einmal antanzen soll. Schon das heutige Vorsprechen war völlig unnötig. Warum habe ich nicht gleich alle nötigen Formulare zusammen mit dem Arbeitspaket erhalten? Warum ist es nicht möglich, sich schon früher als drei Monate vor Jobende persönlich zu melden? Dann hätte ich alles zeitgleich mit dem Besuch bei Frau Mayer erledigen können, das Arbeitsamt und ich hätten so weniger zu tun gehabt. Mir fallen als Gründe nur ein: Die Arbeitsämter wollen den Arbeitslosenstrom kanalisieren (fragt sich nur, wohin). Oder: Die gesetzlichen Vorgaben sind zu starr. Oder: Arbeitslose haben doch Zeit. Oder: Man will uns unter Kontrolle halten.

Ich eile hastig durch die dunklen Flure Richtung Ausgang. Wieder grüßt niemand, dem ich begegne. Aber heute habe ich auch keine Lust, den Anfang zu machen. Wenn das hier so Usus ist, bitte. Auf einmal fällt mir ein Plakat auf, das alle paar Meter aufgehängt ist. »Was Sie von Ihrem Jobberater erwarten können« steht darüber. Interessiert bleibe ich vor dem Plakat stehen. »Aha!«, sage ich leise zu Frau Mayer im Ohr. »Das ist doch interessant. Mal sehen, ob Sie diese Anforderungen erfüllt haben. Am besten, wir gehen die Punkte nacheinander durch.«

»Punkt eins«, lese ich. »Kompetente Beratung in Fragen des Arbeitsmarktes.«

Ich schüttele tadelnd den Kopf. »Frau Mayer, da haben Sie wohl gepatzt. An eine Beratung kann ich mich nicht erinnern.«

Bei Punkt zwei steht: »Eine ausführliche Standortbestimmung: Wo kommen Sie beruflich her? Wo wollen Sie beruflich hin?«

Wieder kann ich nur den Kopf schütteln. »Das klingt spannend«, sage ich zu Frau Mayer im Ohr. »Aber darüber haben wir beide gar nicht gesprochen.«

So geht es Punkt für Punkt weiter. In meinem »Beratungsgespräch« waren all die schönen Inhalte, die das Plakat verkündet, kein Thema. Weder die Herausarbeitung »Ihrer Stärken und Potenziale«, noch »Angebote von Maßnahmen zur Steigerung Ihrer Integrationsfähigkeit« und schon gar nicht »passgenaue Vermittlungsvorschläge« oder »Kontaktaufnahme bei Eingang eines relevanten Stellenangebots«.

Nur beim Punkt »Transparenz über Ihre Chancen auf dem Arbeitsmarkt« hat Frau Mayer nicht gepatzt. Loben kann ich sie dafür nicht, im Gegenteil. »In diesem Punkt waren Sie konkret: keine Chancen mit Kindern. Das gaben Sie mir deutlich zu verstehen«, zische ich ihr zu, noch immer getroffen.

So eine Abrechnung tut gut. Ich horche. Aber Frau Mayer im Ohr ist verstummt. Vielleicht schämt sie sich nach dieser schonungslosen Bewertung ihrer Dienste. Oder sie bereitet heimlich ihren nächsten Angriff vor.

Egal, jetzt nur raus hier. Im Vorbeigehen sehe ich aus den Augenwinkeln einen Wegweiser zum »Psychologischen Dienst«.

Was sie dort wohl zu der Stimme von Frau Mayer in meinem Ohr sagen würden oder zu den Schulterschmerzen?

Auf dem Heimweg fällt mir wieder das seltsame Lädenpotpourri auf, das den Weg von und zur Arbeitsagentur säumt. Es gibt hier offensichtlich einen Bedarf nach diesen Geschäften. Gehen wir Arbeitslose nach einem Behördenbesuch vielleicht gerne ins Sonnenstudio und zum Frisör, um uns etwas Gutes zu tun? Und danach in die Kneipe, um Frau Mayer im Ohr zum Schweigen zu bringen?

Ich kehre jedenfalls nicht ein, sondern fahre nach Hause und formuliere unterwegs im Kopf einen Brief an Herrn Roth. Ich überlege, ob ich etwas Persönliches schreiben soll, immerhin waren wir viele Jahre lang ein gut eingespieltes Mitarbeiter-Personalreferent-Pärchen.

»Wie geht es Ihnen, Herr Roth?«, könnte ich aus echtem Interesse schreiben. Ich überlege wirklich, wie es jemandem geht, der – zumindest in den Monaten der Krise – hauptberuflich kündigt. Oder ich schreibe vertraulich: »Dieses Jahr ist hart für mich. Mein Bruder wurde unerwartet schwer krank. Er wird heute zum zweiten Mal operiert. Das schmerzt noch mehr als die Kündigung. Verstehen Sie das?« Oder ich schreibe einfach: »Schade, dass ich Ihnen nur die Arbeitsbescheinigung schicken darf, viel lieber würde ich arbeiten.«

Auf dem Nachhauseweg klingelt das Handy. Mein Vater ist dran.

»Er hat die Operation gut überstanden. Aber ruf heute nicht an. Er braucht Ruhe.«

Das Merkblatt

Am nächsten Tag packe ich die Antragsformulare für das Arbeitslosengeld aus. Obenauf liegt ein pinkfarbener Notizzettel mit freigelassenen Feldern zum Ausfüllen: Termin im Antragsservice um _____ Uhr. Bearbeitungsplatz _____. Ich ziehe den Hut vor so viel Fürsorglichkeit. Allerdings wäre es mir sicher gelungen, selbst einen Zettel entsprechend zu beschriften. Diesen Servicecharakter würde ich mir lieber für die Formulare wünschen. Aber hier geht es knallhart zur Sache. Für Service und Freundlichkeit ist da keine Zeit.

Die ersten Kästchen sind einfach: Bankverbindung, Familienstand. Interessant wird es bei Punkt 2a, der lautet: »Ich werde alle Möglichkeiten nutzen, um meine Beschäftigungslosigkeit zu beenden.« Hier kann ich »Ja« und »Nein« ankreuzen. Ich halte das »Ja« für selbstverständlich. Potenzielle Neinsager werden auf das »Merkblatt für Arbeitslose« verwiesen. Hier erfahren sie in Kapitel 2.4. in mehreren Abschnitten: »Ein Anspruch auf Arbeitslosengeld setzt voraus, dass Sie alle Möglichkeiten zur beruflichen Eingliederung nutzen.« Damit keine Missverständnisse aufkommen, wird erklärt, was unter »alle Möglichkeiten« zu verstehen ist: »Eigenbemühungen können zum Beispiel sein … schriftliche Bewerbungen, die Auswertungen von Stellenanzeigen.« Und damit es wirklich jeder kapiert, heißt es schließlich explizit: »Wollen Sie keine Eigenbemühungen unternehmen, haben Sie keinen Leistungsanspruch.«

So geht es von Punkt zu Punkt weiter. Wer jemals die Vorstellung hatte, mithilfe des Arbeitslosengeldes ein lange ersehntes Sabbatical, eine berufliche Auszeit, einzulegen, wird hier eines Besseren belehrt. Zu fast jedem Punkt gibt es seitenlange Erklärungen im Merkblatt. Punkt 2e lautet: »Ich kann bestimmte Beschäftigungen nicht mehr ausüben oder muss mich zeitlich einschränken.« Ja oder Nein? Was das bedeutet, erfahre ich im Merkblatt: »Sie müssen persönlich für Ihre Agentur für Arbeit an jedem Werktag unter der von Ihnen benannten Anschrift erreichbar sein.« Will ich verreisen, und sei es ein Tag, muss ich spätestens eine Woche vorher die Genehmigung von der Agentur einholen. »Sie wird Sie informieren, unter welchen Bedingungen ein leistungsunschädlicher Aufenthalt möglich ist.« Werde ich krank, muss ich »unverzüglich« dem Arbeitsamt Bescheid sagen und ein Attest abgeben. Wird eines meiner Kinder krank, kommt eine Leistungsfortzahlung immerhin »in Betracht«.

Außerdem erfahre ich, dass ich verpflichtet bin, jede zumutbare Beschäftigung anzunehmen. »Zumutbar« sind für das Arbeitsamt unter anderem: ein Gehalt, das bis zu 30 Prozent niedriger als Tarif liegt, und ein Job, der nicht unbedingt der Ausbildung oder bisherigen beruflichen Tätigkeit entspricht.

Eine weitere Voraussetzung dafür, überhaupt Arbeitslosengeld zu bekommen, ist die »Anwartschaftszeit«. Diese grässliche Wortschöpfung steht für die Monate, die ich in die Arbeitslosenversicherung eingezahlt habe. Nur wer in den vergangenen beiden Jahren mindestens zwölf Monate sozialversicherungspflichtig beschäftigt war, hat Chancen aufs Arbeitslosengeld. Allerdings werden auch Zeiten wie Wehr- oder Zivildienst, Mutterschutz und Elternzeit berücksichtigt.

Heikel könnte für mich Punkt 3e werden. »Ich erhalte noch Zahlungen von ehemaligen Arbeitgebern für Zeiten nach meinem Ausscheiden.« Darunter fällt auch meine Abfindung. Herr Roth sicherte mir damals in unserem Gespräch zu, dass die Abfindung nicht aufs Arbeitslosengeld angerechnet wird. Doch im Merkblatt steht: »Auch wenn Sie eine Entlassungsentschädigung erhalten, ruht Ihr Leistungsanspruch für eine bestimmte Zeit, wenn Sie unkündbar waren oder die Kündigungsfrist nicht eingehalten worden ist. Einzelheiten hierzu enthält das Merkblatt 17.«

Eigentlich müsste ich auf der sicheren Seite sein: Ich war nicht unkündbar – sonst hätte das Gewerbeaufsichtsamt nicht zugestimmt – und die Kündigungsfrist wurde eingehalten. Vorsichtshalber suche ich im Internet dennoch nach Merkblatt 17 und lese: »Die Berücksichtigung von Entlassungsentschädigungen ist in § 143a Drittes Buch Sozialgesetzbuch geregelt.« Ich kaue mich durch § 143a und verstehe immerhin, dass man nur dann Probleme bekommt, wenn die Kündigungsfrist nicht eingehalten wurde.

Hoffentlich geht das glatt. Ich brauche die Abfindung, falls ich tatsächlich arbeitslos werden sollte. Das Arbeitslosengeld beträgt mit Kindern 67 Prozent des Nettoeinkommens, für Singles nur 60 Prozent. Das reicht uns nicht. Aber auch falls ich mich selbstständig mache, bin ich auf die kleine Reserve angewiesen. Zugleich habe ich das Gefühl, mich rechtfertigen zu müssen. Ich weiß sehr wohl, dass es Menschen gibt, die es schlechter getroffen haben als ich. Die gesetzliche Kündigungsfrist beträgt vier Wochen und nicht sechs Monate, wie bei mir. Ich bekomme nicht nur eine Abfindung, sondern ein paar Wochen lang auch noch mein altes Gehalt. Mein mögliches Absinken in die Arbeitslosigkeit ist abgefedert. Was soll dagegen jemand machen, der vielleicht noch nicht einmal lange genug in die Arbeitslosenversicherung eingezahlt hat, um überhaupt Arbeitslosengeld zu bekommen? Er schlittert in die Katastrophe.

»Julia, das hilft doch nichts, wenn du dich jetzt mit Menschen vergleichst, denen es schlechter geht«, sage ich zu mir. »Du musst selbst sehen, wo du bleibst!« Ich habe das Gefühl, meine Familie und alles, was ich bisher erreicht habe, verteidigen zu müssen. Auf einmal habe ich Gegner, die Arbeitsagentur mit ihren Paragrafen, Beamte, die meine Kündigung durchwinken, Unternehmen, die nur »Junior-Positionen« besetzen. Ich bin unversehens in einen Kampf um unsere Existenz geraten.

Immerhin geht es meinem Bruder einigermaßen. Er liegt mit Schmerzmitteln vollgepumpt im Krankenhaus, klingt aber ganz gut. Ich nehme an, er ist einfach erleichtert, es hinter sich zu haben. Ich auch.

Abends klingelt es an der Tür. Ein fremder schmächtiger Herr steht mir gegenüber, fein gekleidet. Ich habe gerade den Kleinen auf dem Arm und die Milchflasche in der Hand und starre ihn wohl etwas verwundert an. »Ist das jetzt ein Hausbesuch von der Arbeitsagentur?«, schießt es mir durch den Kopf.

»Guten Tag, ich komme von Ihrem Telefondienstleister. Wir haben da jetzt ganz neue Tarife …«

Jetzt stellt sich Johannes dazu. Er hat sich wohl gefragt, was an der Tür passiert. Nun starren wir den Mann zu dritt an. Er wirkt nett, trotzdem überlege ich, ob das hier der »Ich-bin-angeblich-von-den-Stadtwerken-will-aber-nur-Ihre-Handtasche-rauben«-Trick ist. Irgendwie schaffen wir es endlich, ihn abzuwimmeln, ohne allzu unhöflich zu sein.

»Der hat mir jetzt richtig leid getan«, sage ich zu Johannes. »Was für ein schrecklicher Job, die Leute daheim mit irgendwelchem Tarifgedöns zu belästigen.«

»Das sind die Jobs, die das Arbeitsamt vergibt«, meint mein Mann.

Na, ob er damit recht hat?, zweifle ich. Aber ich erschrecke doch. Oh Gott, könnte es je so weit kommen, dass ich so einen Hausiererjob annehmen muss?

Mit der Hartz-IV-Reform wurden auch die Regeln verschärft, welche Jobs Arbeitslosen »zumutbar« sind. In seiner Regierungserklärung am 14. März 2003 zur »Agenda 2010« kündigte der damalige Bundeskanzler Schröder an: »Niemandem aber wird künftig gestattet sein, sich zu Lasten der Gemeinschaft zurückzulehnen. Wer zumutbare Arbeit ablehnt – wir werden die Zumutbarkeitskriterien verändern –, der wird mit Sanktionen rechnen müssen.«

Das trifft auch Arbeitslose, die gerade erst ihren Job verloren haben, wie ich ja aus dem Merkblatt weiß. Wer eine – nach Ansicht der Arbeitsagentur – »zumutbare« Arbeit ablehnt, muss mit Sperrzeiten rechnen: Als Strafe wird das Arbeitslosengeld bis zu 12 Wochen lang nicht gezahlt. Das ist noch nicht alles. Wer der Arbeitsagentur mehrmals Anlass zu Ärger gibt und deswegen auch mehrmals »bestraft« wird, muss mit dem kompletten Verlust des Arbeitslosengelds rechnen. »Bitte bedenken Sie«, steht fett gedruckt im Merkblatt, »Ihr gesamter Leistungsanspruch erlischt, wenn Sie Anlass zum Eintritt von Sperrzeiten mit einer Gesamtdauer von 21 Wochen oder mehr geben (z.B. zwei Sperrzeiten von je 12 Wochen Dauer). Auf den Grund für die einzelnen Sperrzeiten kommt es dabei nicht an.«

Noch schärfer sind die Regeln für Arbeitslose, die das Arbeitslosengeld II, also Hartz IV, beziehen. Für sie gibt es ein 72-Seiten-dickes »Merkblatt«. Hier heißt es dann auf Seite 18: »Als Empfänger von Leistungen der Grundsicherung für Arbeitssuchende sind Sie verpflichtet, jede Arbeit anzunehmen, zu der Sie geistig, seelisch und körperlich in der Lage sind.«

Was passiert, wenn ein Hartz-IV-Empfänger eine »zumutbare« Arbeit ablehnt, steht im Kapitel 15 unter der Überschrift »Sanktionen«: »Das Gesetz sieht bei pflichtwidrigem Verhalten unterschiedliche Folgen (Sanktionen) vor. Die Leistung kann danach vermindert werden oder ganz entfallen.« In einem »ersten Schritt« wird das Arbeitslosengeld um 30 Prozent gekürzt. Bei »wiederholten Pflichtverletzungen« wird das Geld erst um 60 Prozent gekürzt, bei weiterer Pflichtverletzung entfällt das Geld »vollständig«. Diese Sanktionen gelten immer für einen Zeitraum von drei Monaten – »auch wenn das Verhalten, mit dem eine Pflicht verletzt wurde, nicht so lange andauert«.

Arbeitsmarktexperten zufolge sind diese Zumutbarkeitsregeln dafür verantwortlich, dass in den vergangenen Jahren in Deutschland ein Niedriglohnsektor mit Armutsjobs entstanden ist. Die Grenze zum Niedriglohn liegt bei zwei Dritteln des Durchschnittseinkommens, das entspricht in Westdeutschland knapp zehn Euro die Stunde. Die durchschnittlich gezahlten Niedriglöhne sind aber deutlich niedriger, in Westdeutschland sind es nur etwa sieben Euro. Wer für so wenig Geld arbeitet, verdient nicht genug, um zu überleben. Um über die Runden zu kommen, müssen die Niedriglohnbezieher zusätzlich Hartz IV beantragen. Nach einem Bericht des Deutschen Gewerkschaftsbunds werden Ende 2009 mehr als 1,3 Millionen Erwerbstätige ergänzend Hartz IV erhalten – das sind 40 Prozent mehr als im Jahr 2005. Nach DGB-Berechnungen summiert sich das für den Staat auf Kosten von vier Milliarden Euro jährlich. Genau genommen subventioniert er damit den Niedriglohnsektor.

Später am Abend hindert mich der kleine feine Herr am Einschlafen. Mir fallen lauter Jobs ein, die mir die Arbeitsagentur vermitteln könnte. Ich stehe wieder auf und laufe im Pyjama ins Wohnzimmer zu Johannes, der lesend auf der Couch sitzt.

»Das Schrecklichste wäre für mich, wenn ich wieder kellnern müsste. Bitte, ich will nie wieder im Café bedienen müssen«, sage ich unvermittelt völlig verzweifelt zu meinem Mann.

Er sieht von seinem Buch auf und mich über seine Lesebrille hinweg an. »Das muss du nicht. Das verspreche ich dir. Eher gehe ich auf den Bau.«

Freigestellt

Meine Elternzeit ist vorbei. Von heute an wollte ich eigentlich wieder ins Büro gehen, doch ich bin ja jetzt freigestellt. Ab sofort werde ich von meinem Arbeitgeber bis zum Ende meiner Kündigungsfrist fürs Nichtstun bezahlt.

Das ist weniger angenehm, als es klingt. Es setzt mich unter Zeitdruck. Die Monate vergehen so schnell, sie rasen geradezu auf die Arbeitslosigkeit zu. Das macht mich nervös, alles flattert in mir.

Heute nicht in die Exarbeit fahren zu dürfen, macht mich auch melancholisch. Ich hole meine Abwicklungsvereinbarung hervor, sie ist ja so etwas wie der Abschiedsbrief meines Arbeitgebers, um sie ein letztes Mal zu lesen. Ich erschrecke über die Formulierung, dass ich »unwiderruflich« freigestellt bin. Es macht deutlich: Es gibt keinen Weg zurück.

Gestern rief mich eine Kollegin an.

»Und? Kommst du wieder?«, fragte sie mich.

Ich wunderte mich über ihre Frage. »Nein, mir wurde doch gekündigt«, antwortete ich, obwohl sie das doch bereits seit Langem weiß. Es stellte sich dann heraus, dass die Gerüchteküche brodelte. Eine Position, die ich früher einmal innehatte, ist frei geworden und irgendwer fing wohl an zu mutmaßen, ich würde einspringen.

»Nein, ich weiß davon nichts. Bei mir hat sich keiner gemeldet«, antwortete ich nüchtern. Ich fühlte in dem Moment keine Enttäuschung, dafür kam die Neuigkeit zu plötzlich. Doch seither wirbeln Erinnerungsfetzen an vergangene Bürotage durch meinen Kopf. Es scheint mir so lange her, als würde ich Super-8-Filme anschauen.

Was mich noch immer erschreckt, ist, wie schnell man draußen und vergessen ist. Dieses ungläubige Staunen kommt wieder und wieder hoch. Selbst wenn die Kündigung aus Unternehmenssicht aus »betrieblichen Gründen« notwendig war – gab es denn wirklich gar keine Möglichkeit, mich zu halten? Überhaupt keine? Ich kann das einfach nicht glauben. Eine Bekannte schüttelte entsetzt den Kopf, als sie von meiner Kündigung hörte: »Einfach gekündigt? Obwohl du so viele Überstunden gemacht hast?«

»Das hat damit gar nichts zu tun«, erklärte ich achselzuckend, um meine Verletzung zu überspielen. Denn ich denke in manchen Momenten genauso: Du hast dich so sehr eingesetzt, hast sogar auf Urlaube verzichtet und wenn es drauf ankommt, zählt das alles nichts. Im Nachhinein müsste ich mir sagen: »Schön dämlich warst du!« Andererseits – ich habe einfach gearbeitet, so gut ich konnte. Es ist Unsinn, das im Nachhinein aufrechnen zu wollen.

»Schluss mit der Trauerarbeit! Das Kapitel ist beendet. Unwiderruflich«, sage ich mir und stelle den Ordner mit Kündigung und Abwicklungsvereinbarung wieder ins Regal zurück. Plötzlich sehe ich meinen Bruder vor mir, wie er mit seiner riesigen Operationsnarbe auf dem Sofa liegt. »Stell dich nicht so an«, schimpfe ich mit mir. »Das war nur ein Job.«

Später telefoniere ich mit meinem Vater. Offenbar ist es mir nicht gelungen, so schnell mit meiner Entlassung abzuschließen. Denn auf einmal sage ich – im verzweifelten Versuch, ihr etwas Positives abzugewinnen: »Die Kündigung hat auch etwas Gutes. Wenn ich den Job nicht verloren hätte, wäre es mir nicht möglich gewesen, so oft zu kommen und zu helfen.«

»Das sehe ich etwas differenzierter«, antwortet mein Vater ernst. Ich kann ihn ja verstehen und kann doch auch nichts dafür, dass er auf einmal zwei erwachsene Problemkinder hat. Immerhin steht er meiner Selbstständigkeit nicht so skeptisch gegenüber wie meine Mutter. Dabei hätte er Grund dazu. Sein bester Freund ist Freiberufler und arbeitet – trotz Rentenalters – noch immer. Er ist in die typische Selbstständigenfalle getappt: Ihm fehlt die Altersvorsorge. Zwar hatte er fürs Alter gespart, doch musste er schon vor Längerem an das Geld ran, als die Auftragslage so schlecht war, dass nicht genug zum Leben hereinkam.

Selbstständige haben keine soziale Absicherung. Sie haben keine Kündigungsfrist und keinen Anspruch auf Arbeitslosengeld. Ich kenne Selbstständige, die nicht einmal krankenversichert sind, um die Beiträge zu sparen. Wer es nicht schafft, selbst aus seinen Einnahmen für das Alter vorzusorgen, schlittert in die Altersarmut. Das trifft auf mehr als ein Zehntel aller Selbstständigen zu, hat das Mannheimer Forschungsinstitut Ökonomie und Demographischer Wandel berechnet. Viele von ihnen sind sogenannte Solo-Selbstständige, das sind Selbstständige, die keine Mitarbeiter haben – so wie der Freund meines Vaters und so wie es bei mir der Fall wäre.

Mit der Post kommt ein großes Kuvert aus der Exarbeit. Es ist die Arbeitsbescheinigung, um die ich gebeten hatte. Sie liegt formlos im Umschlag, ohne Anschreiben oder kurzen Gruß. Ich bin enttäuscht. Gerade heute könnte ich mindestens eine nette Zeile gut gebrauchen. »Was hast du denn erwartet?«, frage ich mich kopfschüttelnd. »Ein herzzerreißendes Bekenntnis, wie sehr sie dich vermissen?« Mir nur die Formulare zurückzuschicken wirkt seltsam schroff, fast unhöflich. Obwohl ich mir sicher bin, dass weniger böse Absicht als Gedankenlosigkeit dahintersteckt, bin ich geknickt.

Als ich die Bescheinigung zu den anderen Unterlagen lege, die ich für den Antrag auf Arbeitslosengeld brauche, fällt mir auf, dass ein Formular fehlt. Eine weitere Bescheinigung, diesmal von der Krankenkasse. Sofort rufe ich bei der Hotline der Arbeitsagentur an. Die Nummer kenne ich inzwischen auswendig. Wieder begrüßt mich der Telefonroboter, der heute besonders laut und unangenehm scheppernd klingt. Die Stimme der Mitarbeiterin, die sich danach persönlich meldet, ist dagegen eine Wohltat. Sie ist so sanft und klingt so sympathisch und ja, selbstverständlich, schickt sie mir das Formular zu. Als ich daraufhin gleich einen Termin beim Antragsservice ausmachen will, blockt sie aber ab.

»Haben Sie die Arbeitsbescheinigung auch schon?«, fragt sie mich ungläubig. Offenbar ist es völlig normal, Wochen zu brauchen, bis man endlich alle nötigen Formulare für den Antrag organisiert hat.

»Ja«, antworte ich ihr. »Die Bescheinigung habe ich bereits.«

Einen Termin will sie mir trotzdem nicht geben und ich habe nicht die Kraft, darauf zu beharren. Erst wenn meine Krankenkasse das neue Formular ausgefüllt hat, darf ich ihn vereinbaren. Dann soll ich noch einmal anrufen. Langsam frage ich mich, ob die Arbeitsagentur an den Hotline-Anrufen verdient. Wahrscheinlich steht irgendwo im Kleingedruckten des Merkblatts: 21 Cent pro Minute.

Schon ein paar Tage später bin ich wieder unterwegs zu meiner Lieblingsbehörde. Kaum hatte ich das letzte noch fehlende Formular, habe ich sofort einen Termin ergattert. Flott sind sie bei der Agentur. Das hätte ich nicht erwartet. Auf dem Weg dorthin ertappe ich mich wieder bei Selbstgesprächen. Mir fällt ein, dass ich vergessen habe, den Elterngeldbescheid zu kopieren. Ich könnte mich in den Hintern beißen, andererseits sollte es kein Problem sein, ihn nachträglich zu faxen.

Vor der Arbeitsagentur anzukommen, ist nicht mehr ganz so schrecklich wie beim ersten Mal. Es stellt sich ein Gewohnheitseffekt ein. Es fühlt sich so an, als würde ich zu einer ungeliebten Arbeitsstelle fahren. Dieses Mal fällt mir auf, dass man niemandem hier die Arbeitslosigkeit ansieht. Die Menschen um mich herum könnten den unterschiedlichsten Berufen nachgehen. Andererseits: Wie sieht ein typischer Arbeitsloser überhaupt aus? Vielleicht sollte ich Frau Mayer im Ohr fragen.

Erst als ich das hässliche Gebäude betrete, ist mir unangenehm zumute. Es ist so eine seltsame Stimmung hier – auf stille Art geschäftig, unnatürlich ruhig, als hätten alle Tranquilizer geschluckt. In der Toilette treffe ich auf eine Frau mittleren Alters, die sich auf Zehenspitzen stehend eifrig bemüht, ihren Mantel auf dem Händetrockner abzulegen.

»Es sind keine Haken da«, sagt sie entschuldigend, als ich dazukomme. »Der Staat gibt für so viel Geld aus, aber für Haken reicht es nicht.« Sie schüttelt den Kopf und wird geradezu philosophisch. »Das wird so bleiben. Hier ist doch das Motto: ›Da muss man eben den Menschen ändern‹, wenn wir nicht in die Paragrafen passen.«

Ich würde mich gerne mit ihr weiter unterhalten. Sie ist die Erste, die das Schweigen bricht, das uns »Kunden« zu überkommen scheint, sobald wir die Arbeitsagentur betreten. Außerdem bedeutet es für mich eine willkommene Ablenkung, ihre Idee weiterzuspinnen. Vielleicht trägt der Arbeitslose der Zukunft Haken?

Aber ich lasse mir keine Zeit für solche Gedankenspiele, ich eile durch die Behörde, damit ich rechtzeitig das Zimmer für meinen Termin finde. Wie ich schnell merke, war die Hektik völlig unnötig: Eine Viertelstunde zu früh stehe ich vor der gesuchten Tür. Ich klopfe trotzdem und strecke kurz den Kopf in den Raum. Es ist ein Zweierbüro. Eine freundliche junge Frau sagt: »Ich rufe Sie gleich auf.« Sie ist meine dritte Sachbearbeiterin. Die erste, Frau Mayer, war für die Jobberatung zuständig. Die zweite, deren Namen mir nicht mehr einfällt, kümmerte sich um meine »persönliche Arbeitslosenmeldung« und diese nun wird meinen Antrag auf Arbeitslosengeld annehmen.

Aber davor muss ich erst einmal brav meine Viertelstunde auf einem roten Metallsitz im Gang vor ihrer Tür absitzen. Ich starre viel auf den Teppich, der schon morgens um 9 Uhr unglaublich dreckig ist, und von dessen braunem Muster eine fast hypnotisierende Wirkung ausgeht. Zwischendurch läuft ein Mitarbeiter eifrig von Tür zu Tür. Dann öffnet eine junge Mitarbeiterin mit rot geschnürten Lackstiefeln ihre Zimmertür. Sie arbeitet bei Musik und beschallt nun auch den Gang mit Lady Gaga. Der Dresscode hier in der Agentur ist schon seltsam. Alles scheint erlaubt. Alte Sweatshirts, Birkenstock, rote Lackstiefel.

Schließlich werde ich aufgerufen. Ich übergebe meinen Ausweis sowie den dicken Packen mit den Formularen und warte. Und warte. Ich sitze an einem kleinen Katzentisch, leicht schräg zu meiner Sachbearbeiterin und sehe zu, wie sie schweigend die Papiere durchblättert, neu sortiert und manches mit einem roten Edding markiert. Dann beginnt sie, Eingabefenster am Computer auszufüllen. Ich bin gespannt, ob sie etwas zur Abfindung sagt oder zum fehlenden Elterngeldbescheid. Aber nein, kein Ton. Ich fühle mich wie ein Kind, das nachsitzen muss, während die Lehrerin Arbeiten korrigiert. Ein kurzer Small-Talk-Versuch von mir (»Schön, dass hier die Sonne reinscheint«) wird mit einem kurzen Lächeln und Schweigen quittiert. Also halte ich die Klappe. Nach etwa zwanzig Minuten wendet sie sich mir zu.

»Ich habe jetzt alles, was ich brauche. Der Bescheid wird Ihnen dann in zwei bis drei Tagen zugesandt.«

Ich wundere mich zwar, dass sie gar keine Fragen hatte und mein Termin so »schweigend« ablief. Es war, als hätte sie mich als Person gar nicht wahrgenommen. Da saß nicht Julia Berger auf ihrem Stuhl, sondern nur eine Nummer, austauschbar. Aber natürlich bin ich froh, so schnell wieder draußen zu sein. Dass ich den Bescheid schon in ein paar Tagen erhalte, hätte ich gar nicht erwartet. Ich sollte mich langsam an das Tempo der Behörde gewöhnen.

Auf dem Weg zum Ausgang sehe ich mir die Plakate an. Die Wände sind voll mit bunten Zetteln, manche sind frisch ausgedruckt, andere schon vergilbt. Mal wird für Jobs im Ausland geworben – seltsamerweise gerade für die Berufsgruppen, die in Deutschland rar werden: Erzieher und Ärzte. Mal informieren Zeitarbeitsfirmen über ihre Ausschreibungen. Im Eingangsbereich steuere ich die Tafel »Veranstaltungen aktuell« an. Es gibt nur ein Poster. Es hat die Überschrift »Terrorismus: Verdächtige gesucht«.

Zwei Tage später erhalte ich tatsächlich schon Post von der Arbeitsagentur. Aber sie ist wenig erfreulich: Die Sachbearbeiterin hat mir eine Sperrzeit verpasst! Zum Beginn meiner Arbeitslosigkeit wird mir das Arbeitslosengeld eine Woche lang gestrichen.

»Sehr geehrte Frau Berger«, schreibt mir die Sachbearbeiterin, »ich muss prüfen, ob eine Sperrzeit wegen verspäteter Arbeitssuchmeldung eingetreten ist. Eine Sperrzeit tritt ein, wenn Sie ohne wichtigen Grund Ihrer Pflicht zur frühzeitigen Arbeitssuchendmeldung nicht nachgekommen sind. Sie waren verpflichtet, sich innerhalb von 3 Tagen, nachdem Sie von dem Ende Ihres Arbeitsverhältnisses erfahren haben, persönlich oder telefonisch bei der Agentur für Arbeit arbeitssuchend zu melden (§ 38 Drittes Buch Sozialgesetzbuch – SGB III).« Außerdem lese ich den fett gedruckten »Hinweis«, dass ich Arbeitslosengeld II für die Sperrzeit beantragen darf, falls mein Lebensunterhalt nicht gesichert ist.

Das ist doch irre! Ich habe mich schließlich Monate zu früh gemeldet! Was soll das denn jetzt? Ich wurde sogar mehrmals darauf hingewiesen, dass ich außerhalb der Frist sei. Ich verstehe das nicht. Können die Mitarbeiter tatsächlich nicht auf meinen Stammdatensatz zugreifen, der beim ersten Telefonat angelegt wurde? Oder toppt die 3-Tage-Regel die 3-Monats-Regel? Oder bringe ich alles durcheinander, weil ich so früh dran war?

Ich lese § 38 Drittes Buch Sozialgesetzbuch – SGB III nach und bin beruhigt. Er beginnt mit dem Satz: »Personen, deren Arbeits- oder Ausbildungsverhältnis endet, sind verpflichtet, sich spätestens drei Monate vor dessen Beendigung persönlich bei der Agentur für Arbeit arbeitssuchend zu melden.« Sofort setze ich einen Brief an die Arbeitsagentur auf, kopiere das erste Schreiben, das ich von der Agentur erhalten habe und das das Datum nennt, zu dem ich erstmals angerufen habe, und fülle das Formular meiner »Anhörung« aus. Mal sehen, was passiert.

Wieder zwei Tage später liegt der Bewilligungsbescheid im Briefkasten. Auf dem Weg zum Spielplatz reiße ich ihn auf. Ich halte sechs Seiten voller Tabellen, Paragrafen und Erläuterungen in den Händen. Sofort fängt meine linke Schulter an zu schmerzen. Das scheint meine Art zu sein, auf diese schreckliche Behörde zu reagieren. Die Sperrfrist ist noch drin. Eine Woche werde ich kein Arbeitslosengeld erhalten. In dieser Zeit werde ich weder kranken- noch rentenversichert sein, muss die Beiträge also privat zahlen. Der Rest des Bescheids ist zu kompliziert, um ihn auf einen Blick zu erfassen.

Ich beuge mich am Abend noch einmal in Ruhe über den Schrieb. Das macht es nicht besser. Ich verstehe zu vieles nicht. Warum wird das Arbeitslosengeld nur »vorläufig« bewilligt? Warum ist der Betrag niedriger als das Elterngeld, beides sollte doch bei 67 Prozent des Nettoeinkommens liegen? Warum schwankt die Höhe von Monat zu Monat? Warum wird mir so viel von meinem möglichen Nebeneinkommen angerechnet? Warum, warum, warum? Mir schwirrt der Kopf. Ich reiße mich zusammen und arbeite mich Zeile für Zeile mühsam durch. Am Ende verstehe ich, dass über die Sperrzeit tatsächlich erst noch entschieden wird. Und ich befürchte, dass ich wegen der Anrechnung des Nebeneinkommens Widerspruch einlegen muss.

Wenn ich mein wirres Paragrafen-Wissen jemandem verständlich machen müsste, hätte ich Schwierigkeiten. Es ist so kompliziert. Bis zu 15 Wochenstunden darf ein Arbeitsloser nebenher arbeiten und monatlich 165 Euro netto hinzuverdienen, ohne Abzüge befürchten zu müssen. Alles, was darüber liegt, wird mit dem Arbeitslosengeld verrechnet. Wer jedoch schon vor der Arbeitslosigkeit neben seinem festen Job ein Nebeneinkommen hatte, dem »können weitere Freibeträge zustehen«, heißt es in der Broschüre »Wissenswertes zum Thema Nebeneinkommen«. Deshalb habe ich im Antrag mein bisheriges Nebeneinkommen angegeben. Und dieser Betrag wird mir nun im Voraus monatlich abgezogen. Das kann doch nicht richtig sein?

Dafür hatte ich mit der Abfindung keinerlei Probleme. Da wurde nichts angerechnet. Soll ich es deswegen dabei belassen? Ich bin unschlüssig und entscheide mich, erst einmal den nächsten Brief zur Sperrzeit abzuwarten und dann meine Anwältin zu kontaktieren. Erschöpft und niedergeschlagen hefte ich den Bewilligungsbescheid im Ordner ab.

Auf den Brief zur Sperrzeit warte ich eine ganze Woche. Das ist für die Agentur ungewöhnlich lange. Wieder ist es ein Bewilligungsbescheid, der den alten Bescheid ersetzt. Wieder habe ich Schwierigkeiten, die Aussage sofort zu erfassen. Zwei, drei

Mal lese ich über die Tabellen. Dann bin ich mir sicher: Die Sperrzeit ist draußen. Sehr gut.

Jetzt muss ich mich um die Sache mit dem Nebeneinkommen kümmern. Ich bin unentschlossen, ob ich direkt bei der Arbeitsagentur anrufen soll oder ob ich mich lieber zuvor bei meiner Anwältin erkundige. Auf dem Bescheid suche ich vergeblich nach einem Ansprechpartner oder einer Durchwahl der Sachbearbeiterin in der Arbeitsagentur. Nur die Hotline ist angegeben. Nein danke, diesen Umweg möchte ich jetzt nicht gehen. Also rufe ich die Anwältin an. Sie ist in Kampfeslaune.

»Natürlich steht Ihnen ein höherer Freibetrag für das Nebeneinkommen zu! Schicken Sie mir den Bescheid heute noch zu, dann legen wir Widerspruch ein. Wenn das nichts bringt, gehen wir vors Sozialgericht!«

Ich bin baff. Alle Achtung. Solche Worte hätte ich mir damals bei der Kündigung gewünscht, als es um meinen Job und die Abfindung ging. Jetzt handelt es sich nur um ein paar Hundert Euro monatlich. Das ist zwar auch viel, aber nicht vergleichbar mit meiner Stelle. Ich bin erleichtert, dass sie sich der Sache annimmt und ich mich nicht mit der Hotline auseinandersetzen muss.

Das Vorstellungsgespräch

Als Bewerber, lerne ich, muss man geduldig sein. Man schickt seine Unterlagen ab und dann kommt erst einmal – nichts. Doch heute, ein paar Wochen nach meiner ersten Bewerbung, erhalte ich meine erste Einladung zum Vorstellungsgespräch. Ist das nicht toll? Allerdings mischt sich in meine Freude und meinen Stolz auch ein unangenehmes Gefühl. Denn der Arbeitgeber ist in einer anderen Stadt. Und das ist ein Problem: Johannes kann wegen seines Berufs nicht umziehen, also kommt ein Ortswechsel für uns gar nicht infrage. Beworben habe ich mich damals, weil die Stelle so gut auf mich passte. Und weil ich vorübergehend in Panik war, nicht rechtzeitig einen Job zu finden – ohnehin schienen alle passenden Stellen in anderen Städten zu sein. Und, ja, auch weil ich Angst davor hatte, der Arbeitsagentur ausgeliefert zu sein.

Eigentlich sollte ich mich richtig freuen. Das war meine erste Bewerbung und gleich erhalte ich eine Einladung zum Vorstellungsgespräch. Meine Verwandlung zum DIN-Bewerber scheint also erfolgreich gewesen zu sein. Aber ich bin hin- und hergerissen und überlege, was ich machen soll.

»Nimm es als Übung«, versuche ich mich zu motivieren. Aber in Wirklichkeit empfinde ich es als Zumutung, ein Vorstellungsgespräch probehalber zu absolvieren, auch wenn das in der Ratgeberliteratur so empfohlen wird. Dafür ist es für den Arbeitgeber und für den Bewerber zu aufwendig. Dann sage ich mir wieder, realitätsfern: »Wer weiß, was daraus wird. Vielleicht ist der Job so toll, dass wir doch umziehen …«

»Der Termin scheint dich ja ganz schön zu stressen«, kommentiert Johannes meine Unruhe. »Ich würde da ganz locker hingehen. Du willst den Job doch sowieso nicht.«

»Ja, schon«, stimme ich halbherzig zu.

»Ich ziehe nicht in dieses Kaff!«, sagt er bestimmt.

»Ich weiß, ich auch nicht«, lenke ich ein.

Dennoch will ich das jetzt durchziehen. Weiß der Teufel, warum. Also arbeite ich weiter an meiner Bewerberpersönlichkeit. Ich kaufe mir einen DIN-fähigen Anzug – beziehungsweise das, was ich mir darunter vorstelle: eher dezent – und bereite mich auf den Termin vor. Ich lese alles, was ich über das Unternehmen finden kann. Ich weiß, wann es gegründet wurde. Ich kenne das Leitbild und das Bekenntnis zur Frauenförderung. Ich versuche, die Hierarchien und Organisationsstrukturen nachzuvollziehen, und lerne die Namen der Ansprechpartner und der Top-Manager auswendig.

»Sehr gut machen Sie das, Frau Berger«, lobt mich dafür Frau Mayer im Ohr, mein Arbeitslosengewissen.

Und ich bereite mich auf typische Fragen vor wie: »Was sind Ihre Stärken und Schwächen?«, »Warum sollten wir Ihnen diesen Job geben?«, »Warum möchten Sie diese Position?«, »Was möchten Sie bei uns erreichen?« Ich trage diese Fragen in Gedanken mehrere Tage mit mir herum, und wie von selbst kommen mir nach und nach die Antworten. Die Frage nach den Schwächen finde ich am schwierigsten. Hier will doch kein Arbeitgeber hören »Ich bin ein Pedant« oder »Ich bin eine unstete Natur und halte es nirgendwo länger als ein halbes Jahr aus«. Die Kunst ist es, ehrlich zu sein, ohne Negatives zu verraten. Ich entscheide mich für »Ich bin ungeduldig«, mit der Erklärung, wie ich mit dieser Schwäche umgehe und was ich schon gelernt habe.

Am Vorabend des Termins bemerke ich einen Stimmungsumschwung. Plötzlich habe ich richtig Lust auf das Vorstellungsgespräch. Die negativen Gefühle und die Unsicherheit sind weg. Meine Vorbereitungen haben anscheinend geholfen, mich zu motivieren. Ich will jetzt da hin. Ich will das Unternehmen kennenlernen, mehr über die Stelle erfahren, zeigen, was ich draufhabe.

Am nächsten Tag stehe ich um halb sechs auf. Ich habe einen langen Weg vor mir. Doch ein ruhiges Frühstück ist nicht drin. So schlaftrunken Ella noch ist, so wach sind schon ihre Sensoren für Ungewöhnliches.

»Wo fährst du denn hin?«, fragt sie müde. Mist, ich habe sie aufgeweckt.

»Ich habe einen Termin«, antworte ich ausweichend und will mich in die Küche verziehen. Warum sollte ich sie jetzt damit beunruhigen, dass ich mich in einer anderen Stadt bewerbe?

Aber da ruft Johannes aus dem Schlafzimmer: »Sie hat ein Vorstellungsgespräch, irgendwo ganz weit weg.« Na, danke, Johannes. Sehr feinfühlig. Manchmal könnte ich meinen Mann ...

Wie von der Tarantel gestochen rennt Ella im Schlafanzug hinter mir her. »Ich WILL aber nicht wegziehen!!!«, ruft sie entrüstet.

Ich habe Mühe, sie zu beruhigen. Schließlich akzeptiert sie, dass ich quasi nur »zur Übung« hinfahre. Gut findet sie das aber nicht.

»Das ist doch gemein, nur zur Übung hinzufahren«, kritisiert sie mich.

»Das ist überhaupt nicht gemein«, mischt sich Johannes wieder ein. »Wenn sie ihr 10000 Euro im Monat zahlen und sie das in Teilzeit im Home-Office machen kann, sagt sie natürlich zu.«

Na klar, denke ich mir, Teilzeit und 10000 Euro im Monat ... Aber ich halte mich jetzt raus. Ich muss los.

Unterwegs lasse ich mir noch einmal meine Antworten auf mögliche Fragen durch den Kopf gehen und durchforste die Tageszeitung nach irgendwelchen relevanten Nachrichten. Trotzdem bleibt viel Zeit, aus dem Fenster zu sehen. Ich erinnere mich an die Bewerbungsgespräche, die ich nach meinem Studium hatte.

Einmal saß ich einer Psychologin gegenüber, die mir erklärte, dass es in ihrem Unternehmen selbstverständlich keine Arbeitsverträge gäbe. Alle würden »auf Vertrauensbasis« zusammenarbeiten. Sie schien an mir sehr interessiert zu sein, hielt mich jedoch wochenlang hin. Schließlich kam ein langer, von Hand geschriebener Brief. Darin erklärte sie mir, dass sie sich nun doch gegen mich entschieden habe. Ich sei nun mal ein »ernsthafter, nachdenklicher Mensch«, der Job, den sie zu bieten habe, aber doch eher »oberflächlich«. Ein anderes Mal landete ich bei einem kettenrauchenden Workaholic. Das Erste, was er sagte, war: »Sie sehen ja ganz anders aus als auf dem Foto!« Was mich in seinen Augen disqualifizierte. Unglaublich war auch das Vorstellungsgespräch, bei dem ich, einer Inquisition gleich, einer ganzen Runde von Interviewern gegenübersaß. Danach erfuhr ich zufällig, dass es sich bei den meisten um Praktikanten handelte. Oder das Assessment-Center, bei dem Gewissensfragen gestellt wurden: »Würden Sie auch für ein Unrechtsregime arbeiten?« Ich habe verneint, doch ob ich nur deswegen den Job nicht bekam?

Aber diese ganze Bewerbungsodyssee damals fand ein gutes Ende: Ich bekam meinen Traumjob, so ausgelutscht der Begriff auch ist. Das Unternehmen, zu dem ich unbedingt wollte, sagte mir zu – meine Exarbeit. Das gibt mir jetzt Vertrauen. Es wird schon alles richtig kommen, sage ich mir.

Beim Umsteigen in die Regionalbahn steigen trotzdem wieder Zweifel in mir auf. Im Regen stehe ich auf dem trostlosen Bahnsteig, friere und frage mich, was ich mir da eingebrockt habe. Das »Kaff«, wie Johannes sagt, ist nur mit Regionalverkehr zu erreichen.

Dafür ist es nett, wie ich eine halbe Stunde später feststelle, und die Lage des Unternehmens ist herrlich. Plötzlich wandelt sich meine Laune erneut und ich finde es erstrebenswert hier zu sein. Ich bin auf einmal in Bewerbungsstimmung mit dem richtigen Kick Adrenalin.

Ein paar Minuten später sitze ich im Vorzimmer. Der Oberboss persönlich holt mich dort auf die Minute pünktlich ab. Das überrascht mich positiv, auch Sympathie ist da. Unter kurzem Small-Talk werde ich in sein Zimmer geführt und stutze – was man mir hoffentlich nicht ansieht. Der ovale Tisch ist schon voll besetzt. Kurz erschrecke ich und überlege, ob es sich hier um ein Bewerber-Blind-Date handelt. Aber nein, die Ansprechpartner werden mir mit Namen und Funktion vorgestellt. Das wäre eigentlich nicht nötig gewesen, denke ich mir zufrieden. Die Namen kann ich dank meiner Vorbereitung auch so den

Positionen zuordnen. Ich darf am Kopfende Platz nehmen und schaue in fünf erwartungsvolle Gesichter.

Nun kommt die Aufforderung »Bitte erzählen Sie uns doch Ihren Werdegang und was Sie zu uns führt«. So. Das ist eine völlig einleuchtende Eröffnungsfrage. Komischerweise habe ich daran in meiner Vorbereitung nicht gedacht. Macht nichts. Ich erzähle drauflos, zunächst etwas aufgeregt, aber nach und nach ruhiger und fester. Mein Schlusssatz, dass ich mich gerade für dieses Unternehmen begeistern kann, weil es mir von meinen Interessen naheliegt, sorgt beim direkten Vorgesetzten für zustimmendes Nicken.

»Ja, das kann ich gut nachvollziehen. Ich wäre auch nicht überall hingewechselt«, sagt er und schickt erläuternd nach: »Ich bin ja auch erst seit einem Monat dabei.«

Das bricht bei mir noch mehr das Eis. Die Anspannung weicht von Frage zu Frage. Sie machen es mir auch wirklich leicht. Es kommt keine einzige dieser komischen Standardfragen. Weder meine »Schwächen« noch meine »Stärken« scheinen sie zu interessieren. Vor allem werde ich nach meinen Einschätzungen und Ideen zu bestimmten Punkten gefragt, die in das Aufgabengebiet der neuen Position fallen. Ich ernte öfters ein bestätigendes Nicken, manchmal auch einen zweifelnden Gesichtsausdruck. Aber das bringt mich jetzt nicht mehr durcheinander. Vor allem, da die fünf zwischendurch einander Anekdötchen erzählen und so nicht den Eindruck machen, mir auf den Zahn zu fühlen. Es wirkt auf mich immer mehr wie ein nettes Beisammensein, bei dem wir uns über das Unternehmen unterhalten. Ich fange tatsächlich fast an, mich wohlzufühlen.

Wie erwartet darf ich am Ende ein paar Fragen stellen, die ich mir auch schon vorher überlegt hatte. Ich frage nach den Abstimmungswegen und Hierarchien, nach dem Vorgänger und dem Team, nach dem Einstellungsbeginn.

Hier übernimmt dann der Mitarbeiter aus der Personalabteilung das Wort und versetzt mir einen kräftigen Dämpfer, als er von sich aus auf das Gehalt zu sprechen kommt. Er nennt ein Tarifgehalt und berücksichtigt explizit nur einen Teil meiner bisherigen Berufsjahre. Es ist niedrig, zu niedrig. Viel niedriger als in meiner Exarbeit. Es ist völlig unrealistisch, das mit Verhandeln in die von mir gewohnte Höhe zu schrauben. Und das, selbst wenn ich eine Diskussion über die Anerkennung meiner Berufserfahrungen anfangen würde, die im Moment aber völlig fehl am Platz wäre.

»Sie werden zügig von uns hören«, sagt abschließend der Oberboss und begleitet mich nach einer kurzen Verabschiedungsrunde wieder hinaus.

Wieder allein, bin ich noch immer ein wenig außer mir. Es dauert ein paar Minuten, bis ich zur Ruhe komme. Eigentlich bin ich ganz zufrieden. Das Gespräch hat in angenehmer Atmosphäre stattgefunden. Ich habe mich gut geschlagen, musste bei keiner Frage passen.

Auf der Zugfahrt nach Hause ist mir eigentümlich zumute. Es ist, als böte sich ein zweites Leben an. Ein ganz anderer Job, eine ganz andere Stadt. Seltsam.

Doch je länger das Gespräch zurückliegt, umso unsicherer werde ich, ob es wirklich so gut lief. Auf einmal fällt mir auf, was ich gar nicht gesagt habe oder nicht so gut gesagt habe. Ich bilde mir ein, dass es mich nicht wirklich stört. Ich denke mir: Es ist doch sowieso besser, sie nehmen dich nicht. Andererseits war es so nett und die Position ist wirklich interessant. Hoffe ich insgeheim vielleicht doch auf eine Zusage? Ich weiß nicht, was ich wollen soll.

Da ruft mich mein Bruder an.

»Wie geht's?«, frage ich ihn.

»Ich liege schon wieder in der Klinik.« Er klingt abgekämpft.

»Was ist denn los?«

»Als ich heute Morgen aufgewacht bin, waren meine Lippe und meine Hand angeschwollen. Richtig dick. Die sagen, das wäre eine Allergie, wissen aber nicht, gegen was.«

Sofort verdrängt die Sorge um meinen Bruder meine Bewerberprobleme. Um ihn abzulenken, erzähle ich ihm von meinem Vorstellungsgespräch in dem »Kaff«.

»Wieso hast du das denn gemacht?«, fragt er verständnislos.

»Ich weiß auch nicht. Aus lauter Panik, keinen Job zu finden«, gebe ich zu und schäme mich etwas dafür. Er hätte Grund zur Panik, nicht ich. Auch dem netten Unternehmen gegenüber ist es mir plötzlich unangenehm.

Als ich zwei Stunden später zu Hause die Tür aufsperre, kommt mir gleich Ella entgegen.

»Und? Nehmen sie dich?«

»So schnell geht das nicht. Da gibt es auch noch andere Bewerber. Außerdem wollen wir doch gar nicht umziehen.«

»Wenn ihr da hinzieht, bleibe ich hier! Allein!«, droht mir meine Tochter dennoch vorsorglich.

Am nächsten Vormittag leuchtet eine unbekannte Nummer auf meinem Handy auf. Ich überlege kurz, wer das sein kann – und als ich darauf komme, gehe ich nicht ran. Hilfe! Das sind sie schon. Ich will mich nicht überfahren lassen und hoffe, dass mir die Nachricht auf der Mailbox verrät, was sie wollen. Aber es ist nur eine Bitte um Rückruf. Ich werde furchtbar nervös, richtig wirr im Kopf. »Was mache ich, wenn sie mir jetzt zusagen?«, frage ich mich immer wieder. Ich habe letzte Nacht doch schon im Kopf meinen Absagebrief formuliert!

Ich schreibe mir Stichpunkte auf einen Block: Vielen Dank. Freut mich. Werde mit meinem Mann darüber sprechen. Melde mich.

Dann rufe ich zurück. Die Dame am anderen Ende der Leitung scheint sich richtig zu freuen, als sie meinen Namen hört.

»Wir möchten Sie gerne für ein zweites Gespräch einladen«, sagt sie freundlich und lacht dabei. »Jetzt sind Sie nur noch zu zweit. Sie und eine andere Bewerberin.« Es ist die Dame, die bei meinem ersten Anruf auf die Anzeige hin so erschreckend abweisend war und sich weder zu einem »Guten Tag« noch zu einem »Auf Wiederhören« herabgelassen hatte. Ich lese die ersten beiden Stichpunkte von meinem Block ab (»Vielen Dank«, »Freut mich«), und sie vereinbart mit mir einen Termin in zwei Wochen.

Nachmittags gehen Johannes und ich spazieren. Ich stehe

seit der eigentlich guten Nachricht noch immer neben mir und bin völlig unkonzentriert.

»Also ich hätte nichts gegen einen Tapetenwechsel«, sagt Johannes auf einmal.

»Was?«, ich falle aus allen Wolken. »Aber dein Job? Deine Kontakte?« Das ist das Letzte, was ich brauchen kann. Ein schwankender Johannes. Er muss jetzt ganz fest und klar sein, damit sich bei mir das Hirngespinst, den Job anzunehmen, nicht weiter verfestigt.

Ich nenne ihm noch einmal das Gehalt und da macht er sofort einen Rückzieher. Trotzdem überlege ich den Rest des Tages: »Was wäre, wenn …«

Am nächsten Morgen ist auf einmal die Entscheidung da. Ich stehe gerade mit der Zahnbürste in der Hand vor dem Badezimmerspiegel und sehe mir in die Augen. »Du kannst es dir gar nicht leisten, den Job anzunehmen. Das Geld reicht nie und nimmer für die ganze Familie. Johannes müsste wieder bei null anfangen. Wovon sollten wir alleine den Umzug dorthin bezahlen? Sag ab!«, schärfe ich mir ein.

Es dauert zwei weitere Tage, bis ich mich überwinden kann, die Absage zu schreiben. Ich erkläre, dass ich den Job zwar sehr gerne machen würde, dass aber meine Familie einen Umzug nicht unterstützt. Ich entschuldige mich sogar dafür. Das können sie mir nicht übel nehmen, denke ich, als ich den Brief einwerfe. Aber damit liege ich offenbar falsch.

Denn die Fahrtkosten werden sie mir daraufhin nicht erstatten, wie mir Wochen später auffallen wird. Ist das womöglich die Rache der schwierigen Dame, die zwischenzeitlich so freundlich schien? Ich mag nicht hinterherbetteln. Ich will deswegen auch nicht die Arbeitsagentur bemühen. Man kann dort die Erstattung von Fahrtkosten zu Vorstellungsgesprächen beantragen, wenn ein Arbeitgeber nicht zahlt. Aber vielleicht würde ich dann Ärger bekommen, weil ich nicht zum zweiten Gespräch gefahren bin? Nein, beschließe ich, es war meine Entscheidung, dort hinzufahren und abzusagen, also trage ich auch die Konsequenzen und zahle selbst.

Stelle aus Luft

Kaum sind ein paar Tage nach meiner ersten selbst verfassten Absage vergangen, da geht mein Bewerberparcours schon weiter. Ich bin auf dem Weg zu meinem zweiten Vorstellungsgespräch. Den Termin habe ich vor ein paar Stunden spontan zugesagt. Eine frühere Kollegin, mit der ich vor langer Zeit einmal zusammengearbeitet habe, gab mir den Tipp: Ein Bekannter von ihr würde jemanden suchen. Vielleicht wäre das ja etwas für mich?

Also rief ich dort an. Ihr Bekannter war sehr interessiert.

»Am besten kommen Sie gleich vorbei«, sagte er schon nach ein paar Minuten.

Das ging aber schnell! Trotz unseres Telefonats war mir immer noch nicht so ganz klar, worum es bei dem Job eigentlich ging. Entweder redeten wir aneinander vorbei oder konnte es sein, dass er es selbst nicht genau wusste? Auf jeden Fall spielte er die Position herunter, was mir komisch vorkam. Vorsichtshalber betonte ich, dass ich an einer anspruchsvollen Aufgabe interessiert wäre und auf jeden Fall mehr darüber erfahren müsste. Daraufhin wiederholte er seine Einladung.

Mit sehr gemischten Gefühlen sehe ich unserem Treffen nun entgegen. Irgendetwas sagt mir, das ist nichts. Da wird nichts draus. Wenn nur nicht die ganze Zeit Frau Mayer im Ohr eifrig zustimmen würde. Ständig betont sie: »Na, Frau Berger, habe ich es Ihnen nicht gesagt? Ihre Kontakte müssen Sie nutzen. Ihre Kontakte!«

»Ist ja schon gut. Trotzdem nützen mir meine Kontakte herzlich wenig, wenn der Job nicht passend ist«, gifte ich in Gedanken zurück. Oder bin ich schon so weit, dass ich irgendetwas annehmen muss?, zweifele ich auf einmal wieder. »Nein!«, sage ich mir. »Was macht es für einen Sinn, den nächstbesten Job zuzusagen, nur um dich danach aufs Neue zu bewerben. Für dieses Hin und Her hast du mit den Kindern weder Zeit noch Energie. Und es bringt auch dem Arbeitgeber nichts.« Ich komme mir vor wie ein Heiratsschwindler: Schon wieder bahne ich einen Kontakt zu einem Unternehmen an, mit dem es mir eigentlich nicht ernst ist – oder doch? »Jetzt warte erst einmal ab«, rede ich mir gut zu. »Vielleicht hat der erste Eindruck getäuscht und es ist genau das, was du suchst.«

»Geh hin. Auch wenn du noch nicht weißt, ob du den Job willst«, hat mir Luc empfohlen, als ich ihn vorhin kurz telefonisch um Rat fragte.

Und jetzt bin ich also da. Ich klingle, und kaum bin ich zur Tür herein, höre ich jemanden rufen: »Hier sind Sie schon richtig!«

Ein paar Minuten später sitzen wir uns in Herrn Schillers Büro gegenüber. Er ist auffallend salopp gekleidet. Er sieht aus, als hätte er sich gerade etwas Bequemes angezogen, um Gartenarbeit zu erledigen. Zum Glück habe ich nicht den Anzug an. Ich bin auch so schon overdressed. Er übergibt mir einen Firmenprospekt und erzählt, was seine Firma macht, und erzählt und erzählt. Dazwischen redet er über die Verantwortung von Unternehmen, Mitarbeiter fest anzustellen. (Er sucht einen freien Mitarbeiter ...) Und dass er sich selbst niemals vorstellen könnte, in einem Angestelltenverhältnis zu arbeiten.

»Das ist nichts für mich«, sagt er.

Dann bin ich dran, mich vorzustellen und zu erzählen. Ich gebe ihm meine Bewerbungsunterlagen, die er sofort ansieht.

»Hm, hm«, sagt er beim Studieren des Lebenslaufs. »Und jetzt sitzt ihr also alle auf der Straße?«

Er ist offenbar von meiner früheren Kollegin über das Ende des Projekts informiert worden. Aber »auf der Straße sitzen«?

»Nein, nein«, wehre ich ab. »Manche Kollegen arbeiten momentan so wie ich selbstständig, andere haben schon neue Stellen.«

Ich habe den Eindruck, dass er etwas enttäuscht ist. Ein bisschen Arbeitslosenschmerz hätte ihm wohl gerade ganz gut gefallen.

Er hat eine unangenehme Art, Fragen zu stellen. Sie kommen

unvermittelt, aus dem Zusammenhang gerissen, zu direkt, fast schroff und überschreiten für mein Empfinden eine gewisse Grenze der Diskretion. Unter anderem habe ich beantwortet: »Mögen Sie Tiere?« – »Werden Sie mit Ihrem Partner steuerlich gemeinsam veranlagt?« – »Haben Sie eine Abfindung bekommen?«

Ich sehe nicht ein, was es ihn angehen soll, ob meine Kollegen und ich Abfindungen erhalten haben. Zum Glück habe ich mir in meinen Berufsjahren für solche Fälle die Fähigkeit angeeignet, ausführlich zu antworten, ohne die gewünschte Auskunft zu geben. Ich rede lang und ausschweifend und führe vom Thema weg.

Das Gespräch verläuft seltsam. Wir kommen nicht zusammen. Wir fallen uns gegenseitig ins Wort oder schweigen uns an oder missverstehen uns. Er erzählt viele Dinge, die mich nichts angehen. Unter anderem über das Privatleben meiner früheren Kollegin. Wenn ich versuche zu erfassen, worum es bei dem Job geht, und konkret nachfrage, wird er vage.

Schließlich verspricht er, sich zu melden, falls sich die Position konkretisiert. Er würde auf jeden Fall nicht nach einer Alternative zu mir suchen.

Na, das ist mal eine Aussage, denke ich mir. Er macht mir Hoffnungen auf eine Beschäftigung, die es noch gar nicht gibt.

Auf dem Heimweg grübele ich über dieses eigenartige Treffen lange nach. Es war mir sehr unangenehm. Und es zeigt mir mal wieder, wie vorsichtig man sein muss, wenn man meint, Bekannten einen Gefallen zu tun. Mir wäre es umgekehrt geradezu peinlich, wenn ich eine Kollegin in so eine Situation gebracht hätte, in der ich die letzte halbe Stunde war.

Warum habe ich mich nur darauf eingelassen? Ich hatte doch zuvor schon so ein ungutes Gefühl dabei. Oder war das jetzt ein klassischer Fall einer Selffulfilling Prophecy? Ging das Gespräch schief, weil ich mit negativen Gedanken hineingegangen bin?

Andererseits war es ja wirklich seltsam, dass über die Stelle partout nichts Konkretes zu erfahren war. Fragen über Fragen türmen sich auf. Was sollte das Ganze, wenn er gar keine Position zu besetzen hat? Oder habe ich ihn falsch verstanden? War das vielleicht nur ein ungelenker Versuch, mir abzusagen? Oder war das alles etwa nur eine Finte, um mehr über das Ende unseres Projekts zu erfahren? Aber was hätte er davon? »Jetzt werde nicht paranoid«, weise ich mich bei diesem Gedanken zurecht. Sofort kommt mir eine neue Idee: Sucht er womöglich gar keinen Mitarbeiter, sondern in Wirklichkeit eine neue Partnerin? Am besten eine tierliebe, solvente mit ordentlicher Abfindung?

Dann fällt mir meine Bewerbungsmappe ein. Ich ärgere mich über mich. Ich ärgere mich, dass ich ihm meine kompletten Unterlagen hingelegt habe. Mit Arbeitszeugnissen und allem drum und dran. Der Lebenslauf allein hätte es auch getan. Ich habe ein ungutes Gefühl dabei, dass dieses doch sehr vertrauliche Dokument bei ihm auf dem Schreibtisch liegt. Er wirkte etwas geschwätzig auf mich. Und er wird doch nicht über ein paar Ecken auch noch Jürgen kennen und auf das Zeugnis ansprechen? Er wird die Mappe hoffentlich nicht ewig offen auf seinem Schreibtisch liegen lassen oder sie einfach weitergeben?

So abwegig sind diese Überlegungen nicht. Nicht alle Unternehmen gehen sorgfältig mit den Unterlagen ihrer Bewerber um. Eigentlich müssen Arbeitgeber abgelehnten Bewerbern die Unterlagen wieder zurücksenden. Es sei denn, sie machen von vorneherein – etwa in der Stellenanzeige – klar, dass das nicht der Fall sein wird. Dann müssen die Unterlagen aus Datenschutzgründen vernichtet werden.

Kürzlich machte ein Unternehmen Schlagzeilen, das offenbar über Jahre Bewerbungsunterlagen gehortet hatte. Um sie loszuwerden, bot die Firma 500 gebrauchte Bewerbungsmappen über das Internetauktionshaus eBay an. Der Schreibwarenhändler, der sie ersteigerte, staunte nicht schlecht, als er feststellte, dass er Mappen mit den kompletten Unterlagen der Bewerber erhielt.

Ich nehme an, dass auch von mir deutschlandweit noch einige Mappen in irgendwelchen Büroschränken herumliegen. Bei meinem Bewerbungsmarathon nach dem Studium erhielt ich von mehreren Unternehmen Briefe, dass es mit der ausgeschriebenen Stelle leider nichts würde, sie meine »interessanten« Unterlagen aber gerne behalten würden. Das klingt in den Ohren eines Bewerbers besser als eine Absage. Es ist zwar auch enttäuschend, weil man sich ja auf eine konkrete Stelle beworben hat. Aber es ist nicht ganz so deprimierend wie ein hartes »Nein«. Tatsächlich hat sich jedoch bis heute keine einzige dieser Firmen je wieder bei mir gemeldet. Nicht dass ich darauf gewartet hätte, ich hatte ja die vergangenen Jahre einen Job.

Es gibt sogar einen eigenen Ausdruck für diese Hinhaltebriefe: »Eisschreiben« werden sie genannt. Sie sollen eine Absage vermitteln und zugleich den Bewerber auf eine vage gemeinsame Zukunft vertrösten. Dafür gab es schon Wettbewerbe, ausgeschrieben von einem Personaldienstleister. Prämiert wurden etwa Sätze wie: »Eines ist sicher, Ihre Bewerbung hat uns sehr gut gefallen und wir freuen uns, wenn Sie uns wieder einmal schreiben.« Und: »Sie haben sich beim richtigen Unternehmen beworben. Leider jedoch im falschen Moment.«

Mein leeres Büro

Es fällt mir nicht leicht, mein missglücktes Bewerbungsgespräch abzuhaken. Tagelang schleppe ich deswegen eine latente Unzufriedenheit mit mir herum. Ich hadere mit mir, ob mir nicht vielleicht doch ein guter Job durch die Lappen geht. Plötzlich kommt wieder Angst hoch. Angst, auf dem Arbeitsmarkt nicht mehr Fuß fassen zu können. Angst, nicht genug Geld zu verdienen. Angst, etwas falsch zu machen.

Auf die Angst folgen immer dieselben Vorwürfe, begleitet vom ewigen Genörgel von Frau Mayer im Ohr: »Warum hast du dich nicht schon sofort nach Herrn Roths erstem Anruf viel breiter beworben? Warum bist du überhaupt in Elternzeit gegangen? Wärst du in der Arbeit gewesen, dann hätten sie vielleicht doch etwas für dich gefunden. Warum hast du die Stelle in dem Kaff abgesagt?« Wenn der Sturm der Vorwürfe vorüber ist, bemühe ich mich, wieder zur Vernunft zu kommen. Dann widerlege ich Vorwurf um Vorwurf: »Deinen Kollegen wurde auch gekündigt, obwohl sie vor Ort waren. Du warst doch in Elternzeit und sowieso früh dran mit deinen Bewerbungen. Du brauchst einen Job, von dem ihr leben könnt, nicht eine unterbezahlte Stelle in einem anderen Teil Deutschlands.« Und danach spreche ich mir Mut zu: »Das wird schon. Du bist auf einem guten Weg. Es ergibt sich bestimmt etwas.«

Diese destruktive Gedankenspule aus Angst und Vorwürfen, Beruhigung und Motivationsversuchen überkommt mich inzwischen fast täglich. Manchmal mehrmals täglich. Das belastet mich und wirkt sich negativ auf meine Projekte als Selbstständige aus. Eigentlich läuft es ganz gut, ich habe ein paar Aufträge erhalten, ohne dass ich groß Akquise betreiben musste. Natürlich noch auf einem niedrigen Level, aber immerhin. Doch das Problem ist: Es gelingt mir nicht, mich ihnen mit ganzer Energie zu widmen.

Bislang war ich der Meinung, es sei am besten, doppelgleisig zu fahren: mich auf feste Jobs zu bewerben und zugleich ein Standbein als Selbstständige aufzubauen. Auf einmal merke ich, dass mich das zerreißt. Das geht auf Dauer nicht gut. Es wäre besser, ich könnte mich auf eines ganz konzentrieren. Ich würde so gerne ankommen, wissen, was Sache ist, und mich mit vollem Eifer in die Arbeit stürzen. Es nervt mich, noch immer in einem Zwischenstadium zu hängen. Es nervt mich, wenn meine Mutter zum x-ten Mal am Telefon fragt: »Aber mit dem Job überlegst du dir schon etwas?«

Es nervt mich, wenn ich ständig lese, dass die Wirtschaftskrise in den nächsten Monaten erst richtig bei uns ankommen wird. Bislang seien die Deutschen noch gar nicht wirklich betroffen.

Der Soziologe Wilhelm Heitmeyer von der Universität Bielefeld hat im Rahmen eines längerfristig angelegten Forschungsprojekts festgestellt, dass die Krise schon jetzt Auswirkungen auf das Zusammenleben in Deutschland hat. Die Menschen haben Angst vor der Zukunft und Angst davor, sozial abzusteigen. Vor allem Angehörige der Mittelschicht befürchten, nach unten abzurutschen. Persönlich von der Krise betroffen fühlten sich 40 Prozent der Interviewten. In erster Linie untersucht die Befragung, die jährlich gemacht wird, die Einstellung der Deutschen gegenüber Minderheiten. Durch die Krise ist die Bevölkerung zwar nicht menschenfeindlicher geworden, dennoch nimmt die Solidarität ab. Vor allem diejenigen, die Zukunftssorgen äußerten, waren Minderheiten gegenüber feindlich gesinnt. Insgesamt stimmten 63,4 Prozent der Befragten der Aussage zu, dass es empörend sei, wenn sich Langzeitarbeitslose auf Kosten der Gesellschaft ein bequemes Leben machten.

Wie ich mich über solche Aussagen ärgere! Es wäre gut, wenn jeder, auch Politiker, Manager, Wissenschaftler, Etablierte, Gutsituierte, einmal erfahren würde, wie es ist, arbeitslos zu sein. Es ist nicht einfach und ein »bequemes Leben« halte ich für Arbeitslose unmöglich. Das weiß ich schon jetzt, obwohl ich offiziell bislang nur »arbeitssuchend« bin.

Der Vorbehalt gegen Arbeitslose ist weit verbreitet. Das merke ich nicht nur an den Reaktionen anderer. Sondern auch an mir. Ich bin verdammt froh, nicht sagen zu müssen: »Ich bin arbeitslos.« Selbst das »Ich bin gekündigt« habe ich mir gespart. Erst war ich »in Elternzeit«, nun »arbeite ich selbstständig«. Das nimmt neugierigen Fragern mit ihrem »Was machst du jetzt eigentlich?«, sofort den Wind aus den Segeln. So stimmt die Fassade. Es ist akzeptabel in einer Gesellschaft, in der nur derjenige eine Daseinsberichtigung hat, der arbeitet. »Arbeitslos«, das klingt nach zu Hause passiv herumsitzen und nichts tun – dabei tut man eine Menge, meine Gekündigtenarbeit nimmt viel Zeit und Energie in Anspruch. Ich rechtfertige mich – warum eigentlich?

In dieser schlechten Stimmung mache ich mich ein paar Tage später auf den Weg in die Exarbeit. Es sind nur noch wenige Wochen, bis mein Anstellungsverhältnis endet. Zuvor habe ich zu Hause alle Unterlagen zusammengesucht, die aus der Firma stammen. Einige Papiere hatte ich in die Elternzeit mitgenommen – sollten Rückfragen kommen oder ich von zu Hause aus Arbeiten übernehmen. Jetzt möchte ich sie zurückbringen. So steht es auch in meinem Abfindungsvertrag: Ich bin verpflichtet, sämtliche Unterlagen etc., die dem Unternehmen gehören, »ordnungsgemäß« zurückzugeben.

Die vergangenen Wochen hatte ich die Fahrt zur Arbeit immer mal schmerzlich vermisst. Gerade dem Alltagstrott, der einen so nervt, solange man drinsteckt, trauere ich nun wehmütig nach. Ich bin gerne bei Wind und Wetter zur Arbeit gefahren. Jetzt jedoch, wo ich tatsächlich auf dem Weg dorthin bin, verhagelt es mir meine ohnehin schon schwierige Laune. Ich fühle mich wie nach meinem letzten Besuch, als ich das Abfindungsangebot erhielt – mit dem Unterschied, dass ich jetzt erst hinfahre. Und ich habe Bauchschmerzen, aber das kann auch vom Frühstücksei kommen.

Und dann wird es zunächst überraschend nett.

Den ersten Kollegen von früher treffe ich noch vor dem

Gebäude, die anderen besuche ich an ihren Schreibtischen. Alle scheinen sich zu freuen, mich zu sehen, und nehmen sich Zeit.

»Komm, ich zeige dir deinen Arbeitsplatz«, sagt auf einmal eine Kollegin.

»Wie?«, frage ich planlos zurück, marschiere ihr aber brav hinterher. Ich erwarte eine Kammer, in der sich die Überreste unseres beendeten Projekts traurig stapeln – alte Ordner, ausrangierte Computer, Kabelwirrwarr.

»Hier ist es!« Sie bleibt vor einem Einzelbüro stehen.

Ich sehe einen leeren Bürostuhl, einen Schreibtisch mit Laptop, Bücherregale.

»Wie?«, frage ich wieder und sehe sie verwundert an.

»Der wird noch für dich freigehalten, bis dein Arbeitsvertrag ausläuft.«

Ich fasse es nicht. Das ist *mein* Büro! Zum ersten Mal in meiner langen Firmenzugehörigkeit habe ich ein Einzelzimmer – und das, ohne davon zu wissen. Sicherlich, ich erinnere mich, wie Herr Roth sagte, dass ein Arbeitsplatz für unser Team während der Freistellungen bestehen bleibt. Aber ich habe mir eher einen Katzentisch irgendwo in einem Konferenzraum vorgestellt, kein neues voll eingerichtetes Arbeitszimmer. Die alten Büros sind mittlerweile alle neu belegt. Auf einmal fällt mir ein, dass ich die einzige Übriggebliebene bin, weil ich die längste Kündigungsfrist hatte. Die Verträge der anderen Kollegen sind schon längst abgelaufen.

Ich hätte also all die vergangenen Monate hier arbeiten können! Das ist doch verrückt. Es ist auch merkwürdig, dass ich meine E-Mail-Adresse nicht mehr nutzen darf, diesen Arbeitsplatz aber schon. Da stehe ich vor meinem leeren Büro und bin traurig und ärgere mich gleichzeitig, dass ich davon keinen Gebrauch gemacht habe. Vielleicht hätte ich davon profitiert, näher dran zu sein, man hätte vielleicht eher an mich gedacht bei freiwerdenden Stellen oder zu vergebenden Aufträgen. Und es wäre doch auch schön gewesen, hier zu arbeiten. Ich versuche, es mir nicht anmerken zu lassen.

Gut, dass in diesem Moment mein ehemaliger Chef Jürgen zufällig vorbeikommt.

»Wie geht es dir?«, frage ich ihn.

»Ganz gut, solange mir nicht gekündigt wird ...«

Die Kündigungsangst geht im Unternehmen um. Bei unserem Projekt damals ging es Knall auf Fall. Für den Rest des Konzerns hat sich die Geschäftsführung eine andere Methode ausgedacht. Seit Monaten ist bekannt, dass es Kündigungen geben wird. Aber wen es trifft, wie viele und wann – das weiß keiner.

Das ist eine ziemlich sichere Art, seine Angestellten zu demotivieren. Meine Gespräche mit früheren Kollegen verschiedener Abteilungen vermitteln mir den Eindruck, dass sie sich schon im Höchststadium des Frusts befinden. Sie wirken trotz aller Freude über meinen Besuch doch irgendwie desillusioniert, apathisch, zynisch. Mir fällt – quasi als Außenstehender – auch manche positive Veränderung im Unternehmen auf, seit ich zuletzt da war. Die Kantine zum Beispiel ist deutlich besser geworden. Meine Kollegen zucken darüber nur desinteressiert mit den Schultern.

Die Lektion für Geschäftsführer daraus wäre: In einer Firma, in der Kündigungen anstehen, kann man sich als Boss nette Gesten sparen. Sie bringen nichts, im Gegenteil: Im Zweifelsfall werden sie negativ ausgelegt. Schade, dass diese Erkenntnis in den oberen Etagen offenbar nicht ankommt. Sonst würde die Geschäftsführung die Mitarbeiter doch nicht über Monate mit drohenden Kündigungen quälen.

Mir ist komisch zumute, wenn ich bei meinen früheren Kollegen die Angst vor einer Entlassung spüre. Ich habe das hinter mir, noch dazu hat es mich kalt erwischt: Die Entscheidung fiel so schnell, dass ich gar nicht viel Zeit hatte, mich davor zu ängstigen. Ich habe mich mit meiner Kündigung inzwischen abgefunden (fast, nicht immer, meistens ...). Ich habe das Gefühl, schon einen Schritt weiter zu sein als sie. Und so bin ich erleichtert, nicht in ihrer Situation zu stecken. Ich bin froh darüber, keine Angst vor einer Kündigung haben zu müssen.

Das heißt nicht, dass ich froh bin über meine Kündigung.

Nein, das nicht. Noch dazu, wo ich jetzt »mein« Büro gesehen habe und so freundlich von allen empfangen wurde.

Auf dem Heimweg fange ich an, furchtbar wehmütig zu werden. Es ist gut, dass ich von meinem Büro nichts ahnte. Wie hätte ich mich von meiner Exarbeit lösen sollen, wenn ich die vergangenen Monate immer vor Ort gewesen wäre? Es fällt mir schwer genug, mich nach diesem Besuch wieder auf mich und meine Zukunft, meine Projekte und Bewerbungen zu besinnen. Andererseits – wo ich sowieso nur noch ein paar Wochen angestellt bin … Ich male mir aus, es zu genießen, wieder Tag für Tag zur Arbeit zu gehen, gerade weil ich weiß, dass es bald endet.

Aber das ist Quatsch. Was sollte ich die ganze Zeit dort tun? Unser Projekt ist eingestellt. Ich habe keine Arbeit mehr. Ich werde nicht gebraucht.

Es ist egal, ob ich in meinem Büro sitze oder nicht.

Das ist bitter. Aber es hilft mir, von meiner Bürobegeisterung herunterzukommen. Ich sehe ein, dass es einfach aus ist zwischen mir und meiner Exarbeit. Wir kommen nicht mehr zusammen. Es ist das definitive Ende einer 15-jährigen gelungenen Beziehung.

Ich bin wieder alleine. Ich bin frei. Ich bin fest entschlossen, das Beste daraus zu machen.

Unerwartete Wendung

Eine knappe Woche später klingelt nachmittags das Telefon. Es herrscht gerade Tohuwabohu in der Diele. Der Kleine hat sich auf Ellas Schulsachen gestürzt und in einem unbemerkten Moment alles auseinandergerissen. Ella schimpft, Johannes schlichtet, und ich klaube Hefte und Stifte zusammen, bevor etwas kaputtgeht. Mit einem Packen Hefte unterm Arm nehme ich den Hörer ab. Gerade noch habe ich auf dem Display gesehen, dass es die Nummer meines Arbeitgebers ist. Bevor ich die Durchwahl zuordnen kann, meldet sich schon Herr Roth.

»Störe ich gerade, Frau Berger?«

Und wie er stört! Warum ruft er bloß an? Warum erwischt gerade er immer so denkbar ungünstige Momente? Offensichtlich hat er ja weiterhin seinen Job, laut Gerüchteküche hatte er nämlich angeblich selbst Angst davor, dass ihm gekündigt wird. Hektisch gebe ich Johannes Zeichen mit der Hand, sich mit den Kindern in ein Zimmer zu verziehen.

»Aber nein, gar nicht«, antworte ich aus gewohnter Höflichkeit.

»Wie geht's Ihnen so, Frau Berger? Wie sieht es denn beruflich aus?«

»Sehr gut, danke«, antworte ich erwartungsgemäß und wundere mich über seine unvermittelte Frage. Ist er plötzlich seelsorgerisch tätig und ruft bei allen Gekündigten an, um sich nach ihrem Zustand zu erkundigen? Mir ist die Situation unangenehm und das löst bei mir leider einen wahren Wortschwall aus. Ich erzähle tatsächlich, was ich gerade so tue, und berichte von meinen freien Projekten, bis ich endlich den Schluss finde: »Ich war kürzlich mal wieder im Unternehmen. Ich komme gerne vorbei, auch wenn es sich inzwischen seltsam anfühlt.«

»Was erzählst du da bloß?«, frage ich mich, kaum dass es

draußen ist. »Herr Roth hat, seit du ihn kennst, niemals so etwas Ehrliches und Persönliches von sich gegeben.«

Einen kurzen Moment herrscht ein peinliches Schweigen. Dann sagt Herr Roth: »Und jetzt habe ich auch noch eine seltsame Frage.«

»Das gibt's doch nicht!«, denke ich mir, und sehe mein leeres Büro vor mir. Will er mir womöglich einen Job anbieten? Die Gedanken stürmen durcheinander. Was ist mit meinen Aufträgen als Selbstständige? Ich habe doch noch Bewerbungen offen.

»... wir bräuchten jemanden für zwei Monate«, höre ich Herrn Roth.

»Das klingt interessant«, antworte ich und finde, es klingt routiniert. Dann fällt mir ein: »Wäre das dann im Angestelltenverhältnis oder auf freier Basis?«

»Auf freier Basis. Angestellt wäre natürlich besser«, sagt er fast entschuldigend.

Ich hatte die Frage in dem Moment ohne Hintergedanken gestellt. Ich wollte einfach nur wissen, um welche Art von Angebot es sich handelt. Es ist doch verrückt, dass er gerade jetzt anruft – seit meinem letzten Besuch habe ich endlich wieder eine gesunde Distanz aufgebaut und kann einschlafen, ohne an mein leeres Büro zu denken.

Kaum habe ich Interesse signalisiert, habe ich den Eindruck, dass er es eilig hat, zum Ende zu kommen. Hätte ich vielleicht meine Frage, ob es sich um ein Angestelltenverhältnis handelt, nicht so direkt stellen dürfen?

Ungewöhnlich ist es nicht, dass gekündigte Arbeitnehmer als freie Mitarbeiter wieder angeheuert werden. Ich erinnere mich, dass in der Exarbeit früher schon Ehemalige plötzlich als Selbstständige wieder aufgetaucht sind. Auch Luc »darf« seit seiner Kündigung auf Honorarbasis für seinen alten Arbeitgeber arbeiten. Dem Unternehmen bringt das nur Vorteile: Der Einsatz der Mitarbeiter ist flexibel, die Personalkosten sind niedriger, weil keine Beiträge für die Sozialversicherung anfallen, und die Mitarbeit kann jederzeit beendet werden, ohne dass lange Kündigungsfristen eingehalten werden müssten.

Den Nachteil haben die freien Mitarbeiter. Ihr Arbeitsverhältnis ist viel unsicherer als das ihrer fest angestellten Kollegen. Manche hängen jahrelang als freie Honorarkräfte am Tropf eines Unternehmens, in der Hoffnung, wieder eine Festanstellung zu bekommen. Den Nachteil hat auch die Gesellschaft. Wenn plötzlich immer mehr Mitarbeiter gezwungenermaßen als Selbstständige arbeiten, zahlen weder sie noch die Arbeitgeber in die Sozialversicherungssysteme ein.

Eine andere zunehmend beliebte Methode von Unternehmen zur Senkung von Personalkosten ist die Gründung einer eigenen Leiharbeitsfirma. Zuvor entlassene Mitarbeiter werden über diese wieder eingestellt – und deutlich schlechter bezahlt als früher. Beim Drogerieunternehmen Schlecker gelangte diese Praxis kürzlich an die Öffentlichkeit und sorgte für viel Aufhebens. Dabei ist die Drogeriekette kein Einzelfall. Nach Untersuchungen des Instituts Arbeit und Qualifikation der Universität Duisburg-Essen ist diese »Sparmaßnahme« bei Unternehmen verschiedenster Branchen beliebt, sogar kirchliche Pflegeeinrichtungen und Wohlfahrtsverbände haben interne Zeitarbeitsfirmen gegründet. Der Fall Schlecker sorgte zwar bei Politikern unterschiedlichster Parteien für Empörung, doch die Unternehmen tun nichts Illegales. Vom Gesetz her ist diese Praxis erlaubt.

Während ich noch darüber nachdenke, wie viel Honorar ich verlangen kann, höre ich Herrn Roth die Abschiedsfloskel einläuten.

»Jetzt arbeiten Sie mal schön weiter selbstständig«, sagt er. »Ich werde Ihre Telefonnummer an den Abteilungsleiter weitergeben.«

Ich bin mir nicht sicher, ob er wirklich »schön« gesagt hat, aber der Tonfall ist entsprechend. Es klingt so gönnerhaft wie »Na, das machen Sie ja ganz gut«. Oder ist es »schön« für ihn, weil er so einen weiteren Exmitarbeiter hat, den er jederzeit, wenn Not am Mann ist, auf Honorarbasis ins Unternehmen zurückholen kann? Oder will er sich damit absichern, dass ich mich nicht zu früh auf dieses schwammige Angebot verlasse?

»Und?«, fragt Johannes neugierig, nachdem ich aufgelegt habe.

»Ich kann vielleicht für zwei Monate als Vertretung arbeiten.«

»Das ist ja klasse!«, freut sich mein Mann.

Ich bin weniger euphorisch. Ich kenne die Abteilung. Sie gilt – gelinde gesagt – als schwierig. Außerdem hat es mich so viel Kraft gekostet, mich innerlich von dem Unternehmen zu lösen – und auf einmal darf ich doch wieder zurück? Dieses Hin und Her überfordert mich gerade.

»Mal abwarten, ob überhaupt etwas daraus wird«, versuche ich das Thema zu beenden. Aber es gelingt mir nicht. Der Anruf von Herrn Roth beschäftigt mich für den Rest des Tages, was sogar Ella auffällt.

»Warum bist du denn so ruhig?«, fragt sie beim Einkaufen.

»Ach, ich denke nur an eine Arbeit, die ich am Abend machen möchte.« Das stimmt tatsächlich. Ich habe heute noch einiges vor.

Doch abends habe ich große Schwierigkeiten mich zu konzentrieren. Da passt es mir gut, dass unser Freund Max mal wieder spontan, wie es seine Art ist, zu einem seiner »Klage-Besuche« vorbeikommt und mich von der heute so zähen Arbeit ablenkt. Er nimmt sich den Stress im Büro zu sehr zu Herzen und muss ab und an seinen Frust an neutraler Stelle loswerden. Als er das letzte Mal da war, drohten in seiner Firma Kündigungen. Das hat sich inzwischen konkretisiert.

»Glaubst du, es erwischt dich auch?«, frage ich ihn.

»Ich weiß nicht. Vielleicht. Ich glaube nicht.« Er schüttelt den Kopf. »Keine Ahnung. Das ist mir inzwischen auch gar nicht mehr so wichtig. So kann es nicht weitergehen! Einer Kollegin von mir, die seit 20 Jahren dabei ist, haben sie geraten, bald ein Abfindungsangebot anzunehmen. Ansonsten wird ihr gekündigt. Du glaubst gar nicht, wie ihr das aufs Selbstwertgefühl schlägt. Die ist fix und fertig, traut sich nichts mehr zu.«

»Das ist doch kein Wunder. Ihr Chef hat ihr ja schließlich zu verstehen geben, dass ihre Arbeit nicht mehr gebraucht wird. Natürlich ist das heftig nach einer so langen Zeit.«

Jetzt mischt sich Johannes ein. »Ihr nehmt das alle doch viel zu persönlich! Als Angestellte tauscht ihr Arbeitszeit gegen Geld. Das ist alles. So müsst ihr das sehen!«

»Du hast recht, theoretisch. Aber wenn man 20 Jahre in derselben Firma arbeitet, fühlt man sich verwurzelt. Das ist ein Teil deines Lebens. Das ist fast wie Familie«, versuche ich die Gefühlslage meinem Mann zu erklären, der so gut wie immer selbstständig gearbeitet hat. »Das ist doch bei mir genauso. Ich fühle mich wie die verstoßene Verwandte seit der Kündigung.«

»Was tut sich denn bei dir?«, fragt da Max und guckt mich mit großen Augen interessiert an.

Oh, wie ich die Frage manchmal hasse! Aber ich bin ja selbst schuld, ich habe ihn geradezu darauf gestoßen.

»Ach, mal sehen«, lenke ich ab. Ich will jetzt nichts von dem Anruf von Herrn Roth erzählen, ich will erst einmal abwarten, was daraus wird. Ich versuche, das auch Johannes lautlos klarzumachen, ohne dass es Max mitbekommt. Ich rolle schräg hinter ihm vielsagend mit den Augen und durchschneide mit der Hand die Luft. Hoffentlich versteht er mich. Max bemerkt davon zum Glück nichts, er stiert depressiv in die Kerze.

Ja, es funktioniert. »Sie hat in der Exarbeit immer noch ein Büro«, sagt mein Mann, um dem Gespräch eine andere Richtung zu geben, und erklärt, was es damit auf sich hat.

»Und wieso arbeitest du nicht dort?«, fragt Max.

»Das bringt doch nichts. Mein letzter Besuch war wirklich nett. Das lasse ich jetzt so stehen. Das ist ein guter Abschluss«, beende ich das Thema.

Nachts im Bett sehe ich trotzdem wieder mein Büro vor mir. Es wirkte so einladend. Und ich finde es irgendwie rührend, dass es mir bis zum Ende der Kündigungsfrist zur Verfügung steht. Es ist so ein netter Zug. Eigentlich zu nett. Vielleicht würde mir die Kündigung im Moment leichter fallen, wenn ich sauer sein könnte. Aber so, wie sie mich behandeln, habe ich keinen Grund, sauer zu sein, oder? Doch, da war was: Damals die Sache mit der Betriebszugehörigkeit, um die sie mich beschissen haben. Das war unmöglich. Auf einmal fällt mir auch wieder ein, wie mein vorheriger Chef mir riet »Passen Sie auf, was Sie unterschreiben!«, was ich damals nicht wirklich verstanden habe. Wieso war ich so dumm, nicht nachzuhaken? Den Hinweis hätte ich ernster nehmen müssen, statt gutgläubig den neuen Vertrag nicht zu hinterfragen. Ich versuche, Wut aufzubauen. Aber es will mir nicht richtig gelingen. Also versuche ich, mich über Herrn Roths Anruf aufzuregen. Das ist unmöglich, dass sie mir erst kündigen und mich jetzt auf freier Basis anheuern wollen! Eigentlich sollte ich aus Prinzip »Nein« sagen. Das hätte Rückgrat! Andererseits könnte ich zwei Monate lang gutes Geld verdienen, da werde ich darauf angewiesen sein, falls ich mich selbstständig mache. Mal sehen, ob sie sich überhaupt wieder melden, seufze ich und drehe mich zum zwanzigsten Mal um, um endlich einzuschlafen.

Sie haben sich wieder gemeldet. Gleich am nächsten Tag. Und schon drei Tage später bin ich unterwegs zur Exarbeit, um mich in der neuen Abteilung vorzustellen. Ich bin alles andere als fit. Eine Grippe kündigt sich an. Ich habe Schüttelfrost, Gliederschmerzen, eine laufende Nase und einen unangenehmen Hustenreiz. Insgeheim hoffe ich, dass das Telefon klingelt und der Termin abgesagt wird, aber nichts dergleichen geschieht. Auch der Weg dorthin ist mühsam. Die U-Bahn hat ungewöhnlich große Verspätung, und nur dank meines großzügigen Zeitpuffers, den ich bei Terminen immer einplane, bin ich gerade noch pünktlich.

Ich treffe mich mit dem Abteilungsleiter und der Mitarbeiterin Frau Schmidt, die es zu vertreten gilt. Sie führt mich gleich ohne anzuklopfen ins Chefbüro und hier fühle ich mich einen kurzen Moment deplatziert. Es ist mir unangenehm, den Chef kalt erwischt zu haben, er wollte sich gerade setzen.

Mit den Worten »Worüber sprechen wir jetzt noch einmal,

Frau …?«, eilt er auf mich zu. Das wirkt auf mich inszeniert ignorant. Ich kann es einfach nicht glauben, dass er angeblich nicht einmal meinen Namen parat haben sollte, vom Anlass des Gesprächs ganz zu schweigen.

Dann folgen schreckliche Minuten. Und das geschieht mir recht. Denn ich habe versäumt, mich vorzubereiten. Während ich vor meinem ersten Bewerbungsgespräch, das dann so erfolgreich verlief, jede nur erdenkliche Frage durchgegangen war, bin ich jetzt blank. Meine einzige Vorbereitung bestand darin, mir die Höhe des Honorars auszurechnen. Psychologen würden da sicher einiges herauslesen. Mein Verhalten ließe sich zum Beispiel mit einer verborgenen Abneigung gegen den Job erklären oder mit meinem notwendigen Loslösungsprozess von der Exarbeit oder mit meiner uneingestandenen Wut darüber, erst gekündigt und dann wieder einbestellt worden zu sein, oder mit meinem verletzten Stolz, hier als Bewerberin wieder angekrochen kommen zu müssen.

Vielleicht ging ich auch einfach nur davon aus, dass ich hier eben nicht als Bewerberin empfangen würde, nachdem ich schon so lange und ja eigentlich immer noch im Unternehmen bin. Ich hatte vielmehr den Eindruck, »die wollen etwas von mir« – nicht umgekehrt.

Wie dem auch sei: Ich gebe eine denkbar schlechte Bewerberin ab. Ich spiele meine Rolle nicht gut. Es gelingt mir nicht, die nötige Motivation und Begeisterung rüberzubringen.

»Trauen Sie sich das denn zu?«, werde ich gefragt (»Was für eine seltsame Frage«, denke ich mir. »Natürlich! Sonst wäre ich doch nicht hier!«), und: »Wollen Sie das wirklich machen?«

Oh Gott, ich muss ja ziemlich desinteressiert wirken. Und dann antworte ich auch noch dämlich. Sie haben mich auf dem falschen Fuß erwischt. Oder ist die Grippe schuld, dass es mir so schwerfällt, heute das Spiel »Bewerber-Arbeitgeber« mitzuspielen?

»Ja, ich würde den Job gerne machen«, sage ich. »Nicht auf Dauer. Aber zur Vertretung auf jeden Fall.«

Komischerweise nehmen sie mir das nicht übel. Was ist da

nur in mich gefahren? Liegt es vielleicht daran, dass ich schon vorher von der Befristung wusste? Für jemanden, der mich nicht kennt, könnte die Antwort arrogant wirken. Doch so ein bisschen Bewerber-Arroganz scheint zumindest in diesem Gespräch nicht schlecht anzukommen. Im Gegenteil. Ich habe mehr und mehr den Eindruck, dass der Chef beginnt, um mich zu werben.

»Ich will Sie ja nicht überreden«, sagt er – um dann weit ausholend von seiner Abteilung und dem Job zu schwärmen. Er spricht von »der Leidenschaft«, die man brauche. »Alle, die hier sind, machen das leidenschaftlich«, wiederholt er sich. Dann fällt ihm Mobbing ein. »Das gibt es bei uns nicht«, sagt er.

Na ja, denke ich zweifelnd, wenn man das schon betonen muss, kann es mit der Stimmung im Team nicht weit her sein. Ich hatte, bevor ich ihn heute kennenlernte, über die Gerüchteküche im Unternehmen schon manches über die Abteilung gehört. In zwischenmenschlicher Hinsicht wenig Gutes, was daran liegen mag, dass Schlechtes lieber getratscht wird. Nun bin ich überrascht, wie sympathisch ich den Chef finde. Mit ihm käme ich sicher prima zurecht. Bei der Mitarbeiterin Frau Schmidt, die es zu vertreten gilt, bin ich mir dagegen nicht sicher. Am Telefon wirkte sie sehr freundlich. Aber jetzt scheint sie mir schwierig. Gäbe es eine Skala von eins bis zehn der Gefahrenfaktoren im Büroleben, würde ich sie auf acht einstufen. Im Vorbeigehen hat sie vorhin mal schnell die Sekretärin niedergemacht, obwohl ich dabei war. Während des Gesprächs ist sie nun sichtlich bemüht, die Schwierigkeit der Aufgabe zu betonen. Es gelingt ihr nicht, mich damit zu beeindrucken. Sicher, es ist eine Position mit Verantwortung, aber sie ist absolut machbar. Es geht nicht darum, eine neue mathematische Formel zu erfinden oder einem Patienten das Leben zu retten. Beides würde mich mit deutlich mehr Ehrfurcht erfüllen. Ich schätze die Mitarbeiterin so ein, dass sie mehr an ihrem eigenen Fortkommen interessiert ist als am Wohlergehen ihrer Vertretung. Natürlich, ich könnte mich täuschen. Aber während meiner langen Berufsjahre habe ich meinen Blick erfolgreich geschärft – und habe auf lange Sicht fast immer richtig gelegen, auch wenn ich meinen ersten Eindruck fälschlicherweise manchmal korrigiert hatte.

Nicht nur ich bin schlecht vorbereitet. Auch der Chef hat im Vorfeld offenbar keine Minute in das Gespräch investiert und füllt seine Rolle nicht richtig aus. Ich war davon ausgegangen, dass er weiß, wer ihm gegenübersitzt. Stattdessen ist er erstaunt, dass ich schon so lange im Unternehmen war. Zwischendurch stellt er zusammenhanglos Fragen zu meinem Lebenslauf wie »Und was haben Sie studiert?« und »Wo kommen Sie eigentlich her?«, so als müssten diese Fragen nun einmal abgehakt werden, weil es hier ja schließlich um ein Vorstellungsgespräch geht. Während er sich am Anfang noch ganz gut als fordernder und wählerischer Arbeitgeber in Position gebracht hat, lässt er an Fahrt nach, bis unser Treffen mehr einer Unterhaltung gleicht. Es scheint, als würden wir uns gegenseitig unterschwellig signalisieren: »Komm, wir wissen doch beide, worum es geht. Das passt schon mit uns.«

Am Anfang des Gesprächs hatte ich den Eindruck, dass er und Frau Schmidt bemüht waren zu betonen, dass ich als »eine« Möglichkeit gelte. Gegen Ende heißt es: »Lassen Sie es sich durch den Kopf gehen. Bis wann können Sie uns Bescheid sagen?« Damit ich das nicht als einseitige Zusage verstehe, fügt der Chef noch an: »Natürlich hat das letzte Wort der Geschäftsführer.«

Auf dem Rückweg gehe ich mit mir hart ins Gericht. Ich ärgere mich, dass ich so schlecht vorbereitet war. Den schlechten Start hätte ich mir locker sparen können. Und wie konnte ich nur sagen, dass ich den Job »nicht auf Dauer« machen will? Wenn mir gegenüber eine Bewerberin je so einen Spruch losgelassen hätte, wäre sie ganz klar durchgefallen. Andererseits verlief das Gespräch insgesamt ja seltsamerweise dennoch ganz gut. Ich glaube, der Chef würde mich nehmen – wenn er einen Anruf bei einem meiner früheren Vorgesetzten machen würde, sowieso. Bei der Mitarbeiterin bin ich mir nicht so sicher. Und dann hat ja auch noch »der Geschäftsführer das letzte Wort«. Ha! Da werde ich wütend. Erst kündigt er mir, löst gleich ein ganzes Tochterunternehmen auf, um mich und meine Kollegen loszuwerden – nur, um jetzt wieder darüber zu befinden, ob ich für zwei Monate als Vertretung geholt werden darf. Sobald ich daran denke, will ich nur eines: absagen.

Was mache ich jetzt nur? Ich habe versprochen, mich schon am nächsten Tag zu melden. Meine Freunde würden sich wundern, warum ich darüber überhaupt nachdenke. »Mensch, wie toll«, würde es heißen. »Klar machst du das. Keine Frage.« Aber hier geht es nicht darum, wie andere die Möglichkeit einschätzen, sondern was sie für mich selbst bedeutet. Natürlich müsste ich wegen des Geldes und im Hinblick auf mein Netzwerk, das ich dadurch erweitere, zusagen. Doch der Nachteil ist, dass ich zwei Monate weg vom Fenster bin und damit meine neuen Kontakte und meine Selbstständigkeit unter Umständen gefährde. Ich könnte während dieser Zeit keine Aufträge annehmen. Würde ich damit durchkommen, mich nach den zwei Monaten wieder zu melden mit den Worten: »Hallo, ich bin wieder da. Habt ihr was für mich?«? Außerdem wäre die Zeit bis zur Vertretung sehr stressig. Ich müsste einen Auftrag, an dem ich schon arbeite, viel schneller als geplant fertig bekommen. Und ich müsste rechtzeitig meine Existenzgründung bei der Arbeitsagentur durchboxen. Ich bin mir gar nicht sicher, ob ich das zeitlich schaffen würde. Und was ist mit den Bewerbungen? Was ist, wenn ich in der Zwischenzeit ein Vorstellungsgespräch oder gar eine Zusage erhalte? Und hätte ich überhaupt Zeit, mich weiterhin zu bewerben?

Ich bin froh, als ich endlich zu Hause ankomme, und werfe sofort ein Aspirin gegen die Grippebeschwerden ein.

»Da klebt dir was hinten am Rücken«, sagt Ella.

Ich fasse an meinen Rücken – und habe das Preisschild meiner nagelneuen Bluse in der Hand. Das gibt es doch nicht. Mir hing während des ganzen Gesprächs das Preisschild aus dem Kragen heraus. Ella bekommt einen Lachanfall und auch ich kann nicht anders, als kopfschüttelnd zu grinsen, als ich mir die Situation plötzlich slapstickartig vorstelle. Wie konnte mir so etwas nur passieren? Ob sie es überhaupt bemerkt haben?

Trotz Aspirin geht es mir abends sehr schlecht. Ich habe Schüttelfrost wie noch nie. Als ich endlich meiner Krankheit klein beigebe und mich mit Fieber und Schmerzen ins Bett lege, geht mir das »Bewerbungsgespräch« wieder und wieder durch den Kopf. Es nimmt albtraumartige Züge an. Ich sehe den Chef, wie er sich am Anfang abwartend in seinem Bürostuhl zurücklehnt, während er später, als er über »die Leidenschaft« doziert, sprungbereit auf der vorderen Kante sitzt. Ich sehe das Preisschild überdimensional aus meinem Kragen hängen und höre mich wieder und wieder meine Antworten sagen, die ich im Nachhinein so schlecht und immer schlechter finde.

»Sie wirken so nett!«, schreit mich der Chef plötzlich an. »Meine Führungskräfte brauchen Leidenschaft! Leidenschaft!!!«

Die Zu- und Absage

Am nächsten Vormittag ziehe ich mich in mein Büro zurück, um Ruhe für den Anruf zu haben. Mit meinem Grippekopf war ich nicht wirklich fähig, eine sinnvolle Entscheidung zu treffen, das Für und Wider ganz in Ruhe durchzugehen. Noch mit dem Hörer in der Hand überlege ich, was ich machen soll. Eine innere Stimme hat mir von vorneherein gesagt: Das passt. Aber ich schaffe es nicht, die Gründe, die dagegensprechen, loszulassen.

Außerdem ärgert es mich wirklich, dass ich auf diese Art im Unternehmen bleiben »darf«. Was ist denn das für eine Personalpolitik? Wäre ich Geschäftsführer, so würde ich doch nicht Mitarbeitern kündigen, sie monatelang bei vollem Gehalt freistellen, ihnen ein Büro frei halten, aber die E-Mail-Adresse nehmen, ihnen eine Abfindung zahlen, um ihnen noch während der Freistellung für die Zeit danach einen Vertretungsjob als Selbstständige anzubieten. Wie soll man bei diesem Hin und Her den Glauben an den Arbeitgeber behalten und mit voller Motivation wieder bei der Sache sein?

Ich wähle die Nummer der Mitarbeiterin Frau Schmidt. Und sage zu. Den Ausschlag dafür gibt am Ende nicht der Gedanke ans Geld, sondern die Erinnerung an das Gespräch mit dem Chef. Ich würde tatsächlich gerne mit ihm zusammenarbeiten und könnte sicherlich einiges von ihm lernen. Frau Schmidt reagiert nicht gerade enthusiastisch. Sie klingt nicht einmal erfreut.

»Ich werde es weitergeben«, sagt sie. Und dann: »Ich nehme an, dass sich der Chef oder der Geschäftsführer bei Ihnen melden wird.«

Nachdem ich aufgelegt habe, denke ich mir: »Okay, das war's. Du hast deinen Teil getan. Verlass dich nicht darauf, dass es klappt.« Schließlich weiß ich, dass die wirtschaftliche Situation im Unternehmen nach wie vor schwierig ist.

Obwohl ich immer noch krank bin, quäle ich mich an meinen Schreibtisch. Ich muss den Businessplan ergänzen. Ich will jetzt den ganzen Formularkram für die Selbstständigkeit so schnell wie möglich fertig bekommen. Mit diesem Plan, der mir anfangs gar nicht so schwierig zu sein schien, schlage ich mich jetzt schon seit Wochen herum. Den Aufwand hatte ich definitiv unterschätzt. Das liegt nicht nur am strengen Auge meines Vaters, der mir bei der Erstellung geholfen hat. Die Arbeitsagentur verlangt, dass man den Plan einer »fachkundigen Stelle« vorlegt, wie zum Beispiel der Industrie- und Handelskammer, und eine schriftliche Stellungnahme dazu einholt.

»Wir werden Ihnen keine Steine in den Weg legen«, hieß es dort. Aber dann bekam ich den Plan postwendend zurückgeschickt mit der Bitte, auch Urlaubs- und Krankheitstage zu berücksichtigen. Und das will ich jetzt noch schnell einbauen. Auch wenn ich eigentlich fast nie krank bin und wenn doch, dann wie Sarah zu den Präsentisten zähle, die sich aus überhöhtem Verantwortungsgefühl auch mit Fieber an die Arbeit machen. So wie jetzt. Aber der Businessplan ist wirklich dringend.

Meine Grippe war nur der Anfang einer wochenlangen Krankheitswelle, die Johannes, die Kinder und mich überkommt. Kaum ist einer gesund, wird der Nächste wieder krank. Es ist sehr anstrengend. An Arbeiten ist kaum zu denken. Auch meinen Bruder kann ich so nicht besuchen. Die Chemotherapie schwächt sein Immunsystem sehr und er muss darauf achten, sich auf keinen Fall anzustecken.

Leider erhalte ich in dieser Krankenzeit auch meine erste Absage. Sie steckt im E-Mail-Postfach zwischen Newslettern und Nachrichten meiner Auftraggeber. Der Betreff lautet »Ihre Bewerbung«.

»Leider müssen wir Ihnen mitteilen, dass die Entscheidung zwischenzeitlich auf einen Mitbewerber gefallen ist«, lese ich.

Das trifft mich sehr. Sie haben mich nicht einmal zum Vorstellungsgespräch eingeladen. Entrüstung mischt sich unter meine Enttäuschung. Außerdem empfinde ich es als unhöflich, eine Absage per E-Mail zu versenden. Zwar war auch die Bewerbung damals online gewünscht. Aber nicht mal einen Brief zu schreiben, da scheint ihnen ein Bewerber sehr wenig wert zu sein.

Vielleicht, denke ich auf einmal, habe ich auf die Stelle doch nicht so gut gepasst. Andererseits weiß ich, dass ich den Anforderungen gewachsen gewesen wäre. Eher war ich, nein: *sicher* war ich »überqualifiziert«. Als ich mich bewarb, hielt ich das für ein Pfund, mit dem ich wuchern könnte. Vielleicht bewahren sie meine Unterlagen auf, falls einmal eine passendere Stelle frei wird, war mein Hintergedanke. Und jetzt erhalte ich nichts als eine Absagemail. Ich fühle mich abgelehnt. Ob Frau Mayer doch recht hatte mit ihrer Aussage »Die Unternehmen wollen keine Mütter«? Das kann doch nicht sein! Ich versuche die Absage zu verdrängen und mich meiner Arbeit zu widmen. Aber es klappt nicht. Also stehe ich auf und suche Johannes, den ich mit dem Kleinen in der Küche vermute.

»Ich habe eine Absage bekommen«, werfe ich ihm hin.

»Von wem?«

»Von einer Firma, bei der ich mich schon vor Wochen, ach: Monaten, beworben hatte. Weiß nicht, ob du dich noch daran erinnerst.«

»Hast du dich auf eine Anzeige beworben?«

»Ja.«

»Das kannst du vergessen. Da melden sich 200 Leute.«

Ich gebe ihm recht. Zwar hat er keine Erfahrung damit, weil man sich in seinem Beruf nicht über Anzeigen bewirbt, aber natürlich ist so die Gefahr größer, in der Menge unterzugehen, als über einen persönlichen Kontakt. Trotzdem bin ich getroffen. Ich frage mich, warum ihnen meine Unterlagen nicht gefallen haben.

Nach ein paar Minuten fragt Johannes: »Per Mail?« Offenbar wundert er sich, wo ich so früh am Tag plötzlich die Absage herhabe.

»Ja.«

»Ich hasse Mails«, schimpft er und geht aus dem Zimmer.

»Unpersönlicher Mist«, murmelt er und dreht sich noch einmal um.

»Schreib doch zurück. Schreib: Das muss ein Irrtum sein. Sehen Sie sich doch nur einmal meine Unterlagen genau an!«

Die Idee finde ich super. Aber ich werde nicht zurückschreiben. Das muss man sich leisten können und ich kann es mir noch nicht leisten, finde ich. Erst, wenn mir ein neuer Job sicher ist oder mir zumindest der Gründungszuschuss bewilligt wurde.

In Berlin haben vor einigen Jahren eine Ethnologiestudentin und ein Kulturwissenschaftler gemeinsam eine »Absage-Agentur« gegründet. Sie drehten den Spieß um und forderten Jobsucher auf, Absagen auf Stellenanzeigen zu schreiben, auf die sie sich gar nicht bewerben wollten. »Wir freuen uns über jede Absage, die Sie schreiben«, steht auf der Webseite des Projekts www.absageagentur.de, auf der auch fertige Formulierungen angeboten werden. Zum Beispiel:

»Sehr geehrte Damen und Herren, ich danke Ihnen für die Ausschreibung oben genannter Stelle. Nach sorgfältiger Prüfung Ihres Angebotes muss ich Ihnen leider mitteilen, dass ich die angebotene Stelle nicht antreten werde. Ich versichere Ihnen, dass meine Entscheidung keine Abwertung Ihrer Person oder Ihres Unternehmens bedeutet, sondern ausschließlich auf meine Auswahlkriterien zurückzuführen ist. Ich bedauere, Ihnen keine günstigere Nachricht geben zu können und wünsche Ihnen und Ihrer Firma für die Zukunft alles Gute.«

Seit meiner Zusage in der Exarbeit sind schon ein paar Wochen vergangen, ohne dass ich wieder etwas gehört hätte. Heute bleiben mir noch drei Tage bis zur Arbeitslosigkeit. Nie hätte ich gedacht, dass es tatsächlich so weit kommen wird. Immer bin ich davon ausgegangen, dass davor schon alles wieder gut wird, dass sich alles einrenkt. Jetzt droht der Albtraum, arbeitslos zu sein, Wirklichkeit zu werden – und ich kann nichts dagegen tun. Nichts, außer Bewerbungen zu schreiben und all die andere Gekündigtenarbeit zu erledigen und fleißig an meinen Aufträgen zu arbeiten.

Heute sitze ich deswegen schon früh am Schreibtisch, doch sie kommen mir alle zuvor. Schon um fünf vor neun klingelt das Telefon. Es meldet sich eine Mitarbeiterin der Bundesagentur für Arbeit. Ich bin überrascht und meine Gedanken rattern los. Ich überlege, ob das ein Kontrollanruf sein soll. Wollen sie überprüfen, ob ich dem Arbeitsmarkt auch wirklich »zur Verfügung stehe«, wie das im Behördendeutsch heißt? Aber dafür ist es eigentlich zu früh, noch bin ich ja auf dem Papier angestellt.

»Sie sind bei uns arbeitssuchend gemeldet, Frau Berger«, sagt sie. »Zurzeit sind Sie ja noch in Berufspraxis. Hat sich schon etwas bei Ihnen getan?«

Nun habe ich eigentlich genügend Erfahrung mit dieser Frage. Seit mir gekündigt wurde, verfolgt sie mich. Dennoch setzt sie mich immer wieder unter Rechtfertigungsdruck. So auch heute. Sie kommt zu überraschend und dann auch noch von der Bundesagentur für Arbeit.

»Ich hatte ja damals schon beim Termin mit meiner Jobberaterin gesagt, dass ich mich selbstständig machen möchte, wenn die Bewerbungen nichts fruchten«, rechtfertige ich mich.

»Sind Sie da schon weitergekommen?«, fragt sie interessiert. Es klingt hoffnungsfroh.

»Ja, den Businessplan habe ich schon gemacht. Jetzt muss ich noch zum Finanzamt.«

»Dann werde ich das so vermerken«, beschließt sie. »Rufen Sie einfach wieder an, wenn Sie so weit sind.«

Nach dem Telefonat ist mir unangenehm zumute. Es ist mir nicht recht, dass die Behörde einfach so bei mir zu Hause anruft und quasi unangemeldet bei mir im Wohnzimmer steht. Ich nehme an, dass das ein Standardanruf war. Wahrscheinlich haben sie eine Datenbankabfrage eingerichtet und der Computer spuckt jeden Tag Listen aus mit den Namen derjenigen, die in drei Tagen arbeitslos werden.

Vielleicht wollen sie sich so vergewissern, dass wir Arbeitslosen in spe auch nicht vergessen, uns zu bewerben und Respekt davor bekommen, mit welch strenger Behörde wir es zu tun haben. Ich fühle mich wie ein kleines Kind behandelt. Und ich ärgere mich, dass ich so entgegenkommend eifrig war. Überhaupt, was hat sie jetzt da wohl genau »vermerkt«? Ich nehme an, sie meint damit, dass sie einen Eintrag in meinem Stammdatensatz vornehmen wird. Es wäre interessant, den einmal selbst zu lesen. Im »Merkblatt für Arbeitslose« steht, dass ich ein Recht auf Auskunft habe. Ich nehme mir vor, davon Gebrauch zu machen, sobald die ganze Geschichte vorbei ist und ich mit der Agentur nichts mehr zu tun habe. Davor ist es mir zu heikel. Sicherlich würde eine solche Anfrage die Mitarbeiter zu einem neuen »Vermerk« verleiten: »schwierig, hat komische Ideen, will ihren Stammdatensatz lesen.«

Kaum sitze ich an meinem Schreibtisch, klingelt schon wieder das Telefon. Diesmal ist eine Dame meiner Bank am anderen Ende der Leitung.

»Ich rufe wegen des hohen Betrags auf dem Girokonto an«, erklärt sie. Sie meint meine Abfindung, die mir vor ein paar Tagen überwiesen wurde. Ich hatte noch gar nicht damit gerechnet. Eigentlich sollte man meinen, dass es Freudensprünge auslöst, wenn man plötzlich einen Haufen Kohle auf dem Konto hat. Das ist bei mir gerade aber nicht der Fall. Im Gegenteil. Es zeigt mir, dass das Ende meines Arbeitsverhältnisses unwiderruflich naht, und das macht mich nervös. Schließlich kann ich das Geld nicht einfach verbraten, und toll anlegen kann ich es auch nicht. Ich muss es als Reserve zur Seite legen, falls wir in den kommenden Monaten darauf zurückgreifen müssen, was mehr als wahrscheinlich ist.

»Besteht Beratungsbedarf?«, schnulzt sie betont höflich. So nett sind sie sonst nicht, wenn ich am Bankschalter etwas erledigen muss.

»Nein danke. Der Betrag wird leider nicht lange auf dem Konto bleiben«, antworte ich ausweichend. Wenn mir meine Bank »Beratung« anbietet, schrillen bei mir alle Alarmglocken. Erst kürzlich hat die Gewerkschaft ver.di eine Studie veröffentlicht, für die 3800 Bankberater verschiedenster Institute anonym über ihren Alltag erzählten. Sie stehen unter hohem Erfolgsdruck und erhalten sogar Vorgaben, wie viele Produkte und welche sie verkaufen müssen – ganz egal, welche Anlagevorstellungen der Kunde hat. Viele geben zu, deswegen Kunden mit schlechtem Gewissen Anlagen aufzuschwatzen, die eigentlich niemand will. Ich bin keine Finanzexpertin, aber so weit informiert, dass ich selbst weiß, wie und wo ich das Geld sicher parke.

»Steht eine größere Anschaffung an?«, fragt sie mich neugierig.

Jetzt reicht es mir. Damit überschreitet sie eine Grenze. »Was geht sie das an?«, frage ich mich. Immerhin ist mein aufkeimender Ärger der Auslöser, dass ich endlich höflich, aber bestimmt auflege.

Wieder zurück am Schreibtisch setze ich einen Brief an Herrn Roth auf. Ich muss ihm meine Zugangskarte für unser Unternehmen zurückschicken. Das fällt mir schwer. Sie hat mich so viele Jahre lang begleitet. Ich würde sie gerne behalten, aus reiner Sentimentalität. Aber ich habe kein Recht dazu. Die Karte zählt zu den Sachen, die ich laut Abfindungsvertrag »ordnungsgemäß« zurückzugeben habe. Sollte ich tatsächlich den Vertretungsjob bekommen, werde ich wohl eine neue Karte erhalten.

Als ich wenig später die Post hole, halte ich einen dicken Briefumschlag meiner Exarbeit in den Händen. Es sind meine »Austrittsunterlagen«, darunter die letzte Gehaltsabrechung und die Lohnsteuerbescheinigung und weiterer Formularkram. Ich werde aufgefordert, eine »Ausgleichsquittung« zu unterschreiben und zurückzusenden. Darin soll ich den Empfang der Unterlagen bestätigen und die Erklärung unterzeichnen, dass »sämtliche Forderungen und Rechte aus dem Arbeitsverhältnis bzw. seiner Beendigung ausgeglichen sind«. Ich setze schon den Stift an, beschließe dann aber, vorsichtshalber bei der Anwältin anzurufen und nachzufragen, ob ich die Quittung unterschreiben kann, ohne dass mir Nachteile entstehen. Früher hätte ich keinen Gedanken darauf verschwendet, aber inzwischen bin ich vorsichtig geworden.

»Ja, schicken Sie mir die Papiere unbedingt rein«, sagt sie gleich. »Nicht, dass Ihnen noch etwas zusteht.«

Und wieder bin ich sehr froh, dass ich diesen Rechtsbeistand habe – ohne ist man als Arbeitsloser verloren. Es kostet mich nicht mal etwas, weil ich rechtsschutzversichert bin. Auch gegen den Bewilligungsbescheid von der Bundesagentur für Arbeit hat sie Widerspruch eingelegt, weil mir ein zu hoher Betrag meines Nebeneinkommens vom Arbeitslosengeld abgezogen wurde. Inzwischen habe ich die dritte korrigierte Version erhalten und auch diese ist der Anwältin zufolge noch immer nicht korrekt.

Als Laie ist man damit völlig überfordert. Es ist allein schon eine Herausforderung, den mehrseitigen Bescheid überhaupt zu verstehen, und jede Nachfrage müsste man über die Hotline stellen. Die Anwältin hat es dagegen offenbar geschafft, direkt mit einem Mitarbeiter zu sprechen. Der hat sich für den fehlerhaften Bescheid sogar entschuldigt. Einer neuen Sachbearbeiterin sei der Fehler unterlaufen. Hätte ich mich nicht gewehrt und nicht den Rat meiner Anwältin gesucht, hätte ich viel Geld verloren. Inzwischen ist das berechnete Arbeitslosengeld 200 Euro pro Monat höher als beim ersten Bescheid. Auch die einwöchige Sperrzeit wäre mich teuer zu stehen gekommen. Ich bin niemand, der immer auf seinen Rechten besteht, aber jetzt, im Ernstfall Arbeitslosigkeit, kann ich es mir nicht leisten, großzügig über falsche Bewilligungsbescheide hinwegzusehen.

Arbeitslosigkeit ist der häufigste Grund, warum sich Menschen in Deutschland überschulden, zeigt eine Auswertung des Statistischen Bundesamts. Das wundert mich nicht: Im Schnitt liegt das Arbeitslosengeld laut Statistik der Bundesagentur für Arbeit bundesweit bei nur 776 Euro monatlich. Auch nach der Arbeitslosigkeit bleiben Einkommensverluste. Das zeigt eine Studie des Instituts für Arbeitsmarkt- und Berufsforschung über die Folgen der Arbeitslosigkeit infolge der Rezession Anfang der 80er-Jahre. Demnach mussten Beschäftigte, die damals ihren Job verloren, Gehaltsabstriche von zehn bis 15 Prozent innerhalb der folgenden 15 Berufsjahre hinnehmen.

Vor ein paar Monaten hatte ich mir überlegt, dass es gut wäre, wenn jeder Jobsuchende einen Handzettel mit den wichtigsten »Überlebensregeln« im Kampf mit Arbeitsagentur und Arbeitgebern erhalten würde. Regel eins bis drei waren: »Sorge für ein gutes Zeugnis«, »Verwandle dich zum DIN-Bewerber« und »Stelle dich gut mit deinem Jobberater«. Jetzt bin ich so weit, Regel Nummer vier aufzustellen. Sie lautet: »Lass dich immer beraten!« (Und sorge frühzeitig für einen Rechtsschutz.)

Nur in einem Punkt hat mich die Anwältin kürzlich enttäuscht. Ich habe sie gefragt, wie die Anfrage meines ehemaligen Arbeitgebers nach meiner Mitarbeit einzuordnen sei. Es hat sie weder besonders erstaunt noch groß interessiert.

»Die könnten Sie über ein anderes Tochterunternehmen sogar in der Zeit frei beschäftigen, während der die Anstellung noch läuft«, fiel ihr ein.

Wahrscheinlich muss man als Anwalt so nüchtern sein, denke ich mir. Ein Anwalt, der mit jedem Klienten mitfühlt, könnte wohl nicht mehr ruhig schlafen.

Der letzte Punkt auf der Liste meiner Gekündigtenarbeit für heute ist ein Formular meiner Krankenkasse. Ich werde gefragt, was nun künftig mit mir los ist: Habe ich einen neuen Arbeitgeber? Bin ich arbeitslos? Ich kreuze erst einmal »arbeitslos« an, wenn auch widerwillig. Aber natürlich bin ich sehr erleichtert, dass ich während der Arbeitslosigkeit weiterhin krankenversichert bin, ohne selbst Beiträge zahlen zu müssen.

Als Arbeitsloser ist man, sofern man vorher genug Beiträge eingezahlt hat, ein paar Monate rundum versorgt, immerhin. Wer Arbeitslosengeld erhält, ist in der gesetzlichen Kranken- und Pflegeversicherung pflichtversichert. Die Beiträge zahlt die Arbeitsagentur. Auch die Rentenversicherung läuft weiter, die Beiträge übernimmt ebenfalls die Agentur. Sogar eine Unfallversicherung gibt es für den Fall, dass man einen Unfall hat, während man einer »besonderen Aufforderung« der Agentur nachkommt. All das steht im »Merkblatt für Arbeitslose«, meiner Pflichtlektüre.

Wie wichtig diese Absicherung ist, sehe ich an meinem Bruder. Er ist jetzt schon seit Monaten krankgeschrieben. Inzwischen lebt er vom Krankengeld, das etwa 75 Prozent des früheren Nettoeinkommens beträgt. Das zahlen die gesetzlichen Krankenkassen bei Arbeitsunfähigkeit. Die Höchstdauer liegt bei 78 Wochen innerhalb von drei Jahren. Er hat die Chemo inzwischen hinter sich und wird wahrscheinlich in einigen Wochen wieder arbeiten.

»Die Stimmung im Betrieb ist beschissen«, erzählte er mir kürzlich am Telefon.

»Warum?«

»Es gibt nichts zu tun.«

Seit einem Dreivierteljahr ist in seiner Firma Kurzarbeit. 100 Leuten wurde gerade dennoch gekündigt.

»Da ist einer dabei, der hat zwei Kinder und lebt mit seiner Freundin zusammen, die keinen Job hat. Als er die Kündigung bekommen hat, ist er zu seinem Vorgesetzten gegangen und hat gefragt, wie er jetzt die zwei Kinder durchbringen soll. Der hat nur gesagt: Sie sind ja nicht verheiratet. Das ist doch der Wahnsinn!«

»Meinst du, es wird weiter gekündigt?«

»Klar. Ein Kumpel von mir kennt jemanden im Arbeitsamt. Unsere Firma hat für 2010 im Voraus schon 800 Kündigungen gemeldet.«

»800!«, entfährt es mir.

»Ich habe keine Ahnung, was ich machen soll, wenn mir gekündigt wird.«

Gerade war er noch so krank, dass wir alle das Schlimmste befürchten mussten. Und kaum geht es ihm besser, muss er Angst um seinen Arbeitsplatz haben. Kann das nicht einfach mal aufhören?

Arbeitslos

Heute ist der erste Tag in meinem Leben als Arbeitslose. Ich konnte es nicht verhindern, dass es so weit kommt, mit aller Gekündigtenarbeit nicht. Ich versuche, es nicht zu nah an mich heranzulassen. Ich sehe mich nicht als »arbeitslos«, will mich nicht so sehen. Niemals werde ich sagen »Ich bin arbeitslos«, wenn ich gefragt werde »Und was machst du so?«. Ich werde immer antworten »Ich arbeite jetzt selbstständig« – was ja nicht gelogen ist, ich unterschlage nur, dass ich vom Arbeitsamt abhängig bin. Würde ich sagen »arbeitslos«, käme doch zudem niemand auf die Idee, mir Aufträge zu geben. Mit solchen »strategischen« Überlegungen rechtfertige ich meine geschönten Antworten vor mir selbst. Tatsächlich finde ich mich auch feige.

Eigentlich, eigentlich sollte es kein Problem sein, es zuzugeben. Bei Millionen Arbeitslosen sollte der Status »normal« sein, aber ihm haftet etwas an, etwas »Losermäßiges«. Als könnten wir Arbeitslosen selbst etwas dafür, dass wir im Moment keinen Job haben. »Wir Arbeitslosen« schreibe ich, oh Gott.

Der Tag beginnt nicht gut. Gleich am Vormittag erhalte ich einen Anruf aus der Exarbeit.

»Wir können leider nicht mit Ihnen zusammenarbeiten«, wird mir von Frau Schmidt lapidar mitgeteilt. »Wir schaffen das terminlich nicht.«

Im Gespräch hieß es damals noch, es sei kein Problem, wenn ich meine Vertretung eine Woche oder noch später als gewünscht anfinge. Da sei man flexibel. In meiner Zusage kam ich darauf zurück. Wegen der bereits vereinbarten Aufträge hätte ich diese Zeit gebraucht. Da sie damals einverstanden waren, halte ich diese Begründung für seltsam, insistiere aber nicht. Was soll man bei einer Absage auch insistieren.

»Hoffentlich ist das jetzt nicht zu schlimm für Sie«, gibt mir Frau Schmidt noch in mitleidsvollem Ton mit auf den Weg.

Ich ärgere mich schon in diesem Moment heftig darüber, dass

mir keine schlagfertige Antwort einfällt. Die Mitleidstour habe ich wirklich nicht nötig. War es nicht ursprünglich so, dass mein Exarbeitgeber etwas *von mir* wollte? Schließlich haben sie bei mir angerufen und um Unterstützung gebeten.

Ganz klar, ich bin in die typische Bewerberfalle geraten. Eigentlich ist es eine gleichberechtigte Ausgangsposition. Der Bewerber sucht einen interessanten Job und der Arbeitgeber einen passenden Bewerber. Aber im Laufe des Bewerbungsverfahrens schaffen es die Arbeitgeber früher oder später meist, den Bewerber in die Position eines Bittstellers zu manövrieren. Auf einmal wirkt es so, als seien sie am längeren Hebel. Das beginnt im Grunde schon mit dem Bewerbungsschreiben, in dem man als Jobsuchender so viel Persönliches preisgibt. Es geht weiter mit Vorstellungsgesprächen, in denen man sich mitunter plötzlich in Konferenzsälen einem Plenum gegenüber beweisen muss oder mit mehrtägigen Auswahlverfahren, sogenannten Assessmentcentern, in denen man sich in Rollenspielen gegenüber den anderen Bewerbern behaupten soll. Und es spitzt sich zu in Gesundheitstests, die einige Unternehmen verlangen, bevor der Bewerber ihrer Wahl einen Einstellungsvertrag unterschreiben »darf«. Manche Arbeitgeber verlangen sogar Bluttests, andere Urinproben. Das ist sehr umstritten und nur in Ausnahmefällen zulässig. Bewerber könnten dies verweigern, allerdings trauen sich das viele nicht aus Angst, dadurch ihre Chancen zu verspielen.

Bewerber zu sein ist keine angenehme Position. Es sei denn, man ist nicht auf Zusagen von Unternehmen angewiesen – weil man einen festen Job oder eine Alternative in der Hinterhand hat. Ohne mein zweites Standbein der Selbstständigkeit wäre ich wahrscheinlich schon längst in tiefe Selbstzweifel gestürzt. Mit Ausnahme meiner ersten Bewerbung, läuft meine Jobsuche sehr mau. Mit Rückmeldungen lassen sich die Unternehmen Zeit. Irgendwann steckt dann die dicke Bewerbungsmappe, die ich so sorgfältig zusammengestellt habe, wieder im Briefkasten. Oder es kommt gar nichts. Bei einer Bewerbung habe ich seit Wochen nichts mehr vom Arbeitgeber gehört. Ich erhielt damals eine Bestätigung, dass meine Unterlagen eingegangen sind. Das war's. Dabei passe ich gut auf die Jobbeschreibung. Kürzlich habe ich die Webseite des Unternehmens noch einmal angesteuert. Und siehe da: die Stelle ist nach wie vor ausgeschrieben. Inzwischen seit sechs Wochen, obwohl angeblich ein Mitarbeiter »zum sofortigen Eintritt« gesucht wird.

Das passt nicht zusammen und ist keine Ausnahme. Vor allem bei Online-Anzeigen fällt mir auf, dass sie nach ein paar Wochen wieder aufs Neue in meinen Abfragelisten, mit denen ich regelmäßig die Stellenbörsen durchforste, auftauchen. Bei einem Arbeitgeber gab es für die zwei selben Stellen inzwischen drei Mal neue Anzeigen. Das lässt nur drei Schlüsse zu: Entweder haben alle erfolgreichen Bewerber die Probezeit nicht bestanden (das halte ich für unwahrscheinlich) oder bei den Bewerbungen war kein passender Kandidat dabei (das kann ich mir auch nicht vorstellen) oder die Stellen sind gar nicht zu besetzen, sondern dienen dem Firmenmarketing (so muss es wohl sein).

So ein Verhalten muss man sich erlauben können. Und die Unternehmen können es sich erlauben. Je weniger Vollzeitjobs es gibt und je schlechter die wirtschaftliche Lage ist, desto stärker konkurrieren die Jobsuchenden um den immer kleiner werdenden Kuchen.

Ich grübele den ganzen Tag über die Gründe für die Absage. Es ist kein gutes Vorzeichen für die nächsten Monate, wenn der erste Tag der Arbeitslosigkeit mit einem Misserfolg beginnt. Auf einmal bekomme ich Panik: Bin ich jetzt auf dem absteigenden Ast? Sind die guten Jahre auf einmal vorbei? Klappt nun gar nichts mehr? Geht es nur noch abwärts?

Selbst abends, nachdem die Kinder im Bett sind, und Johannes und ich entspannt auf dem Sofa sitzen (könnten), fange ich immer wieder davon an: Lag es an meinem anfangs wenig enthusiastischen Auftritt?

»Aber dafür lief das Gespräch dann doch viel zu gut«, rechtfertige ich mich gegenüber Johannes.

Ich bin der Überzeugung, dass die Termine kein Hinderungsgrund gewesen wären, wenn man wirklich mit mir hätte zusammenarbeiten wollen. Aber woran lag es dann? Am Preisschild, das mir aus dem Kragen hing, sicherlich auch nicht. So etwas ergibt eine nette (oder peinliche, je nach Standpunkt) Anekdote, aber deswegen sagt man doch nicht ab. Womöglich hat der Geschäftsführer tatsächlich das Budget für freie Mitarbeiter eingefroren. Oder wissen sie selbst nicht genau, was sie wollen – sind unklare Vorstellungen und schlechte Abstimmung der Grund für die Absage?

»Vielleicht warst du dem Chef nicht leidenschaftlich genug«, will mich mein Mann aufziehen, aber nachdem er meine sich inzwischen ins Dramatische neigende Laune erfasst hat, meint er: »Lass es gut sein. Das passt schon so.«

»Das passt schon so. Das passt schon«, wiederhole ich für mich. »Jetzt kannst du das Tempo etwas drosseln.« Tatsächlich habe ich die vergangenen Wochen richtig Stress gehabt. Ich habe so gearbeitet, als würde die Vertretung klappen. Das musste ich auch, sonst hätte ich es zeitlich nicht geschafft. Und ich habe in aller Eile meine Selbstständigkeit vorangetrieben, um sie rechtzeitig bei der Arbeitsagentur durchzubekommen.

»Vor allem die Selbstständigkeit kannst du jetzt in Ruhe angehen«, rede ich weiter auf mich ein. Ich versuche, mich auf die positiven Folgen der Absage zu konzentrieren. Es gelingt mir nur nicht ganz. Sie hat mich sehr getroffen. Auf einmal erkenne ich, dass alle Versprechungen meiner früheren Chefs – »Ich würde dich sofort wieder nehmen, aber die Lage …« leere Versprechungen waren, dabei hatte ich sie die ganzen Monate im Hinterkopf, hatte Hoffnungen darauf gesetzt. Da wird nichts mehr kommen aus der Exarbeit. Das war's. Endgültig. Es ist, als hätten sie mir ein zweites Mal gekündigt.

Die Existenzgründung

Die folgenden Nächte träume ich von seltsamen Bürowelten, die immer Ähnlichkeit mit meiner Exarbeit haben. Es tauchen Exkollegen und Exchefs und Bewerber auf, die neue Aufgaben übernehmen und sich beweisen müssen. Es geht in diesen Träumen immer darum, Leistung zu zeigen.

Das wundert mich etwas. Ich habe das während meiner Jahre in der Exarbeit nicht so albtraumhaft erlebt. Zumindest habe ich es nicht so in Erinnerung. Oder hat sich schon der milde Schleier des Vergessens darübergelegt? Mache ich mir im Rückblick die Exarbeit schöner als sie ist (Verzeihung: war)? Von dem Schriftsteller Sinclair Lewis ist das passende Zitat überliefert: »Man schimpft nur so lange auf die Arbeit, bis man keine mehr hat.« Hatte ich Grund zum Schimpfen?

Wie war das damals? Sicherlich gab es einen hohen Erwartungsdruck, gut und viel zu arbeiten. Es fiel auch immer mehr an, da über Jahre Personal abgebaut wurde. Dazu kam die Einführung von Zielvereinbarungen und Leistungsbezahlung. Seither war ein Teil des Gehalts nicht mehr fix. Es wurde nur dann ausgezahlt, wenn Arbeitsziele, die zuvor mit dem Vorgesetzten festgelegt worden waren, erreicht wurden. Je zufriedener der Chef mit einem war, desto mehr Geld gab es. Das Ganze sollte Anreize schaffen, die Motivation steigern und gute Leistung belohnen (als würden Mitarbeiter nicht von sich aus gerne gut arbeiten, sondern müssten erst dazu angetrieben werden, indem man ihnen die Karotte vor die Nase hält). Bei uns Beschäftigten kam es eher als Geldsparidee an, die sich ein findiger Kopf in der Geschäftsführung ausgedacht hatte. Jetzt erinnere ich mich auch an die Kollegen, die mit dem herrschenden Leistungsdruck nicht zurechtkamen. Die aneckten, von Vorgesetzten gemobbt, krank wurden. Ich erinnere mich, wie furchtbar ich das fand, als unter der Hand der erste Burnout bekannt wurde, und wie hilflos ich mich fühlte, den Kollegen wirklich zu helfen, die es schwer hatten. Ich war ja selbst von oben bis unten mit Arbeit zugeschüttet und damit beschäftigt, durch die Arbeitstage zu kommen.

Wenn ich nun morgens nach so einem Traum aufwache, bin ich froh, nicht mehr in diese hektische und komplizierte Bürowelt zu müssen. Dann gerate ich ins Schwärmen über die Freiheiten und Möglichkeiten, die mir eine selbstständige Arbeit eröffnen könnte. Den Arbeitstag kann ich selbst einteilen, statt Sklave vorgegebener Bürozeiten zu sein. Ich spare mir stundenlange unnötige Meetings und viele lästige Absprachen und kann so viel effizienter arbeiten. Ich kann meine Ideen sofort umsetzen, statt erst ein Team davon überzeugen zu müssen. Auf einmal sind alle Bewerbungen vergessen und es scheint so klar, dass das meine berufliche Zukunft sein soll.

Aber sie hat natürlich auch Schattenseiten, die mögliche Selbstständigkeit. Darüber grübele ich dann nach, wenn ich nachts nicht schlafen kann. Statt zu träumen denke ich an Bewilligungsbescheide oder an die Umsatzsteuer oder an plötzliche Einfälle von sprunghaften Auftraggebern, die die bisherige Arbeit infrage stellen. Dann rechne ich wieder, wie gut die Auftragslage sein muss, damit ich Zahlungsschwankungen aushalten kann. Ich habe bereits gemerkt, dass die Honorare teilweise spät gezahlt werden, einige Rechnungen sind noch offen. »Und was mache ich, wenn ich mal krank werde?«, frage ich mich und schlage mich in der Dunkelheit mit Begriffen wie Krankentagegeld und Berufsunfähigkeitsversicherung herum. Irgendwann, nach Stunden des Sorgenwälzens, kapituliere ich und schleiche mich auf Zehenspitzen ins Wohnzimmer. Dort sitze ich dann mit einem verspäteten Glas Rotwein und einem Salamibrot auf der Couch und versuche, mich mit der Lektüre des Fernsehprogramms abzulenken.

Es geht mir wie Luc. Auf einmal habe ich Angst vor Hartz IV. Das ist neu für mich. Als Angestellte habe ich mir nie darüber Gedanken gemacht. Ich hatte meinen Kündungsschutz und, falls es mich doch treffen sollte, die Gewissheit, Arbeitslosengeld beziehen zu können. Eine mögliche finanzielle Unsicherheit schien dadurch so fern. Jetzt beziehe ich Arbeitslosengeld und die Wochen, bald wohl auch die Monate, schrumpfen zusammen. Es geht so schnell. Ich habe Angst, dass die staatlich geförderte Zeit zu kurz sein könnte, um mich als Selbstständige zu etablieren, und dass uns das Geld nicht reicht, nachdem der Gründungszuschuss abgelaufen ist. Leider habe ich guten Grund für meine Skepsis. Selbstständige sind von der Wirtschaftskrise noch stärker betroffen als Angestellte, weiß ich inzwischen. 2009 hat jeder vierte Selbstständige deutlich weniger verdient als zuvor. Das zeigt ein Gehaltsreport des ›manager magazins‹.

Dennoch versuchen sich immer mehr ehemals Festangestellte an das Leben als Selbstständige zu gewöhnen, oftmals notgedrungen. Die Zahl der Existenzgründungen steigt. Und das liegt laut einer Studie des Instituts für Mittelstandsforschung Bonn an den schlechten Chancen auf dem Arbeitsmarkt. Die Selbstständigkeit könne eine gute, »in Einzelfällen die einzige Erwerbsmöglichkeit in Krisenzeiten bieten«, schreibt das Institut. Auch die Existenzgründungen mithilfe des Gründungszuschusses der Arbeitsagenturen nehmen zu. Im Frühling 2010 haben die Arbeitsagenturen 158 000 Existenzgründer gefördert und damit sieben Prozent mehr als im Vorjahr.

Doch wenn es mit dem Gründungszuschuss nicht klappt, sich solide zu etablieren, bleibt danach tatsächlich nur noch Hartz IV, »die Grundsicherung für Arbeitslose«. Wer in diese Situation kommt, der rutscht kräftig ab. Das Schlimme ist: Wer erst einmal Hartz-IV-Empfänger ist, bleibt es mit großer Wahrscheinlichkeit auch länger. Das zeigt eine Umfrage des Instituts für Arbeitsmarkt- und Berufsforschung. Wer es schafft, eine Stelle zu bekommen, muss Abstriche machen: Nur jeder dritte ehemalige Hartz-IV-Empfänger hat eine unbefristete Vollzeitstelle, jeder zweite verdient weniger als 7,50 Euro die Stunde und jeder vierte arbeitet unterhalb seiner Qualifikation. Knapp fünf Millionen Menschen mussten im Jahr 2009 von Hartz IV leben.

Da passt es, dass in der Krise plötzlich Politiker fordern, die

Bezugsdauer von Arbeitslosengeld I zu erhöhen, und darüber debattiert wird, Arbeitslosen mehr Vermögen zuzugestehen, das sie behalten dürfen. Genauso gibt es aber Stimmen, die die alte Mär vom faulen Arbeitslosen wiederbeleben. »In Deutschland gibt es Leistungen für jeden, notfalls lebenslang. Deshalb müssen wir Instrumente einsetzen, damit niemand das Leben von Hartz IV als angenehme Variante ansieht«, meinte etwa der damalige hessische Ministerpräsident Roland Koch. FDP-Chef Westerwelle warnt sogar vor »spätrömischer Dekadenz«. Dabei kann sich allein wegen der Zumutbarkeitsregeln kein Hartz-IV-Empfänger ein schönes Leben machen. Wer einen Job nicht annimmt, dem wird die – ohnehin magere – Unterstützung gekürzt. Das Deutsche Institut für Wirtschaftsforschung in Berlin bestätigt Hartz-IV-Empfängern eine »hohe Arbeitsbereitschaft«. 90 Prozent würden laut einer Studie des Instituts auch kurzfristig sofort eine Stelle annehmen.

Im internationalen Vergleich ist Deutschland seinen Arbeitslosen gegenüber nicht besonders großzügig. Wie eine Studie der OECD zeigt, der Organisation für wirtschaftliche Zusammenarbeit und Entwicklung, erhalten Erwerbslose in vielen anderen europäischen Ländern mehr Geld. Nach fünf Jahren Arbeitslosigkeit bekommt ein Alleinstehender nur noch 36 Prozent seines früheren Nettoeinkommens. Damit steht Deutschland auf Platz 14 der Rangliste von 29 Ländern.

Dabei bin ich mit meinen Sorgen eigentlich zu früh dran. Ich greife vor. Schließlich bin ich zum Glück noch am Anfang und muss den Gründungszuschuss überhaupt erst einmal bekommen. Das kostet mich viel Zeit und Arbeit, die von meinen Aufträgen abgehen. Inzwischen habe ich zwar den Businessplan und die nötige positive Stellungnahme dafür. Aber nun fehlt mir noch eine Bestätigung vom Finanzamt.

Johannes schickt mich ins Servicezentrum, aber ich beschließe, erst einmal dort anzurufen. Am Apparat ist ein sehr netter Finanzbeamter, der nur leider in einem mir nahezu unverständlichen und bislang unbekannten Slang spricht. Er verschluckt jede zweite Silbe. Es klingt ungefähr so: »Da bren Sie Frgbog z steun Fassng«. Er nimmt sich viel Zeit, mir die nötigen Schritte und Unterlagen zu erläutern, und amüsiert sich sehr darüber, dass sie die vielen »Pappuntlag« von der Arbeitsagentur nicht wollen, und sogar mehrmals muss er darüber lachen – wenn ich auch nicht verstehe, wieso –, dass der »Finzmister« die Umsatzsteuer einbehalten will, sofern ich kein Kleinunternehmer bin.

Dahinter steckt eine wichtige Information für mich. Wer im Jahr der Existenzgründung weniger als 17 500 Euro Umsatz macht und im darauffolgenden Jahr voraussichtlich noch unter 50 000 Euro bleibt, muss keine Umsatzsteuer abführen.

Über meine Frage, ob ich zur Abgabe der Unterlagen einen Termin vereinbaren soll, verfällt er in hüpfendes Gelächter. Wenn ich ihn richtig verstehe, wurde seine Behörde so »zumstreicht«, dass sie keine Zeit mehr für Termine haben. Deswegen würde die Bearbeitung meiner Unterlagen auch zwei, drei Wochen dauern. Immerhin hat er so viel Zeit zum Telefonieren, dass ich mich schwertue, die Abschiedsformel einzuwerfen. Aber er gefällt mir, dieser Finanzbeamte. Ich hatte offenbar bislang ein völlig falsches Bild von der Behörde als grauer, strenger Beamtenapparat. Warum kann sich die Arbeitsagentur daran nicht ein Beispiel nehmen?

Ein paar Tage später stecke ich noch immer mitten in den Vorbereitungen für die Existenzgründung und habe zunehmend das Gefühl, dass mir die Sache über den Kopf wächst. Erst telefoniere ich mit meinem Steuerberater. Ich will mich absichern, damit ich bei dem Formular des Finanzamts, mit dem ich meine Existenzgründung anmelde, nichts falsch mache. Wie immer, wenn ich anrufe, dauert das Gespräch unglaublich lange. Ihm fallen immer neue Informationen ein, die mit meiner ursprünglichen Frage nichts zu tun haben. Es ist, als wäre jeder einzelne Begriff ein Stichwort für ihn, sein Wissen über Steuerparagrafen loszuwerden. Zuerst rattert er sämtliche Belege herunter, die ich sammeln soll (»... CD-Rohlinge, Stifte – wirklich alles, was man so braucht«). Dann erläutert er mir ausführlich, wie meine Rechnungen auszusehen haben (fortlaufend nummeriert, mit Zeitangabe und Steuernummer et cetera). Und schließlich rechnet er mir vor und zurück, dass ich am besten sofort Umsatzsteuer abführen sollte. Ich stöhne innerlich, hatte ich doch gehofft, mir das für das erste Jahr meiner Selbstständigkeit sparen zu können.

Danach meldet sich die Anwältin. Sie empfiehlt mir, in der Ausgleichsquittung, die mir mein früherer Arbeitgeber geschickt hat, den Passus, dass sämtliche Forderungen aus dem Arbeitsverhältnis abgegolten sind, durchzustreichen.

»Rechtlich sind Sie nicht verpflichtet, das zu unterschreiben«, sagt sie. Ich widerspreche nicht, bin aber unschlüssig, ob ich das machen soll. Soll ich jetzt wirklich in dem Formular herumstreichen? Ich hätte lieber einen »sauberen« Abschied. Überhaupt will ich jetzt zum Ende kommen mit der Exarbeit, das endlich abschließen und nicht wegen ein paar Sätzen ein neues Fass öffnen.

Außerdem ist der vierte Bewilligungsbescheid gekommen. Der sei nun in Ordnung. Allerdings will der Sachbearbeiter weitere Belege sehen. Er interessiert sich für das Jahr, für das noch keine Steuererklärung vorliegt. Langsam wird es mir zu viel. Ich will doch gar keinen höheren Freibetrag. Ich bin mit dem korrekten Bewilligungsbescheid völlig zufrieden. Plötzlich fällt mir etwas ein.

»Kann es sein, dass mir der Gründungszuschuss nicht genehmigt wird, weil ich schon vor der Arbeitslosigkeit neben der Festanstellung selbstständig gearbeitet und von Jahr zu Jahr mehr damit verdient habe?«, frage ich die Anwältin.

»Solange es sich um ein Nebeneinkommen handelt, dürfte das unschädlich sein«, erklärt sie mir.

Ich bin nicht wirklich beruhigt, als ich auflege. Das »dürfte« gefällt mir nicht. Außerdem macht mich dieser ganze Beleg- und Formularkram allmählich verrückt. Ich will doch nur in Ruhe arbeiten und nicht ständig Formulare und Kopien an Behörden und frühere Arbeitsstellen schicken und hoffen, dass ich alles richtig ausgefüllt habe und nichts zu meinem Nachteil ausgelegt wird.

Und gerade in diesem Moment zunehmender Überforderung und beginnender Verzweiflung ruft ein Kollege an, dem damals mit mir zusammen gekündigt wurde – und bietet mir seinen neuen Job an. In diesem Moment wirkt das auf mich wie die Rettung vor weiterem Behördenwahnsinn. Außerdem habe ich mir die vergangenen Tage so viele Gedanken gemacht, ob ich mir die Existenzgründung mit Familie »leisten« kann. Ich zeige mich sofort an der Stelle interessiert und bin sehr gespannt, wie es weitergeht.

Abends berichte ich Johannes von der neuen Wendung. Er reagiert sehr nüchtern.

»Warum wechselt er denn den Job?«, fragt er mich.

»Das liegt ihm nicht. Er will etwas anderes machen«, erzähle ich die Beweggründe meines Kollegen nach – zumindest soweit sie dieser mir verraten hat.

»Du doch auch«, sagt mein Mann.

Das sitzt. Ich bin kurz still und versuche in mich zu gehen. Aber ich habe die vergangenen Stunden innerlich schon Partei für diesen Job ergriffen. Ich bin nicht mehr frei in Gedanken, einzuschätzen, ob Johannes recht hat oder nicht. Ich versuche ihm zu erklären, warum ich plötzlich wieder so sehr an einer festen Stelle interessiert bin, nachdem doch die vergangenen Wochen alles auf die Selbstständigkeit zulief.

»Der Job ist gut bezahlt«, fange ich an. »Besser als mein alter. Und die Position ist offenbar nicht besonders anstrengend. Und das Team nett. Und ich habe mir die vergangenen Tage so viel Stress gemacht, ob das mit dem Gründungszuschuss wirklich hinhaut. Und wenn nicht, ob ich rechtzeitig einen Job an Land ziehe.« Je mehr ich rede, desto stärker spüre ich, dass ich mir das nicht ausreden lassen möchte. Ich will da hin zum Vorstellungsgespräch. (Dabei bin ich davon weit entfernt. Ich muss erst einmal abwarten, wie es ankommt, wenn mein Kollege mich bei seinem Noch-Arbeitgeber empfiehlt.)

»Ja, du hast recht«, sagt daraufhin mein Mann.

Das ist mir eine zu plötzliche Sinneswandlung. Warum gibt er mir so schnell recht? Das passt mir auch wieder nicht.

Weil ich mir nun selbst zu kompliziert werde, sage ich: »Ich gehe auf jeden Fall mal hin und schaue mir die Sache an«, um das Thema zumindest für heute Abend abzuschließen.

Später bestärkt mich noch Ella in meinem Entschluss. Ich will mich gerade in mein Home-Office zum abendlichen Arbeiten zurückziehen, da fängt sie an zu meckern.

»Na, toll. Die anderen Mamas haben abends immer für ihre Kinder Zeit! Da war es ja noch besser, als du den ganzen Tag gearbeitet hast. Immer bin ich abends allein«, wirft sie mir vor.

Das ist zwar übertrieben, schließlich ist ja Johannes auch noch da. Aber sie löst ein furchtbar schlechtes Gewissen bei mir aus. Und mein Vorsatz wird immer fester: Natürlich gehe ich zum Vorstellungsgespräch!

Regel Nummer fünf

Von wegen Vorstellungsgespräch. Es sind bereits drei Arbeitstage vergangen, ohne dass ich irgendetwas von dem neuen Arbeitgeber meines Exkollegen gehört hätte. Und heute ist Samstag. Spätestens Freitagnachmittag hatte ich mit einem Anruf gerechnet. Ich hatte mir ausgemalt, das sei die Zeit, wo es ruhiger im Büro wird und auch ein gestresster Chef Zeit für ein Telefonat mit einer möglichen künftigen Mitarbeiterin findet. Ich bin enttäuscht.

Bewerben ist anstrengend, weil man sich mit jeder Bewerbung einen anderen Job zusammenfantasiert und herbeisehnt. In wie vielen neuen Büros ich mich schon sitzen sah! Jedes Mal, wenn es dann nicht klappt, entweder weil ich (noch) nicht eingeladen wurde oder das Gespräch nicht gut lief oder ich gleich eine Absage erhalte, kommt der Frust. Das ist ein richtiger Energiekiller und es kostet jedes Mal aufs Neue Kraft, die Enttäuschung zu verarbeiten.

»Ich bin gefrustet, weil die nicht anrufen«, will ich Johannes vorjammern.

»So ist das eben«, sagt er einfach. »Es läuft doch genug bei dir. Du hast viele Bälle im Spiel.«

Stimmt, er hat recht und genau das Richtige gesagt. Sofort mache ich mich daran, den letzten nötigen Formularkram für die Selbstständigkeit zu erledigen und bringe anschließend gleich das Kuvert fürs Finanzamt zur Post. Danach eile ich zufrieden nach Hause. »Wahrscheinlich soll es so sein. Ich soll mich selbstständig machen«, unke ich ein bisschen Schicksal in mein Arbeitslosendasein hinein. Ich weiß, es ist albern, aber der Gedanke versöhnt mich.

Den neuen Arbeitgeber hake ich innerlich ab. Und auch mit den anderen, bei denen ich noch Bewerbungen offen habe, versuche ich abzuschließen. Ich will in meinen Gefühlen nicht mehr abhängig sein von den Zeitplänen und Entscheidungen fremder Unternehmen. Es ist Zeit für eine neue Regel, eine Regel, die ich mir selbst immer wieder sagen muss, und mit dieser ist mein »Empfehlungskatalog« für Gekündigte komplett:

Regel Nummer eins: Sorge für ein sehr gutes Zeugnis – und lass es prüfen.

Regel Nummer zwei: Verwandle dich zum DIN-Bewerber.

Regel Nummer drei: Stelle dich gut mit deinem Jobberater in der Arbeitsagentur.

Regel Nummer vier: Hole *immer* rechtlichen Rat ein.

Regel Nummer fünf: Lass dich nie unterkriegen und fang bloß nicht an, an dir zu zweifeln!

Am Nachmittag treffe ich endlich mal wieder Sarah. Wir haben uns schon lange nicht mehr gesehen. Früher kamen wir meist abends, nach der Arbeit, zusammen. Jetzt, wo der Abend zu meiner Hauptarbeitszeit zählt, habe ich oft keine Zeit für eine Verabredung.

Nachdem wir schon seit zwei Stunden spazieren gehen, fällt mir auf, dass etwas fehlt. Sarah hat sich heute noch gar nicht über ihren Job beschwert.

»Du erzählst gar nicht mehr so viel von der Arbeit«, sage ich zu ihr.

»Es läuft«, sagt sie. »Und wenn es doch Ärger oder Stress gibt, habe ich mich inzwischen anscheinend daran gewöhnt.«

Ich nehme an, dass es auch daran liegt, dass Sarah weniger arbeitet als früher. Sie hat ihre Arbeitszeit zurückgefahren und ist jetzt nur noch vier Tage die Woche im Büro. Sie spürt die finanzielle Einbuße zwar deutlich. »Aber das ist es mir wert«, sagt sie. »Ich will auch Zeit für mich und meine Freunde haben und nicht immer nur arbeiten.«

Mit ihrem Teilzeitjob liegt sie im Trend. Immer mehr Festangestellte haben keine volle Stelle, nur noch 71 Prozent arbeiten Vollzeit. Von der Wirtschaftskrise sind Teilzeitarbeiter seltener betroffen, weil sie vor allem im Dienstleistungsbereich arbeiten. Aber dafür verdienen sie auch weniger. Im Durchschnitt werden für einen Teilzeitjob 16,04 Euro pro Stunde gezahlt. Bei Vollzeitstellen liegt der Durchschnitt bei 20,98 Euro. Das liegt auch daran, dass es kaum Führungspositionen in Teilzeit gibt. Der Haken daran: Auch später bei der Rente werden die Teilzeitarbeiter das geringere Einkommen spüren.

Mich hat Sarah auf eine neue Idee gebracht. Ich könnte mich doch auch auf Teilzeitstellen bewerben! Falls es mit der Existenzgründung nicht klappt, würde mir eine Teilzeitstelle ein festes monatliches Einkommen sichern, daneben könnte ich weiterhin selbstständig arbeiten. So hätte ich noch mehr »Bälle im Spiel«.

Auf Sarahs Fragen, wie es bei mir läuft, antworte ich nicht ganz offen. Ich unterschlage meine Bedenken und meine schlechten Bewerbungserfahrungen und meine ungewisse Zukunft, erzähle stattdessen nur von meinen Aufträgen.

»Und das ist jetzt dein Plan für die nächsten Jahre, selbstständig zu arbeiten?«, fragt sie nach.

Das bringt mich ein bisschen ins Stammeln. »Ja, aber wenn ich nicht genug Geld damit verdiene, muss ich mich eben wieder bewerben, äh, also, mir einen Job suchen.«

Ich weiß nicht, warum ich nicht mehr erzähle, wir sind gut befreundet, Sarah und ich. Warum frage ich sie nicht, wie sie meine fünf Regeln für Jobsucher findet? Warum erwähne ich nicht, dass mich mein Exarbeitgeber nicht einmal als freie Mitarbeiterin will? Warum erzähle ich nicht, dass ich noch Bewerbungen offen habe – und es genauso gut sein könnte, dass ich in ein paar Wochen wieder angestellt bin? Warum erwähne ich nicht, dass mein brandneuer Plan B ein Teilzeitjob ist? Sollte meine erfolgreiche und optimistische Fassade schon so verhärtet sein, dass ich es noch nicht einmal schaffe, guten Freunden zu sagen, was wirklich los ist? Oder habe ich meinen Bewerbungseuphemismus zu weit getrieben? Vielleicht gelingt es mir nicht mehr, ehrlich zu sein. Ich kann mich manchmal nicht mehr hören, wenn ich davon rede, dass die Kündigung auch eine »Chance« ist und die Selbstständigkeit sich »super mit Familie vereinbaren lässt«. Das stimmt, natürlich – wenn nur die Existenzängste nicht wären.

Die folgenden Tage falle ich in ein Motivationsloch. Das Wetter passt dazu. Es ist seit Tagen trüb. Kein Sonnenlicht, nirgends. Ich bin antriebslos.

»Das muss auch mal sein«, sagt Johannes.

Mag sein. Aber mich macht das sehr unzufrieden. Es war doch gerade das – auch teilweise übertriebene – Tätigsein, das mir die vergangenen Wochen half, über die Kündigung einigermaßen hinwegzukommen und die Unsicherheit der Bewerbungsphase zu ertragen.

Ich zwinge mich trotz Motivationsloch zu arbeiten – aber ich surfe nur nach Fachliteratur statt wirklich etwas zu tun. Und während ich mich so ablenke, kommt endlich die Mail vom neuen Arbeitgeber meines Exkollegen. Jetzt, nachdem ich die Stelle innerlich schon wieder abgeschrieben hatte.

Das ist das Seltsame an meiner Lebens- und Arbeitssituation seit der Kündigung. Ein Anruf oder eine Mail können plötzlich alles ändern – oder zumindest scheint es so, als hätten sie die Macht dazu. Noch hat sich ja nichts Entscheidendes bei mir getan, nichts Unvorhergesehenes hat sich realisiert. Aber es war zwei Mal fast so weit. Zum ersten Mal, als meine Bewerbung und mein Vorstellungsgespräch in dem fernen »Kaff« so erfolgreich waren. Und zum zweiten Mal, als plötzlich Herr Roth anrief und mir einen Vertretungsjob anbot. Und jetzt die Mail.

Die vergangenen Tage wäre so viel zu tun gewesen, entschuldigt sich der Chef und lädt mich zum Vorstellungsgespräch ein. Ich bin also noch im Rennen! Ich sage zu und spüre sofort einen Energieschub. Das Motivationsloch ist weg.

Kurz darauf klingelt mein Handy. Eine frühere Kollegin, die schon vor Jahren den Arbeitgeber gewechselt hatte, ist dran.

»Wie geht's dir denn?«, fragt sie und: »Was machst du denn jetzt so?«

Ich spule mein Sätzchen herunter, dass es mir gut geht und ich inzwischen selbstständig arbeite.

»Bewirbst du dich gar nicht?«, will sie wissen.

»Doch, wenn ich etwas Interessantes und Passendes sehe«, gebe ich zu.

»Ich habe bei uns von einer Stelle gehört und sofort an dich gedacht!«, rückt sie heraus.

Ich reagiere, inzwischen wirklich routiniert, mit der Antwort eines erfahrenen Bewerbers, dass das »sehr interessant« klingen würde.

»Das wäre ja toll, wenn die dich kriegen!«, ruft sie begeistert. »Du bist eigentlich sogar überqualifiziert.« Sie verspricht, mich auf dem Laufenden zu halten.

Mit dem »überqualifiziert« hat sie recht. Besonders spannend klingt die Stelle nicht, auch das Gehalt, das sie bereits angedeutet hat, ist bescheiden. Aber ich will mir die Chance auf einen Job nicht entgehen lassen. Ich will nichts von vornherein ausschließen. Das beruhigt mich. Irgendetwas davon, sage ich mir dann in Momenten, in denen die Angst wieder hochkommt, wird schon klappen, muss klappen.

Am nächsten Tag bin ich mit Luc zum Mittagessen verabredet. Wir treffen uns in der Innenstadt in einem Restaurant, in dem außer uns nur Anzugträger sitzen. Es ist einen Tick zu schick – für uns, nicht für die anderen. Es ist so offensichtlich: Sie sind gerade in Mittagspause und haben einen überdurchschnittlich bezahlten Bürojob. Wenn ich sie sehe, wirkt ihr Büroalltag, aus dem ich seit ein paar Monaten ausgeschlossen bin, so selbstverständlich, so unabdingbar. Ich hätte Lust, nach dem Essen auch einfach an meinen Arbeitsplatz zu gehen.

Luc scheint das gar nicht aufzufallen. Er bezieht unsere Umgebung nicht auf sich. Er hat sich inzwischen mit dem Gründungszuschuss selbstständig gemacht.

»Das hat problemlos funktioniert«, erzählt er.

»Ich habe auch schon alles vorbereitet«, kontere ich stolz.

»Warst du bereits beim Finanzamt?«

»Denen habe ich die Unterlagen geschickt. Aber das kann zwei, drei Wochen dauern, meinten die.«

»Du musst nur aufpassen, dass du dich nicht zu früh selbstständig machst, schon bevor du den Antrag für den Gründungszuschuss losschickst. Sonst klappt das nicht«, warnt er mich.

Als wir uns verabschieden, sagt er beschwörend: »Ich an deiner Stelle würde echt nichts überstürzen. Warte erst mal in Ruhe deine Bewerbungen ab, danach kannst du immer noch den Gründungszuschuss beantragen. Du tust doch nichts Verbotenes. Du bewirbst dich und bereitest deine Selbstständigkeit vor. Warum machst du nicht einen Termin mit dem Jobberater und besprichst deine Situation?«

Auf dem Heimweg schwirren mir Lucs Worte durch den Kopf. Allerdings blieben bei mir nicht die beruhigenden, gut gemeinten Ratschläge hängen. Mir klingt nur das »Sonst klappt das nicht« nach. Oh, dieser Formularkrieg im Paragrafendschungel, das ist wirklich nicht mein Ding. Nachdem die Unterlagen beim Finanzamt so lange liegen, kann es tatsächlich sein, dass ich den Beginn der Unternehmensgründung darin zu früh datiert habe. Was mache ich jetzt nur?

Diese Frage beschert mir eine schlaflose Nacht. Ich steigere mich in den Gedanken hinein, dass mir die Arbeitsagentur den Zuschuss wegen einer Formalie verwehrt. Dann fällt mir plötzlich ein: Was ist, wenn du den Zuschuss bekommst, aber kurz darauf die Zusage für den Job deines Exkollegen? Dann musst du hektisch für ein paar Wochen die Krankenversicherungen ändern, funktioniert das überhaupt so schnell? Und was ist, wenn du oder die Kinder in dieser Zeit krank werden?

Auf einmal wird alles zum Problem. Und dann bin ich auch noch selbst daran schuld! Ich ärgere mich, dass ich mich so mit dem Antrag beeilt habe. Ich setze mich damit unnötig unter Zeitdruck.

Zu dieser Eile angetrieben hat mich die Aussicht auf den Vertretungsjob in der Exarbeit. Jetzt, wo nichts daraus wird, könnte ich mir natürlich Zeit lassen. Andererseits bin ich lieber selbstständig als arbeitslos. Das Gefühl, von dieser Behörde abhängig zu sein, ist furchtbar. Ich fühle mich so ausgeliefert.

Am nächsten Morgen sage ich völlig verzweifelt zu Johannes: »Ich dreh durch!«

Umständlich und aufgeregt erkläre ich ihm die Schwierigkeiten, die ich mir in der Nacht ausgemalt habe. Es dauert eine Weile, bis er meine vermeintlich existenzbedrohenden Katastrophenszenarien nachvollziehen kann.

»Was soll ich denn jetzt nur machen?«, frage ich hilflos. In der Nacht hatte ich in Gedanken schon einen herzzerreißenden Brief an die Arbeitsagentur geschrieben, in dem ich erkläre, warum das Datum meiner Unternehmensgründung so früh liegt, und demütig um Verzeihung bitte.

»Jetzt rufst du erst einmal beim Finanzamt an und fragst, ob du den Termin um einen Monat nach hinten schieben kannst«, sagt er ruhig.

Das mache ich. Bereits dem Mitarbeiter, der unter der Nummer der Zentrale abnimmt, erkläre ich umständlich den Grund meines Anrufes. Als er eine Atempause von mir nutzt, um endlich zu Wort zu kommen, sagt er: »Ich verbinde Sie weiter.«

Nun habe ich eine Dame an der Leitung. Ich wiederhole mein kompliziertes Anliegen. Sie findet sofort meine Unterlagen.

»Dann mache ich einen Vermerk. Wir werden das diese Woche bearbeiten.«

»Und klappt das, dass ich erst einen Monat später meine Selbstständigkeit starte?«, frage ich noch einmal, da ich nicht weiß, ob mit einem »Vermerk« die Sache erledigt ist. »Dann könnte ich eine Bewerbung abwarten und den Zuschuss in Ruhe beantragen«, wiederhole ich mich, um Verständnis heischend.

»Von uns aus ist das kein Problem«, sagt sie.

Vor lauter Erleichterung rufe ich aus: »Vielen Dank! Vielen Dank! Ich hatte eine schlaflose Nacht deswegen!«

»Das ist es nicht wert«, sagt sie lachend.

Ich könnte sie umarmen. Plötzlich scheint alles klar und einfach.

Neues Hin und Her

Heute könnte ein großer Tag werden. Am Nachmittag ist das Vorstellungsgespräch beim Chef meines Exkollegen. Ich wache voller Energie auf und bin gespannt, wie es laufen wird. Doch erst mal kommt ein Brief von der Arbeitsagentur. Was mag das wohl wieder sein? Ich reiße den Umschlag auf. Es ist ein Schreiben meiner Jobberaterin Frau Mayer. Der Betreff lautet »1. Einladung«.

»Sehr geehrte Frau Berger«, schreibt sie. »Ich möchte mit Ihnen über Ihr Bewerberangebot bzw. Ihre berufliche Situation sprechen. Das ist eine Einladung nach § 309 Abs. 1 Drittes Buch Sozialgesetzbuch (SGB III) in Verbindung mit § 144 SGB III. Bitte beachten Sie unbedingt die nachfolgenden Rechtsfolgenbelehrungen« und so weiter und so fort. Die Rechtsfolgenbelehrung kenne ich ja schon. Wenn ich »ohne wichtigen Grund« nicht erscheine, wird mir eine Sperrzeit beim Arbeitslosengeld verpasst. Es liegt ein Formular bei. Hier kann ich ankreuzen und ausfüllen, warum ich der Einladung möglicherweise nicht folgen werde.

Ich versuche ruhig zu bleiben, es nicht persönlich zu nehmen. Ich weiß, es ist ein Standardbrief. Er trägt nicht einmal eine Unterschrift. Wer weiß, ob ihn Frau Mayer überhaupt selbst ausgedruckt hat.

Ich überlege kurz, ob ich mit dem Hinweis auf die laufende Bewerbung und meine Vorbereitungen für den Gründungszuschuss absagen soll. Ich kann das nicht schnell mit Frau Mayer direkt besprechen, da ich weder ihre Durchwahl noch ihre E-Mail-Adresse habe. Auf den Schreiben sind immer nur die Hotline und eine zentrale E-Mail-Adresse angegeben. Ich könnte also nur bei der Hotline anrufen und um einen Rückruf bitten, aber das ist mir jetzt zu kompliziert. Ich beschließe, erst einmal abzuwarten. Der Termin ist in drei Wochen. Wer weiß, was bis dahin passiert. Absagen kann ich dann immer noch.

Inzwischen erkläre ich mir diese Briefe voller Belehrungen und Drohungen so: Es ist unmöglich, bei Millionen Arbeitslosen ständig zu kontrollieren, ob jeder seine gesetzlich festgelegten »Pflichten« erfüllt, ob zum Beispiel wirklich jeder jeden Tag gesund ist, nicht einen Tag nicht gemeldeten Urlaub bei der Schwiegermama macht und auch brav Bewerbungen auf jeden zumutbaren Job schreibt, selbst wenn das 30 Prozent Einkommensverlust bedeutet. Das ist schlimmer, als einen Sack Flöhe zu hüten. Deswegen versuchen die Arbeitsagenturen, eine Autorität aufzubauen wie ein böser Lehrer alter Schule, der mit dem Stock droht, falls die Kinder nicht spuren. Dahinter steht das Bild des unmündigen Arbeitslosen, der geführt werden muss, weil er nicht von sich aus alles dafür tut, aus der Phase der Joblosigkeit zu kommen. Dem entsprechen die Briefe: Sie sind von vorneherein serienmäßig in einer Sprache der Drohung verfasst. »Tu bloß nichts Unrechtes! Wir erwischen dich und die Strafe wird dich hart treffen«, wird jedem Empfänger auf diese Weise vorsorglich gedroht, als hätte der arbeitslose Mensch per se eine Tendenz zum Faulsein und Regelbrechen.

Am Nachmittag mache ich mich auf den Weg zu dem Bewerbungsgespräch. Ich kämpfe mich in einem wahren Schneesturm zu der Firma. Es hat erst heute angefangen zu schneien, aber alle Straßen sind mit Schnee bedeckt, es ist rutschig und die Sicht ist schlecht. Schneeflocken fliegen mir ins Gesicht. »Warum musst du auch immer mit dem Fahrrad fahren?«, schimpfe ich mich. »Andere Bewerber nehmen doch auch das Auto oder die U-Bahn!« Ich stelle mir vor, wie ich in eleganten und sauberen Bewerberschuhen aus dem Auto steige, das ich direkt vor dem Eingang abgestellt habe. Stattdessen habe ich dicke Stiefel an und Wäscheklammern an den Hosenbeinen, damit sie nicht in die Speichen geraten. Gestern bin ich den Weg schon einmal gefahren, um zu sehen, wie lange ich brauche und wo genau das Büro liegt. Darüber bin ich heute froh, denn wegen des Schneegestöbers dauert alles länger. Ich wäre in Stress geraten, wenn ich mich erst heute hätte orientieren müssen.

Nachdem ich mein Rad geparkt habe, muss ich mich erst einmal abklopfen und mich von den Wäscheklammern und der Extralage Schal und Mütze befreien, damit ich überhaupt erkennbar bin. Weitgehend in Ordnung gebracht, spreche ich bei der Sekretärin vor. Sie macht einen sehr netten Eindruck. Das freut mich. Es spricht für die Stelle. Sie führt mich in einen Besprechungsraum, der etwas chaotisch aussieht. Auf dem Boden stapeln sich Broschüren, auch auf den Fensterbrettern steht Krimskrams. Es ist unendlich heiß. Ich reiße das Fenster auf. Ich will abkühlen, bevor mein möglicher neuer Vorgesetzter kommt. Auf keinen Fall will ich ihm eine schwitzige Hand entgegenstrecken müssen.

Da steckt die Sekretärin den Kopf zur Tür herein. »Setzen Sie sich doch schon mal, Frau Berger. Herr Schrader kommt gleich«, sagt sie.

Ich setze mich nach einigem Zögern tatsächlich, stehe aber gleich wieder auf. Mir ist jetzt nicht nach Sitzen zumute. Ich bin zu unruhig und ich möchte auch nicht, dass mich Herr Schrader sitzend antrifft. Ich bilde mir ein, der Eindruck wäre besser, energischer, wenn ich stehe und ihm gleich zur Begrüßung entgegengehen kann.

Aber es kommt erst einer seiner Mitarbeiter. Ich erkenne ihn sofort, weil ich sein Foto gestern auf der Webseite des Unternehmens gesehen habe. Er trägt keinen Anzug und ich überlege kurz, ob ich overdressed bin, verwerfe aber den Gedanken gleich wieder und beschließe: Als Bewerberin bin ich genau richtig angezogen.

Wir setzen uns gegenüber, einen kurzen Moment herrscht ein seltsames Schweigen. Ich versuche es zu brechen, um die Stimmung zu verbessern.

»Sie haben bestimmt viel zu tun. Die Stelle ist ja schon seit ein paar Wochen unbesetzt«, sage ich also, um das Gespräch zu eröffnen. Das in der Stellenanzeige angegebene Eintrittsdatum liegt schon zwei Wochen zurück, mein Exkollege hat sogar früher aufgehört, weil er Resturlaub hatte.

Das war ein guter Einfall. So kommt er ins Erzählen, spricht viel über die Position und redet sich in Schwung. Allerdings halte ich seinen Redefluss mit ein paar Zwischenfragen auch bewusst am Laufen. Aus seinen Erklärungen wird mir klar, dass er mein direkter Kollege wäre, mit dem ich das Zimmer teilen würde. Er wirkt sympathisch. Es vergehen bestimmt zehn Minuten, bis der Vorgesetzte auf einmal ins Zimmer kommt. Er rauscht einfach herein.

Ich stehe auf, um ihn zu begrüßen und – bilde ich es mir ein? – habe den Eindruck, dass er kurz erschrocken aussieht. Erinnere ich ihn vielleicht an jemanden? Komisch.

Auch er erzählt gleich drauflos. Ich werfe hin und wieder eine Frage ein und bin froh über die Schonfrist. Zwar wiederholt er nur, was der Kollege erzählt hat und was ich im Groben aufgrund meiner Vorbereitung schon alles weiß, aber ich kann mich dadurch akklimatisieren, bevor ich mit den typischen Bewerbungsgesprächsfragen konfrontiert werde. Denn sie kommen unweigerlich: die Fragen zu meinem Lebenslauf, zu meiner letzten Position, zu meinen Vorstellungen. Ich beantworte alles brav und meine Antworten genügen, denke ich, auch den Erwartungen. Allerdings halte ich mich für zu zurückhaltend, komme aber irgendwie nicht aus mir heraus. So plätschert das Gespräch über eine Stunde dahin. Es ist angenehm und sympathisch, ohne Hochs und Tiefs, ohne Auffälligkeiten oder Besonderheiten. Ist das womöglich ein Manko? Müsste ich mehr Begeisterung zeigen? »Leidenschaft«, wie der eine Abteilungsleiter in der Exarbeit forderte?

Während es damals der Chef war, der fragte, ist es hier der Mitarbeiter, der die Fragen stellt und das Gespräch führt. Kann ich daraus schließen, dass der Chef nicht sehr autoritär ist? Oder ist das abgesprochen, damit der Vorgesetzte besser beobachten und zuhören kann? Es ist auch der Mitarbeiter, der schließlich das Gespräch mit einem »Ja, gut« beendet. Wir stehen auf und ich bin kurz unschlüssig, ob ich mir meinen Mantel selbst holen kann – tue das aber einfach, nachdem keiner der beiden Anstalten dazu macht. Es war die richtige Entscheidung. Sie bleiben auch stehen, als ich ihn anziehe, helfen mir nicht hinein. Plötzlich kommen wir wieder ins Gespräch, ich schon gehbereit in Mantel und Schal. Es ist ein belangloser Small Talk, der sich unangenehm in die Länge zieht. Der Chef redet über die »Ja, gut« des Mitarbeiters mehrmals hinweg. Das macht es schwierig für mich, den passenden Zeitpunkt zum Gehen zu finden. Endlich schaffe ich den Absprung und verabschiede mich.

Sie bleiben beide im Besprechungszimmer zurück. Da fällt nun unweigerlich das Urteil über mich, während ich die Treppe hinuntereile. Eineinhalb Stunden war ich insgesamt dort.

»Ist das eine Arbeit, die du machen willst?«, frage ich mich, als ich nach Hause fahre. »Siehst du dich dort? Ist es besser als selbstständig zu sein?« Es ist eine Arbeit, die ich machen kann, so viel steht fest. Es ist nicht mein Traumjob, aber ich kann es mir vorstellen. Einen Haken hat die Stelle: Sie ist auf ein Jahr befristet. Oder könnte das vielleicht sogar ein Vorteil sein? »Nach dem einen Jahr kannst du dich immer noch selbstständig machen«, sage ich mir.

»Und wie war's?«, fragt Johannes, als ich zur Tür hereinkomme.

»Gut. Glaube ich. Sie haben noch vier weitere Bewerber zum Vorstellungsgespräch eingeladen.«

»Und willst du das machen?«

»Ich weiß nicht«, antworte ich zögernd und sage dann schnell: »Du musst es auch entscheiden. Es würde bedeuten, dass ich wieder jeden Abend so spät wie heute, eher noch später nach Hause komme, wenn der Kleine schon schläft.«

»Meinetwegen musst du das nicht machen«, sagt da Johannes sofort. Er hat offensichtlich auf einmal Panik davor, wieder ganztags allein für die Kinder zuständig zu sein.

Nach ein paar Minuten fragt er: »Ab wann wäre das denn?«

»Ab nächsten Monat.«

»Also in zwei Wochen.«

Da erschrecke ich. Das scheint so bald! Wird sich so schnell alles ändern? Sitze ich tatsächlich in 14 Tagen im Büro neben Herrn Schrader? Ich kann es nicht glauben.

Später ruft mein Bruder an. Er ist gerade auf Kur.

»Der Arzt hat gesagt, dass manche Krebskranke hohe Kredite aufnehmen und zu sehr für die Zukunft planen …«

Ich bin alarmiert. Ich will, dass es meinem Bruder gut geht, dass er jetzt gesund bleibt. Es kann doch nicht sein, dass er sich von diesem Kurarzt eine kürzere Lebenserwartung einreden und sich frustrieren lässt. Und das jetzt, wo er alles so tapfer durchgestanden hat!

»Was soll das denn?«, unterbreche ich deswegen etwas kritisch.

»Er meint, dass man nicht so weit vorausdenken soll, sondern lieber das Leben im Moment genießen.«

»Na ja, das gilt doch für jeden. Für mich auch.«

»Ja, aber es ist schon so, dass die Lebenserwartung nach einer Krebserkrankung kürzer ist.«

»Ich kann auch morgen vom Auto überfahren werden«, werfe ich ein.

»Klar, das sagt er auch«, verteidigt mein Bruder den Arzt, der ihn offenbar mit seinem Spruch beeindruckt hat. »Aber trotzdem ist das Risiko bei Krebskranken höher. Er hat recht, was soll man denn immer an das Rentenalter denken.«

»Ja, stimmt«, lenke ich ein. Dann erzähle ich ihm von meinem Vorstellungsgespräch. »Wie würdest du denn in meinem Fall bei einer Zusage entscheiden? Die einigermaßen gut bezahlte Festanstellung nehmen oder dich selbstständig machen?«, frage ich ihn.

»Das kommt darauf an, was du machen willst«, spielt er den Ball wieder an mich zurück.

»Ja, wollen – selbstständig sein.«

»Wenn du weißt, dass du davon leben kannst.«

»Das weiß ich eben nicht!«, gebe ich zu und wechsle das Thema. Als hätte ich es nicht vorher gewusst: Ich kann fragen, wen ich will – ich bin danach so schlau wie zuvor. Es scheint kein Argument zu geben, auf das ich nicht schon selbst gekommen wäre. Wenn ich nach dem Motto dieses Kurarztes leben wollte, würde ich mich natürlich selbstständig machen. Aber gilt das

Motto auch, wenn man Verantwortung für eine Familie hat? Weil ich nicht weiterweiß, schiebe ich die Entscheidung auf das Unternehmen. Das scheint mir gerade am einfachsten. »Vielleicht sagen sie mir ja ab«, denke ich mir. »Und wenn sie dir zusagen?«, piekst mich eine Stimme, die keine Ruhe geben will.

Wenn sie mir zusagen, dann mache ich es, glaube ich.

Die Tage danach bin ich hin- und hergerissen. Will ich den Job oder nicht? Habe ich ein gutes Gefühl oder nicht? Melden sie sich oder nicht? Sie sagten: Nächste Woche werden wir uns entscheiden. Da war für mich klar: Der Montag darauf wird mein Schicksalstag. Ich nehme mir vor, zuzusagen und dennoch den Gründungszuschuss zu beantragen, sobald die Bestätigung vom Finanzamt da ist. Ich will auf Nummer sicher gehen. Wer weiß – am Ende kommt trotz Zusage kurzfristig etwas dazwischen.

Doch am Montag meldet sich niemand. Das ist ernüchternd. Damit habe ich nicht wirklich gerechnet. Warum will mich auf einmal keiner? Ich komme mir vor wie ein abgelehntes Mauerblümchen auf einem glänzenden Bewerberball. Die vergangenen 15 Jahre lief alles so gut. Und auf einmal will mich keiner mehr?

Der Tag zieht sich hin und je länger sie sich nicht melden, desto – ja, was eigentlich? – ruhiger werde ich, seltsamerweise. »Okay«, sage ich mir. »Jetzt ist es klar. Du machst dich selbstständig. Schluss mit dem ewigen Bewerben.« Ein kleiner Hoffnungsschimmer bleibt jedoch bestehen: Wer weiß, vielleicht melden sie sich auch dieses Mal später, als ich es erwarte? So wie es bei der Einladung zum Vorstellungsgespräch auch der Fall war.

Im Grunde bin ich mit mir unzufrieden, dass ich mich so zum Spielball der Entscheidungen anderer mache. Ich muss doch selbst wissen, was ich will. Diesen Job, einen anderen oder selbstständig arbeiten? Was sind meine Beweggründe? Ich sehe nicht mehr klar, dieser ungewisse Zustand dauert zu lange, inzwischen habe ich jedes Für und Wider, alle Ängste und Wünsche so oft in Gedanken hin- und hergetragen, dass ein Durcheinander entstanden ist, das ich nicht mehr auseinanderbekomme. Was will *ich* eigentlich?

Um mich abzulenken, gehe ich joggen. Johannes kommt mit. Das Rennen tut gut, auch wenn ich kein bisschen in meinen Überlegungen weiterkomme. Auf dem Rückweg laufen wir an einer auffallend attraktiven jungen Frau vorbei, die mit ihren für dieses Wetter zu hohen Schuhen bei jedem Schritt nach links und rechts in den Schnee kippt. Als wir vor der Haustüre stehen bleiben und nach dem Schlüssel kramen, spricht sie uns an. Ihre dunkelblonden Haare fallen in Locken über ihren Mantel herab, den sie in der Taille mit viel Energie zugebunden hat, in der linken Hand trägt sie eine sehr große, gut gefüllte Tasche. Ob in dieser Straße die Produktionsfirma von Til Schweiger wäre?

Nein, mit Sicherheit nicht. Johannes zählt gleich alle Firmen auf, an denen er in unserem Viertel jemals vorbeigekommen ist und die irgendetwas mit Medien zu tun haben könnten. Das stachelt sie an. Ob wir Til Schweiger persönlich kennen würden? Sie reckt ihr hübsches Kinn entschlossen in die Höhe und beginnt, uns von einem »Exposé« zu erzählen, das sie offenbar an sämtliche Produktionsgrößen Deutschlands geschickt hat. Wenn ich sie richtig verstehe, hat sie sich heute aufgemacht, um ein »persönliches Gespräch« darüber an Land zu ziehen und Til Schweiger von ihrem Projekt zu überzeugen. Dass sie statt mit Schweiger ein persönliches Gespräch mit zwei wildfremden Joggern anfängt, die nicht vom Fach sind, scheint sie nicht zu stören.

Johannes schafft es irgendwann, ihren Redeschwall zu unterbrechen und wir verabschieden uns mit einem »Viel Erfolg!«.

»Die war ja wahnsinnig«, sagt er, als wir im Haus sind.

»Nein, die war nicht wahnsinnig. Die ist zielstrebig und ehrgeizig und die wird das schaffen«, erkläre ich ihm. Ich würde mich nicht wundern, wenn sie bei der nächsten Übertragung eines Filmpreises in der ersten Reihe neben Til Schweiger sitzt.

Ich bin echt beeindruckt. Sieht so der Bewerber der Zukunft aus? Er läuft als Hausierer seiner selbst von Unternehmen zu Unternehmen und wartet nicht lange darauf, bis er eingeladen wird. Ich versuche mir vorzustellen, wie ich unaufgefordert beim Chef meines Exkollegen auftauche und ihm zwischen Tür und Angel ein Gespräch aufzwinge, in dem ich meine Vorteile gegenüber anderen Bewerbern herausarbeite. Hätte ich damit Erfolg?

»Was hat sie wohl in ihrer großen Tasche dabei?«, frage ich mich. Als würde es mir weiterhelfen, wenn ich es wüsste.

Die folgenden Tage empfinde ich die Funkstille zunehmend als belastend. Wenn ich wenigstens eine Absage erhielte, dann könnte ich mit der Stelle abschließen. Aber so? Zwar wird es von Tag zu Tag unwahrscheinlicher, dass noch eine Zusage kommt. Doch die Hoffnung scheint sich desto hartnäckiger zu halten. Ich will es mir einfach nicht eingestehen, dass weder sie noch irgendein anderer mich einstellen wollen. Meinen Kollegen haben sie doch auch genommen! Meine erfolglosen Bewerbungen hinterlassen üble Kratzer auf meinem Selbstbild. Das tut weh.

Immerhin scheint es mit der Existenzgründung voranzugehen. Ich juble, als der ersehnte Brief vom Finanzamt im Briefkasten liegt. Endlich! Wochenlang habe ich auf diese Bestätigung gewartet. Ich will gleich beginnen, alle Unterlagen zusammenzusuchen, um den Antrag für die Arbeitsagentur fertig zu machen, und reiße das Kuvert auf dem Weg zu meinem Schreibtisch auf. Dann bleibe ich ungläubig stehen. Das Schreiben ist völlig falsch datiert. Der Beginn meiner Selbstständigkeit liegt laut dieser Bescheinigung schon Wochen zurück. Wie kann das sein? Wie kommen sie auf das Datum? Da fällt es mir ein: Ich hatte bei meinem Anruf gebeten, den Starttermin einen Monat nach hinten zu verschieben – daran muss es liegen. Sie haben aus Versehen das Datum meines Anrufs eingesetzt. Was mache ich jetzt?

Ich wähle die Hotline der Arbeitsagentur. Irrationalerweise hoffe ich, dass sie mir dort sagen, das sei kein Problem. Doch die Mitarbeiterin rät mir sofort, das Datum ändern zu lassen. »Ansonsten wird der Gründungszuschuss rückwirkend ausgezahlt«, erklärt sie. Ich würde ihn also bereits für die vergangenen Wochen erhalten, dafür aber nicht so lange wie ich dachte. Nein, das wäre nicht gut, beschließe ich.

Also rufe ich wieder beim Finanzamt an, auf dem Schreiben ist die Durchwahl des zuständigen Mitarbeiters angegeben. Leider erinnert er sich nicht an mich.

»Dazu kann ich nichts sagen«, wiederholt er mehrmals. »Ich habe die Unterlagen schon an eine andere Abteilung weitergeschickt. Sie stecken sozusagen zwischen zwei Abteilungen«, erklärt er und muss bei dieser Vorstellung lachen. Bei mir löst das Bild eher Schrecken aus – ich sehe mich in einem langen grauen Gang gefangen. Dann rechnet er aus, wann die Unterlagen voraussichtlich bei der Kollegin ankommen werden. »Heute ist Donnerstag. Am Dienstag habe ich es rausgeschickt. Vor Freitag ist das nicht da.«

»Wahnsinn«, denke ich mir, sage aber nichts. Kein Wunder, dass es so lange gedauert hat, bis ich die Bestätigung bekam, wenn die Behörde ganze vier Tage braucht, um Hauspost zu verteilen. Immerhin habe ich die Durchwahl der neuen Sachbearbeiterin ergattert.

Doch die nützt mir erst einmal wenig, wie ich feststelle, als ich am Freitag anrufe. Ich lande nur bei ihrem Anrufbeantworter, der mir mitteilt, dass sie »Teilzeit arbeitet« und nur »von Montag bis Donnerstag« erreichbar ist. Wohl oder übel muss ich das Wochenende über mit dieser offenen Frage leben. Ich ärgere mich über mich. Warum bin ich da so überstürzt herangegangen? Warum habe ich den Start meiner Existenzgründung nicht wie Luc in aller Ruhe so gelegt, dass ich ohne Stress alles vorbereiten kann?

Am Montag rufe ich als Erstes beim Finanzamt an. Die Mitarbeiterin ist auffallend nett – so wie bislang alle Beschäftigten der Steuerbehörde, mit denen ich gesprochen habe. Sie kann mein Anliegen nachvollziehen und wird die Bestätigung ändern. Allerdings muss ich sie ihr erst per Post zuschicken. Das wird also alles wieder ein paar Tage, wenn nicht Wochen dauern …

Wenn ich die Wahl hätte, wäre es mir lieber, das Finanzamt

wäre so schnell wie die Arbeitsagentur und dafür würde die Agentur ihr Tempo etwas drosseln. Ständig kommen Briefe vom Arbeitsamt. Auch heute wieder. »Was wollen die nur immer von mir?«, frage ich mich und reiße den Umschlag gleich auf.

»Sehr geehrte Frau Berger«, schreibt mir ein neuer Sachbearbeiter. »Sie haben mir mitgeteilt, dass Sie selbstständig tätig sind. Ich muss nun prüfen, ob Sie weiterhin Anspruch auf Arbeitslosengeld haben.« Ich soll ihm eine Aufstellung meiner Betriebseinnahmen des laufenden Monats schicken. Ich erstarre vor Schreck. Die Worte »ob Sie weiterhin Anspruch auf Arbeitslosengeld haben« prangen mir vor Augen. »Wieso selbstständig?«, frage ich mich. Ich habe doch den Gründungszuschuss noch gar nicht beantragt.

Sofort beschließe ich, die Anwältin anzurufen, aber sie ist nicht da. Stattdessen werde ich mit einem ihrer Kollegen verbunden. Ich versuche, ihm meine Situation und mein Problem in wenigen Sätzen zu schildern.

»Sie sind ja witzig. Wenn Sie etwas auf selbstständiger Basis verdienen, ist doch klar, dass die Arbeitsagentur Ihren Anspruch überprüfen muss.« Witzig finde ich mich definitiv nicht. Ich bin verzweifelt. Wie soll ich denn von den 600 Euro, die mir diesen Monat für einen Auftrag, den ich vor Monaten erledigt habe, überwiesen wurden, meine Familie ernähren? Seine Antwort halte ich für reichlich arrogant. Es ist die Arroganz der Ahnungslosen. Seine Stimme klingt jung, sicherlich war er noch nie arbeitslos und bestimmt hat er keine Familie, die er versorgen muss. Er klingt so, als würde er mich des »Sozialschmarotzertums« verdächtigen.

»Das ist klar«, verteidige ich mich. »Natürlich melde ich, was ich verdiene, das ist doch gar nicht die Frage. Ich habe Angst, dass mir das Arbeitslosengeld ganz gestrichen wird. Falle ich jetzt raus, weil ich als selbstständig gelte?«

»Was steht denn da?«, fragt er leicht besänftigt. Nachdem ich ihm den Brief vorgelesen habe, sagt er: »Es gibt nun einmal viele Arbeitslose, die es nicht so genau nehmen. Deswegen hat sich die Bundesagentur eine martialische Sprache angewöhnt. Das ist ein reines Routineschreiben.«

Ich bin leicht beruhigt, da fällt mir noch etwas ein. »Das Honorar, das ich diesen Monat erhalten habe, ist für einen Auftrag, den ich schon vor Monaten erledigt habe, vor der Arbeitslosigkeit. Muss ich das jetzt trotzdem melden?«

»Ja, das ist zwar ärgerlich, aber es gilt das Zuflussprinzip.«

»Ja«, sage ich. Denn das kenne ich. Das ist in der Elternzeit auch so. Jeder Verdienst, auch wenn er sich auf Arbeiten bezieht, die vor der Elternzeit liegen, wird vom Elterngeld abgezogen. Entscheidend ist, wann der Betrag auf dem Konto eingeht – also »zufließt«. Das habe ich damals in der Elternzeit kräftig zu spüren bekommen. Weil das für Selbstständige eine Katastrophe ist, gibt es schon mehrere Klagen dagegen.

»Die Einkünfte haben Sie jetzt und zu diesem Zeitpunkt müssen Sie sie auch angeben«, sagt er unbeteiligt. (Dass das so nicht ganz stimmt, werde ich erst viel später erfahren, siehe dazu Seite 230).

Ich bin entsetzt. Nach dem Telefonat schaffe ich es noch bis zu Johannes. Dann breche ich in den ersten Weinkrampf aus, seit mir gekündigt wurde.

Ich kann nicht mehr.

Seit Monaten bemühe ich mich, einen Job zu finden und arbeite parallel selbstständig, um für eine mögliche Existenzgründung gewappnet zu sein – und jetzt darf ich nicht einmal diese läppischen 600 Euro behalten. Es werden noch mehr solcher alten Honorare eingehen, weil meine Auftraggeber so spät zahlen. Da wäre es doch besser gewesen, ich hätte Däumchen gedreht! Auch dieser ständige Verdacht der Behörde, ich würde meine Pflichten nicht erfüllen oder etwas unterschlagen, macht mich ganz verrückt. Diese Briefe mit den ewigen Belehrungen nach § XY Sozialgesetzbuch: »Wenn Sie nicht mitwirken, muss ich Ihnen die Leistung entziehen (§ 66 SGBI).« Ich habe 15 Jahre lang in die Arbeitslosenversicherung eingezahlt und dann wird mein Anspruch infrage gestellt, bevor mir überhaupt zum ersten Mal etwas überwiesen wird.

»Du bist der falsche Typ dafür. Du nimmst das alles viel zu ernst. Du bist viel zu ehrlich. Andere geben erst gar nichts an«, versucht Johannes mich zu trösten und nimmt mich in den Arm.

»Ich bemühe mich so sehr«, schluchze ich. »Und die machen mich nur fertig. Die hindern mich daran, wieder auf die Beine zu kommen.«

»Lass doch die 600 Euro, die sind doch nicht so wichtig«, sagt Johannes.

»Da kommen noch mehr Honorare. Alle Arbeit der letzten Monate war umsonst!«

Ich bin völlig verzweifelt. Ich habe Angst, dass mir das Arbeitslosengeld zusammengestrichen wird oder dass es mir ganz genommen wird, dass ich weder Job noch Gründungszuschuss bekomme. Ich habe Angst, dass ich das nicht schaffe, dass wir bald kein Geld mehr haben, dass ich untergehe.

Es dauert, bis ich mich wieder fange. Ich bekomme rasende Kopfschmerzen, mir wird übel, es bleibt mir nichts, als mich hinzulegen.

Die Sätze des jungen Anwalts hallen nach: »Sie sind ja witzig!«, »Es gibt viele Arbeitslose, die es nicht so genau nehmen!«. Da ist er wieder, dieser Verdacht, der auf nichts als schlechter Meinung basiert: Arbeitslose nutzen den Staat aus. Ich bezweifle das. Ich kenne keinen einzigen, der es »nicht so genau nimmt«. Doch, vor Jahren saß mir einmal eine Bewerberin gegenüber, die hatte die Chuzpe zu sagen: »Ich kann den Job frühestens in drei Monaten annehmen. Ich möchte jetzt erst einmal arbeitslos sein.« Aber das war die einzige Drückebergerin, die ich jemals erlebt habe.

Wenn du deine Stelle verlierst, bist du viel zu sehr mit der Jobsuche beschäftigt und damit, die Situation irgendwie gebacken zu bekommen, als dass du das Arbeitsamt vorsätzlich bescheißen würdest. Die Bundesagentur für Arbeit hat kürzlich Zahlen zum Leistungsmissbrauch von Hartz-IV-Empfängern veröffentlicht. Demnach versuchen nur 1,9 Prozent, die Behörde zu betrügen. Und deswegen verdächtigt man kollektiv alle restlichen 98 Prozent?

»Nein!«, will ich dem Anwalt zurufen. »Ich versuche nur, das alles hinzukriegen, eine gute Arbeitslose zu sein, mein eigenes Geld zu verdienen. Verstehen Sie das nicht?« Ich will dieses Stigma nicht, das er mir aufstülpt. Ich bin nicht so! Außerdem: Er sollte mal lieber abwarten. Wer weiß, ob er nicht irgendwann selbst arbeitslos wird. Arbeitswissenschaftler sagen schon seit Langem voraus, dass Phasen von Arbeitslosigkeit zu einer normalen Berufsbiografie dazugehören werden. Je seltener unbefristete Festanstellungen werden, desto mehr nehmen Erwerbsunterbrechungen zu. Es kann jeden treffen. Jederzeit.

Vielleicht hört dann endlich das Vorurteil auf, dass sich Arbeitslose auf Kosten der Gemeinschaft eine schöne Zeit machen. Das Gegenteil ist der Fall. Arbeitslosigkeit macht krank. Erst jüngst hat der Gesundheitsreport der Betriebskrankenkassen gezeigt, dass Arbeitslose häufiger krank sind und drei Mal so viel Psychopharmaka verschrieben bekommen wie Erwerbstätige.

Nach ein paar Stunden des Leidens erwacht mein Kampfgeist. Ich stehe auf und ziehe mich warm an, ich muss raus an die kalte Luft. »Julia, du schaffst das!«, sage ich mir und stiefele durch den Schnee. »Lass dich von denen nicht kleinkriegen! Sollen sie die ganzen Honorare behalten. Warum sollten sie dir den Gründungszuschuss nicht genehmigen? Rede keine Katastrophen herbei! Warum sollte das nicht klappen mit der Selbstständigkeit? Es gibt Wichtigeres im Leben als Rentenversicherungsbeiträge!« Ich beschließe, mir einen weiteren Monat zu geben. Wenn ich dann noch keinen Job habe, mache ich mich selbstständig. Langsam gewinne ich die Zuversicht wieder, die mir die vergangenen Monate immer wieder abhanden kam. Es ist, als wenn die Sorgen alles überrennen, wenn du sie einmal zulässt. »Damit ist jetzt Schluss!«, rede ich mir zu. Ich kann es mir nicht länger leisten, meine Energie mit Sorgenwälzen zu verbrennen.

Nachdem ich mich einigermaßen gefangen habe, mache ich mich auf den Heimweg. Da läuft mir zufällig eine Mitarbeiterin aus der Exarbeit über den Weg.

»Nächste Woche stehen bei uns wieder Kündigungen an«, erzählt sie und verzieht schmerzhaft das Gesicht. »Es werden mindestens 50 sein. So viel steht schon fest.« Sie seufzt.

»Aber noch weiß niemand, wen es trifft?«

»Nein.«

Ich weiß nicht, was ich entgegnen soll. Soll ich sie beruhigen?, frage ich mich. Etwas sagen in der Art wie »Mach dir mal keine Sorgen, dir werden sie bestimmt nicht kündigen.«? Aber vielleicht fühlt sie sich sicher und ich würde sie mit so einer Bemerkung erst auf die Idee bringen, Angst zu haben? Oder soll ich eine der schlauen Floskeln von mir geben, die ich mir selbst immer wieder vorgesagt habe, noch vorsage, so wie »Das wird schon. Auch nach einer Kündigung geht das Leben weiter. Es kann nur besser werden.«. Oder soll ich versuchen, sie zum Lachen zu bringen und etwas ausmalen wie »Am besten sie kündigen Herrn Roth. Dann gibt es niemanden mehr, der anderen kündigen kann.«. Ich verwerfe alle drei Ideen und schweige lieber weiter. Komisch, obwohl ich doch selbst am besten wissen müsste, was man im Fall einer drohenden Kündigung sagt, weiß ich es nicht.

»Es ist richtig kalt geworden«, sage ich schließlich.

Epilog

Ich schreibe dieses Schlusswort in zuversichtlicher Stimmung. Das ist wichtig zu erwähnen, denn es würde anders ausfallen, wenn ich es in einem Anfall von Existenzangst, die mich noch immer hin und wieder überkommt, verfassen würde.

Der erste Anruf von Herrn Roth liegt jetzt mehr als ein Jahr zurück. Damals war ich fest angestellt, in Elternzeit, und eine Kündigungsfrist von sechs Monaten schützte mich vor einer eventuellen Entlassung (an deren Möglichkeit ich keinen Gedanken verschwendete). Die Zukunft schien klar und sicher. Heute bin ich selbstständig. Die Zukunft ist unklar und unsicher.

Ich weiß: Die nächsten Monate wird uns das Geld zum Leben reichen. Und danach? »Bis dahin kann viel passieren!«, sage ich mir, um mir Mut zu machen. Aber das sage ich mir schon so lange.

Gekündigt zu werden, das war ein Schock für mich. Ich habe nie damit gerechnet, dass es mich selbst einmal treffen würde. Und das, obwohl tagtäglich von Entlassungen die Rede ist und sogar in unserem eigenen Unternehmen über die Jahre mehrmals Mitarbeiter hinausgeworfen wurden, darunter direkte Kollegen von mir.

Ich habe die Kündigung noch immer nicht überwunden. Ich fasse es nicht, dass ich entlassen wurde. Einfach so. Nach 15 guten Jahren. Es ist, als ob dir der Lebensgefährte unerwartet die Tür vor der Nase zuschlagen würde und du mit einem Mal nur noch aus Fragen bestehst: »Warum? Was jetzt? Wohin?«

Auf einmal liegt das Leben wieder offen vor dir. Alles ist möglich. Auch ein Scheitern.

»Mach das Beste draus! Sieh es als Chance«, habe ich mir geradezu beschwörend immer wieder gesagt. Ich habe es versucht, ich versuche es, aber es gelingt mir nicht immer. Die düsteren und destruktiven Momente der Angst und der Zweifel zum Beispiel hätte ich mir doch einfach sparen können. Ich schreibe »hätte« – als wäre es schon vorbei.

Nie hätte ich gedacht, dass es so hart ist, wenn einem gekündigt wird. »Dann suchst du dir halt einen neuen Job«, mehr wäre mir vor dem »Tag Roth« dazu nicht eingefallen. Wie hätte ich wissen sollen, dass es so schwierig sein würde, sich von der Exarbeit zu lösen, in der ich nun einmal 15 Jahre lang den Großteil meiner wachen Zeit verbracht habe. Wie hätte ich wissen sollen, dass es sich so lange hinziehen würde, einen neuen Job zu finden? Wie hätte ich wissen sollen, wie demütigend es ist, von der Bundesagentur für Arbeit abzuhängen?

Niemals hätte ich damit gerechnet, tatsächlich arbeitslos zu werden.

Wenn ich eine Bilanz ziehen wollte, würde sie dennoch nicht nur negativ ausfallen. Dafür habe ich zu viel erlebt und dazugelernt. Ich hatte mehr Freiheiten, konnte flexibler für meine Familie da sein. Ich hatte viel Stress – wenn auch auf andere Art als im Büro. Ich hatte zu viele Ängste und Zweifel, was überhaupt nichts bringt. Ich hatte viele Ideen und Hoffnungen. Ich hatte Erfolge und Rückschläge.

Inzwischen beziehe ich den Gründungszuschuss. Ich habe in der Zwischenzeit noch ein paar Bewerbungsgespräche gehabt – aber nur, wie auch auf den Job des Exkollegen, Absagen kassiert. »Es war ein ganz hartes Rennen. Leider haben wir uns am Ende für jemand anderen entschieden«, solche Sprüche kann ich nicht mehr hören. Für die Zukunft wünsche ich mir einfach, dass Johannes und ich genug verdienen, um unsere Familie über die Runden zu bringen und dass ich nie mehr in die Situation komme, von der Arbeitsagentur abhängig zu sein. Und vor allem: dass mein Bruder gesund bleibt. Ihm geht es gut, er wird bald wieder arbeiten. Bei den Kündigungswellen in seinem Unternehmen hat es ihn bislang nicht erwischt.

Und das ist aus den anderen Personen meines Buchs geworden:

Luc ist selbstständig und hofft, dass er genug Kunden gewinnt, um auf Dauer davon leben zu können.

Auch einige meiner Exkollegen beziehen den Gründungszuschuss. Die anderen haben neue Jobs angenommen, manche sind dafür weggezogen. Eine »Traumstelle« hat keiner von ihnen.

Max ist nicht gekündigt worden und kommt noch immer zu spontanen Jammerbesuchen vorbei. Er lässt seinen Worten (»Es kann so nicht weitergehen») Taten folgen: Er ist fest entschlossen, auszuwandern und bewirbt sich bereits im Ausland.

Auch Jürgen hat noch seinen Job, den er nie wollte.

Sarah ist trotz Teilzeitstelle schon wieder voll im Stress, fast stärker als zuvor. Das liegt daran, dass sie zwar ihre Arbeitszeit reduziert hat, aber die Arbeitsmenge gleich blieb.

Frau Mayer im Ohr ist endlich verstummt. Ich hoffe nicht, dass sie nun anderen Arbeitslosen ein schlechtes Gewissen einredet.

Der Kleine hat demnächst sein erstes Bewerbungsgespräch. Er hat einen Vorstellungstermin in einer Krippe erhalten.

Ella hat meine Arbeitslosigkeit bislang unbeschadet überstanden. Trotzdem wäre es ihr lieber, ich säße die ganze Zeit im Büro – dann könnte ich nicht so sehr auf ihre Mathehausaufgaben achten.

Johannes – danke, Johannes! Ohne dich hätte ich das nicht durchgestanden – hat gerade mehr zu tun. Aber er weiß, dass sich das jederzeit wieder ändern kann.

Mein Vater unterstützt mich weiterhin bei meiner Existenzgründung, so gut er kann.

Meine Mutter hat sich damit abgefunden, dass ich nun selbstständig bin. Es gibt endlich kein Taschengeld mehr.

Herr Roth hat in der Exarbeit inzwischen 50 weitere Mitarbeiter entlassen.

Anhang
Glossar

Abfindung

Eine Abfindung zahlen Arbeitgeber gekündigten Mitarbeitern für den Verlust ihres Arbeitsplatzes. Im Kündigungsschutzgesetz ist die Abfindung bei betriebsbedingter Kündigung geregelt. Die hier festgelegte Höhe der Abfindung beträgt ein halbes Monatsgehalt pro Jahr der Betriebszugehörigkeit.
Im Schnitt erhalten Arbeitnehmer eine Abfindung in Höhe von 12000 Euro. Das hat das Institut der deutschen Wirtschaft in Köln berechnet. Das heißt aber nicht, dass Abfindungen weit verbreitet wären. Laut einer Umfrage der Hans-Böckler-Stiftung erhalten nur 16 Prozent aller gekündigten Mitarbeiter eine Abfindung.
Zum Nachlesen: http://www.gesetze-im-internet.de/kschg
Das Bundesjustizministerium veröffentlicht das Kündigungsschutzgesetz im Internet.

Abwicklungsvereinbarung

In einer Abwicklungsvereinbarung oder einem Abwicklungsvertrag ist das Ende eines Beschäftigungsverhältnisses nach einer Kündigung geregelt. Die Vereinbarung klärt zum Beispiel, ob es eine Abfindung gibt, wie mit noch offenen Urlaubstagen verfahren wird und wann der Dienstwagen zurückgegeben werden muss.

Arbeitsbescheinigung

Wer sich arbeitslos meldet, muss der Arbeitsagentur eine Arbeitsbescheinigung seines bisherigen Arbeitgebers vorlegen. Das Formular gibt die Arbeitsagentur aus, der Arbeitgeber muss es ausfüllen und dem Arbeitnehmer zurückgeben. Dazu ist er laut § 312 SGB III verpflichtet. Die Bescheinigung enthält unter anderem Angaben über die Dauer der Beschäftigung, die wöchentliche Arbeitszeit und den Grund für das Ende des Beschäftigungsverhältnisses.

Arbeitslosengeld

Es gibt Arbeitslosengeld I und Arbeitslosengeld II. Arbeitslosengeld I

erhält, wer lange genug in die Arbeitslosenversicherung eingezahlt hat. In den zwei Jahren vor der Arbeitslosigkeit muss man mindestens 12 Monate versicherungspflichtig beschäftigt gewesen sein. Auch Zeiten der Kindererziehung und Wehr- und Zivildienst werden bei der Ermittlung des Anspruchs berücksichtigt.
Die Höhe richtet sich nach dem Einkommen vor der Arbeitslosigkeit. Mit Kind gibt es 67 Prozent, ohne 60 Prozent des früheren Nettogehalts. Das Arbeitslosengeld I gibt es maximal 12 Monate lang. Ausnahmen gibt es für ältere Arbeitslose: Sie bekommen es ab 50 Jahre bis zu 15 Monate, ab 55 Jahre bis zu 18 Monate und ab 58 Jahre höchstens 24 Monate lang.
Wer während des Bezugs von Arbeitslosengeld I keine neue Stelle findet oder wer keinen Anspruch darauf hat, kann Arbeitslosengeld II beantragen, das auch als »Grundsicherung für Arbeitssuchende« bezeichnet wird.
Das Arbeitslosengeld II wird nicht aus Beiträgen zur Arbeitslosenversicherung, sondern aus Steuern finanziert. Arbeitslosengeld II gibt es nur bei Bedürftigkeit, die von der Behörde überprüft wird. Beispielsweise dürfen bestimmte Vermögensgrenzen nicht überschritten werden. Auch das Einkommen des Lebenspartners wird berücksichtigt.
Zum Nachlesen: http://www.arbeitsagentur.de
Die Bundesagentur für Arbeit erklärt im »Merkblatt für Arbeitslose«, welche Voraussetzungen man erfüllen muss, um Arbeitslosengeld I beantragen zu können. Das Merkblatt kann als PDF-Datei heruntergeladen werden. Auch für das Arbeitslosengeld II gibt es ein Merkblatt. Beide stehen auf der Webseite im Bereich »Bürgerinnen & Bürger« unter »Arbeitslosigkeit«.

Ausgleichsquittung

Die Ausgleichsquittung gibt es am Ende eines Arbeitsverhältnisses. Mit seiner Unterschrift bestätigt der Arbeitnehmer, dass er bestimmte Unterlagen wie das Arbeitszeugnis und die Lohnsteuerkarte erhalten hat und gegenüber dem Arbeitgeber keine Ansprüche mehr hat.
Bevor man eine solche Quittung unterschreibt, empfiehlt es sich, fachkundigen Rat einzuholen. Ansonsten besteht die Gefahr, dass man die Tragweite einer Formulierung übersieht. (Zum Beispiel – ohne es zu wollen – unterschreibt, dass man auf eine Kündigungsschutzklage verzichtet.)

Bewilligungsbescheid

Einen Bewilligungsbescheid verschickt die Arbeitsagentur, sobald sie berechnet hat, wie viel Arbeitslosengeld ein neuer »Kunde« (so nennen die Arbeitsagenturen die von ihnen betreuten Arbeitslosen) erhält. Darin steht, von wann bis wann und in welcher Höhe das Arbeitslosengeld bewilligt wird. Es empfiehlt sich, diesen Bescheid sehr gut zu prüfen. Stimmt etwas nicht, kann man dagegen innerhalb eines Monats Widerspruch einlegen.

Gründungszuschuss

Die Arbeitsagenturen fördern die Existenzgründung von Arbeitslosen. Wer sich selbstständig machen möchte, kann einen Gründungszuschuss beantragen. Dieser wird neun Monate lang in Höhe des Arbeitslosengelds gezahlt, zusätzlich gibt es monatlich 300 Euro für die soziale Absicherung. Anschließend kann der Gründer für weitere sechs Monate 300 Euro für die soziale Absicherung beantragen.
Zu den Voraussetzungen gehört es, ein Businesskonzept vorzulegen, dessen Tragfähigkeit von einer fachkundigen Stelle wie zum Beispiel der Industrie- und Handelskammer bestätigt wurde.
Zum Nachlesen: http://www.arbeitsagentur.de
Die Bundesagentur für Arbeit informiert auf ihrer Internetseite über den Gründungszuschuss – zu erreichen über den Button »Bürgerinnen & Bürger«, »Arbeitslosigkeit«, »Existenzgründung«.

Kündigungsfrist

Die gesetzliche Kündigungsfrist beträgt vier Wochen. So steht es im Bürgerlichen Gesetzbuch. Die Kündigungsfrist verlängert sich mit der Dauer der Betriebszugehörigkeit. Nach zehn Jahren zum Beispiel sind es vier Monate zum Monatsende. Allerdings können Tarifverträge abweichende Regelungen vorsehen.
Zum Nachlesen: http://www.buergerliches-gesetzbuch.info
Das Bürgerliche Gesetzbuch im Internet.

Kündigungsschutz in der Elternzeit

Arbeitnehmer, die in Elternzeit sind, haben einen besonderen Kündigungsschutz. Das ist im Bundeselterngeldgesetz geregelt. Das bedeutet leider nicht, dass man seinen Job 100 Prozent sicher hat. »In besonderen Fällen« ist eine Kündigung eben doch zulässig, zum Beispiel, wenn

der Betrieb oder eine Betriebsabteilung stillgelegt wird oder die Firma in ihrer Existenz gefährdet ist. Will der Arbeitgeber in einem solchen Fall kündigen, braucht er dafür die Zustimmung der für den Arbeitsschutz zuständigen Behörde.
Zum Nachlesen: http://www.gesetze-im-internet.de/beeg/index.html
Das Bundesjustizministerium veröffentlicht das Gesetz zum Elterngeld und zur Elternzeit.
http://www.bmfsfj.de
Das Bundesfamilienministerium informiert über Elterngeld und Elternzeit, zu erreichen unter »Themen-Lotse/Elterngeld«.

Hartz-IV-Reform

Im Jahr 2002 beauftragte der damalige Bundeskanzler Gerhard Schröder eine Kommission mit dem Namen »Moderne Dienstleistungen am Arbeitsmarkt«, Vorschläge zu erarbeiten, um die Arbeitsvermittlung und Arbeitsmarktpolitik zu verbessern. Leiter der 15-köpfigen Kommission war Peter Hartz.
Die Vorschläge der Kommission wurden als »Hartz-Reformen« in den folgenden Jahren in mehreren Schritten umgesetzt. Die größte Veränderung brachte das »Vierte Gesetz für moderne Dienstleistungen am Arbeitsmarkt«, die Hartz-IV-Reform. Mit ihr wurden im Jahr 2005 unter anderem die frühere Arbeitslosenhilfe und Sozialhilfe zum heutigen Arbeitslosengeld II zusammengelegt.

Normalarbeitsverhältnis

Als Normalarbeitsverhältnis gilt eine unbefristete Festanstellung, die voll sozialversicherungspflichtig ist und mindestens mit der Hälfte der durchschnittlichen Wochenarbeitszeit ausgeübt wird (diese lag im Jahr 2009 bei 38 Stunden). Immer weniger Deutsche verfügen über einen solchen Job. Im Jahr 1998 waren es noch 72,6 Prozent der Erwerbstätigen, im Jahr 2008 nur noch 66 Prozent, wie das Statistische Bundesamt berechnet hat. Dafür nehmen die »atypischen Beschäftigungen« zu, wie Zeitarbeit, befristete Jobs, Teilzeitarbeit und geringfügige Beschäftigung unter 400 Euro monatlich.

Sperrzeit

Die Arbeitsagenturen vergeben Sperrzeiten, wenn Arbeitslose ihren Pflichten nicht nachkommen. Bei einer Sperrzeit wird das Arbeits-

losengeld für einen bestimmten Zeitraum gestrichen, also »gesperrt«. Das ist zum Beispiel dann der Fall, wenn man eine Stelle oder Weiterbildung ablehnt, die einem die Arbeitsagentur anbietet, oder wenn man seine »Eigenbemühungen« bei der Jobsuche auf Verlangen nicht nachweisen kann.
Zum Nachlesen: http://www.arbeitsagentur.de
Die Bundesagentur für Arbeit erklärt im »Merkblatt für Arbeitslose«, wann Sperrzeiten drohen – zu erreichen unter »Bürgerinnen & Bürger«, »Arbeitslosigkeit«, »Arbeitslosengeld«.

Zuflussprinzip
Das Zuflussprinzip kommt aus dem Einkommensteuerrecht. Demnach sind Einnahmen in dem Jahr aufzuführen, in dem sie dem Steuerpflichtigen zufließen. Dennoch war die Antwort des jungen Anwalts in meinem Fall (siehe das Kapitel »Das Zuflussprinzip«) nicht richtig. Die Arbeitsagentur hat die Honorare für Arbeiten, die ich vor der Arbeitslosigkeit ausgeführt habe, nicht angerechnet. In § 141 Abs. 1 Satz 1 heißt es, dass Nebeneinkommen »in dem Kalendermonat der Ausübung« zu berücksichtigen ist. Bei Empfängern von Hartz IV sieht es wieder anders aus. Hier hat das Bundessozialgericht das Zuflussprinzip bestätigt. All das zeigt: Wer Fragen zum Zuflussprinzip hat, sollte sich unbedingt von einem Fachkundigen beraten lassen.

Zumutbarkeit
Wer Arbeitslosengeld bezieht, darf nicht einfach einen Job ablehnen. Man muss bereit sein, »jede zumutbare Beschäftigung« anzunehmen, wie es im »Merkblatt für Arbeitslose« heißt. Als »zumutbar« gilt eine Arbeit, die nicht der Ausbildung oder bisherigen Tätigkeit entspricht, für die ein Umzug notwendig ist oder die schlechtere Bedingungen als die alte Stelle hat. So gilt zum Beispiel eine Bezahlung, die bis zu 30 Prozent unter dem tariflichen Arbeitslohn liegt, als zumutbar. Bei Hartz-IV-Empfängern sind die Kriterien der Zumutbarkeit deutlich schärfer.
Zum Nachlesen: http://www.arbeitsagentur.de
Im »Merkblatt für Arbeitslose« wird auch erklärt, welche Jobs zumutbar sind – zu erreichen unter »Bürgerinnen & Bürger«, »Arbeitslosigkeit«, »Arbeitslosengeld«.

Tipps für den Ernstfall: Die ersten Schritte nach der Kündigung

Es gibt Schrecklicheres, als gekündigt zu werden. Einerseits. Andererseits ist gekündigt zu werden schon schrecklich genug. Denn es geht dabei um mehr als den Verlust eines Arbeitsplatzes. Gekündigte überwältigt ein Strudel an Emotionen, darunter die Angst um die finanzielle Existenz und die Enttäuschung über den Rausschmiss, der häufig am Selbstwertgefühl kratzt. Zu den größten Herausforderungen bei einer Kündigung gehört es, sich dennoch nicht aus der Bahn werfen zu lassen und einen klaren Kopf zu behalten.

1. Rechtlichen Rat einholen

Das beginnt schon im Kündigungsgespräch. Hier ist die wichtigste Regel: Ruhe bewahren und nichts Unbedachtes tun (und äußern). Oder, um es mit den Worten des jungen Anwalts meines Berufsverbands zu formulieren: »Unterschreiben Sie nichts.«

Eine Kündigung ist ein arbeitsrechtlicher Vorgang und alles, was damit verbunden ist – wie eine mögliche Abfindung oder Freistellung oder eine Kündigungsschutzklage –, wirft Fragen auf, die ein juristischer Laie nicht beantworten kann. Wer zum Beispiel eine Aufhebungsvereinbarung unterschreibt, riskiert eine Sperrzeit beim Arbeitslosengeld. Es ist unbedingt nötig, rechtlichen Rat einzuholen. Das gilt selbst dann, wenn die Situation klar zu sein scheint, es sei denn, Sie sind selbst Fachanwalt für Arbeitsrecht. Auch wer »nur« Angst hat, seinen Job zu verlieren, profitiert von einer Beratung – es lohnt sich, um für den Fall der Fälle gut informiert zu sein.

Kompetente Ansprechpartner sind Betriebsräte, Gewerkschaften, Berufsverbände und gemeinnützige Beratungsstellen. Eine bundesweite Adresssuche von Beratungsstellen, bei denen man kostenlos Unterstützung erhält, gibt es auf der Webseite www.erwerbslos.de/address.html, die von der Koordinierungsstelle gewerkschaftlicher Arbeitslosengruppen betrieben wird. Unter der Nummer 030/86876700 kann man sogar telefonisch nachfragen. Hilfreich ist auch die Publikation »Erste Hilfe bei (bevorstehender) Arbeitslosigkeit« der Koordinierungsstelle, die für ein paar Euro bestellt werden kann (siehe Literaturempfehlungen).

2. Sich arbeitslos melden

Genauso wichtig wie der Gang zum Anwalt ist es, die Bundesagentur für Arbeit so bald wie möglich aufzusuchen. Wer sich hier nicht rechtzeitig meldet, muss damit rechnen, dass das Arbeitslosengeld erst später gezahlt wird. Alles, worauf Sie achten müssen, steht im »Merkblatt für Arbeitslose«, das auf der Webseite der Bundesagentur für Arbeit als PDF-Datei heruntergeladen werden kann (siehe Links).

»Sie sind verpflichtet, sich spätestens drei Monate vor der Beendigung Ihres Arbeits- oder Ausbildungsverhältnisses persönlich bei der Agentur für Arbeit arbeitssuchend zu melden«, heißt es hier gleich auf der ersten Seite und weiter »Liegen zwischen der Kenntnis des Beendigungszeitpunktes und der Beendigung des Arbeits- und Ausbildungsverhältnisses weniger als drei Monate, müssen Sie sich innerhalb von drei Tagen nach Kenntnis des Beendigungszeitpunktes melden.« Tun Sie das nicht, so kann die Arbeitsagentur eine Sperrzeit von einer Woche verhängen, das heißt, dass das Arbeitslosengeld so lange nicht gezahlt wird. Das gilt nicht nur im Falle einer Kündigung, sondern auch bei einem befristeten Arbeitsverhältnis.

Für diese erste Meldung reicht es, wenn Sie bei der Arbeitsagentur anrufen und einen Termin vereinbaren. Die Hotline-Nummer ist 01801/555111 (von acht bis 18 Uhr zu erreichen).

3. Vorsicht bei den Formularen

Mit dem Anruf ist es nicht getan. In den nächsten Wochen werden Sie mehrmals bei der örtlichen Arbeitsagentur vorbeikommen müssen, zum Beispiel, um sich dort persönlich zu melden und um den Antrag auf Arbeitslosengeld abzugeben. Nehmen Sie sich Zeit, die Antragsformulare sorgfältig auszufüllen, und lassen Sie sich auch hier im Zweifelsfall beraten.

Sobald der Sachbearbeiter Ihren Anspruch auf Arbeitslosengeld geprüft hat, erhalten Sie im günstigsten Fall einen »Bewilligungsbescheid« per Post. Darin wird mitgeteilt, wie lange und in welcher Höhe die staatliche Unterstützung gezahlt wird. Ich empfehle aus eigener Erfahrung, auch mit dem Bescheid einen Anwalt oder eine Beratungsstelle aufzusuchen. Bei Fehlern ist innerhalb von vier Wochen Widerspruch möglich.

4. Sich ums Zeugnis kümmern

Wichtig für Ihre Jobsuche ist ein Arbeitszeugnis, das Erfahrungen und Leistungen in der letzten Position nachweist. Normalerweise ist das Zeugnis Thema beim Kündigungsgespräch. Falls nicht: Fragen Sie nach. Je früher Sie es für Ihre Bewerbungen zur Verfügung haben, desto besser.

Nehmen Sie sich dennoch unbedingt die Zeit, das Zeugnis prüfen zu lassen. Arbeitnehmer haben Anspruch auf ein wohlwollendes Zeugnis, der Arbeitgeber darf seinem scheidenden Mitarbeiter keine Steine in den Weg legen. Für Laien ist es schwierig zu beurteilen, wie gut oder schlecht ein Zeugnis ist. Es ist auf jeden Fall empfehlenswert, auch hier fachlichen Rat einzuholen. Sie können sich zum Beispiel an eine Gewerkschaft wenden oder eine professionelle Zeugnisberatung in Anspruch nehmen, die das Zeugnis gegen Geld beurteilt.

Die Gewerkschaft ver.di bietet beispielsweise Zeugnisberatung: – www.verdi-arbeitszeugnisberatung.de –, ein professioneller Anbieter ist zum Beispiel die Firma Personalmanagement Service GmbH, zu erreichen unter www.arbeitszeugnis.de.

5. Regeln der Arbeitsagentur kennen

Während des Bezugs von Arbeitslosengeld müssen Sie sich an einige Regeln halten. Diese stehen alle im bereits erwähnten »Merkblatt für Arbeitslose«, das als Anhang ein ausführliches Stichwortverzeichnis hat.

Zum Beispiel können Sie nicht einfach wegfahren, weil jetzt endlich einmal Zeit dazu ist. »Sie müssen für Ihre Agentur für Arbeit immer erreichbar sein. Erreichbar im Sinne der gesetzlichen Vorschriften bedeutet, dass Sie an jedem Werktag von Briefsendungen der Agentur für Arbeit in Ihrer Wohnung Kenntnis nehmen können«, heißt es im Merkblatt. Genau genommen müssen Sie sogar dann, wenn Sie an einem Werktag ganztags nicht da sind, der Arbeitsagentur Bescheid geben. Wer einfach wegfährt, ohne sich zuvor die Zustimmung der Arbeitsagentur zu holen, riskiert, dass ihm als Strafe eine Sperrzeit verpasst wird.

Eine weitere Regel, die jeder Gekündigte für eine Selbstverständlichkeit hält (was die Arbeitsagentur nicht davon abhält, im Merkheft und im Antrag auf Arbeitslosengeld darauf hinzuweisen): Kunden der Arbeitsagentur sind »verpflichtet, eigenverantwortlich nach einer Beschäftigung zu suchen« und »eine zumutbare Beschäftigung aufzunehmen«. (Was darunter zu verstehen ist, lesen Sie im Glossar unter dem Stichpunkt Zumutbarkeit.)

6. Sich ums Geld kümmern

Das Arbeitslosengeld bedeutet einen herben Einkommensverlust. Es beträgt nur 60 Prozent, bei Arbeitslosen mit Familie 67 Prozent des früheren Nettoverdienstes.

Was viele nicht wissen, ist: Bezieher von Arbeitslosengeld dürfen etwas dazuverdienen, solange der zeitliche Aufwand dafür nicht mehr als 15 Stunden wöchentlich beträgt. Unabhängig von der Höhe des Arbeitslosengelds gibt es einen monatlichen Freibetrag von 165 Euro, was darüber hinaus verdient wird, wird auf das Arbeitslosengeld angerechnet. Zu diesem Thema gibt die Bundesagentur für Arbeit ein eigenes Faltblatt heraus: »Wissenswertes zum Thema Nebeneinkommen«, das als PDF-Datei von der Webseite www.arbeitsagentur.de heruntergeladen werden kann. (Gehen Sie auf den Menüpunkt »Bürgerinnen & Bürger«, dann auf »Arbeitslosigkeit«, »Arbeitslosengeld« und »Nebenverdienst«.)

Außerdem gibt es die Möglichkeit, zusätzlich zum Arbeitslosengeld weitere staatliche Hilfen zu beantragen: den Kinderzuschlag, Wohngeld und Arbeitslosengeld II. Am besten, Sie informieren sich bei einer der Beratungsstellen, die Sie über die Adressliste auf der Webseite www.erwerbslos.de finden (siehe auch Punkt 1).

Die Bundesagentur für Arbeit gibt zwei Broschüren über sämtliche finanzielle Hilfen heraus. Eine richtet sich nur an Arbeitslosengeld-I-Empfänger, die andere informiert auch über Arbeitslosengeld II. Sie nennen sich »Was? Wie viel? Wer? Finanzielle Hilfen auf einen Blick« und sind auf der Webseite unter dem Menüpunkt »Bürgerinnen & Bürger«, »Finanzielle Hilfen« zu erreichen.

Auch für Bewerbungskosten kann es finanzielle Unterstützung geben. Der richtige Ansprechpartner dafür ist Ihr zuständiger Arbeitsvermittler.

Bei mir hat es Sinn gemacht, unsere Haushaltskosten auf den Prüfstand zu stellen. Durch Tarifwechsel und die Kündigung oder das Ruhenlassen von Versicherungsverträgen konnte ich einen deutlichen Spareffekt erreichen. Anregungen und Tipps dazu gibt es zum Beispiel von den Verbraucherzentralen. Die Verbraucherzentrale Nordrhein-

Westfalen veröffentlicht unter anderem den Ratgeber »Das Haushaltsbuch«, der 5,90 Euro kostet (siehe Literaturempfehlungen).

7. Bewerbungen vorbereiten

Für die Jobsuche gibt es auf der Webseite www.arbeitsagentur.de mehrere kostenfreie Ratgeber-Broschüren für verschiedene Zielgruppen. Gehen Sie auf »Bürgerinnen & Bürger«, dann auf »Arbeit und Beruf«, dann auf »Arbeits-/Jobsuche«. Unter der Adresse www.berufe.tv/BA gibt es sogar Bewerbungstrainings in Form von Filmen.

Wenn Sie sich für ein Bewerbungsseminar interessieren, sprechen Sie Ihren Arbeitsvermittler darauf an. Er kann eine entsprechende Weiterbildung genehmigen.

Worauf es bei den Bewerbungsunterlagen zu achten gilt, erfahren Sie in den oben genannten Ratgebern. Vielleicht helfen Ihnen dennoch einige persönliche Erfahrungen aus meiner Bewerbungszeit: Bei mir hat es sich ausgezahlt, eine Standardbewerbung anzufertigen. Dafür habe ich nicht nur ein teures Foto machen lassen, auch beim Layout habe ich mir von einem Profi, einer Grafikerin, helfen lassen.

Für jede neue Stelle, auf die ich mich beworben habe, habe ich zwar darauf zurückgegriffen, sie dann aber individuell angepasst. Das heißt: Das Anschreiben neu formulieren, sodass es exakt auf die Positionsbeschreibung der Stellenanzeige passte, dasselbe gilt für den Lebenslauf, auch die anderen Unterlagen wie Arbeitsproben habe ich neu zusammengestellt. Das war jedes Mal viel Mühe, die sich aber gelohnt hat: Ich wurde bei vielen Bewerbungen auch zum Vorstellen eingeladen.

Für mich war das Wichtigste beim Auswahlgespräch die Vorbereitung. Es mag Menschen geben, die so einen Termin spontan bravourös meistern, aber ich war schon allein dadurch weniger nervös, dass ich wusste, alles für ein gutes Gelingen getan zu haben. Ich habe Tage vorher begonnen, mich über das Unternehmen und die Branche zu informieren. So konnte ich mitreden, wenn das Gespräch auf aktuelle Entwicklungen kam und wenn meine Einschätzung zu bestimmten fachlichen Fragen gewünscht war. Ich habe sogar die Organisationsstruktur und Mitarbeiter, die ich im Bewerbungsgespräch hätte treffen können, über die Unternehmenswebseite im Internet recherchiert. Das hat mir bei der Vorstellungsrunde geholfen. Es fiel mir dadurch leichter, mir die Namen der Gesprächspartner zu merken.

Wenn Sie dieses Buch bis zum Ende gelesen haben, wissen Sie, dass ich dennoch keine Jobzusage bekam. Natürlich habe ich mich jedes Mal gefragt, woran es wohl gelegen hat. Teilweise habe ich darüber auch mit den Entscheidern gesprochen. Die Gründe, die mir genannt wurden, waren stets fachlicher Art. Der andere Bewerber hatte Erfahrungen vorzuweisen, die ich selbst nicht hatte. Aber war das wirklich der Grund? Vielleicht hatte ich mich auch nicht gut genug verkauft oder der andere Kandidat war sympathischer oder schien besser zu passen? Das wird nie zu erfahren sein. Im Grunde will ich Ihnen damit nur eines sagen: Absagen zu erhalten, ist normal. Als Bewerber muss man wohl oder übel lernen, das wegzustecken.

8. Netzwerke nutzen

Arbeitslosengruppen sowie gemeinnützige Initiativen (siehe die Adress-Empfehlungen unter Punkt 1), bieten meist nicht nur rechtliche Beratung, sondern auch die Möglichkeit, sich mit anderen Betroffenen auszutauschen. So ein Netzwerk kann viel bringen. Zum einen hilft es, das eigene Gekündigtenschicksal zu relativieren: Es ist eben nicht so, dass man der oder die Einzige ohne Job ist (selbst wenn es im Freundeskreis so sein mag). Zum anderen kann der Austausch von Erfahrungen und Tipps zu neuen Impulsen und Ideen führen.

9. Alternativen überlegen: Beispiel Selbstständigkeit

Nach einer Kündigung ist es sehr wichtig, alle Optionen in Betracht zu ziehen und sich zu fragen: Was will ich machen? Wo will ich hin? So kann in der Kündigung tatsächlich die Chance liegen, beruflich weiterzukommen – wenn vielleicht auch auf andere Art als bislang gedacht.
Die Alternative der Selbstständigkeit zum Beispiel wird von der Bundesagentur für Arbeit gefördert. Wie eine Studie des Deutschen Wirtschaftsinstituts Köln und des Instituts zur Zukunft der Arbeit zeigt, ist der Großteil dieser geförderten Existenzgründungen erfolgreich. Die Wissenschaftler befragten Gründer fünf Jahre nach dem Start in die Selbstständigkeit: Zwei Drittel waren immer noch selbstständig, 20 Prozent hatten inzwischen eine sozialversicherungspflichtige Stelle angenommen, zehn Prozent hatten sich erneut arbeitslos gemeldet.
Wer sein eigener Chef werden will, kann bei der Arbeitsagentur einen Gründungszuschuss beantragen. Die Arbeitsagentur informiert über die Voraussetzungen, zu denen auch der Nachweis der fachlichen Kenntnisse und ein Tragfähigkeitskonzept gehören, in Broschüren,

die auf der Webseite www.arbeitsagentur zum Download angeboten werden. Gehen Sie auf den Link »Bürgerinnen & Bürger«, dann auf »Arbeitslosigkeit« und »Existenzgründung«. Siehe auch Literaturempfehlungen.

10. Beim neuen Job aufpassen

Wenn Sie es geschafft haben und eine Zusage für einen neuen Job erhalten, nehmen Sie sich Zeit, den Arbeitsvertrag durchzulesen. Am besten, Sie suchen eine fachkundige Stelle auf, um sich beraten zu lassen. Wie meine Geschichte zeigt, kommt es im Ernstfall auf die Details an. Wenn ich etwas aus den vergangenen Monaten gelernt habe, dann: in beruflichen Dingen nicht mehr so leicht zu vertrauen. In Zukunft werde ich lieber einmal zu viel um Rat fragen als zu wenig.

11. Das Internet richtig nutzen

Das Internet kann eine große Hilfe bei der Jobsuche sein, aber auch eine Falle. Denn Personalabteilungen sind längst dazu übergegangen, Informationen über Bewerber im Netz zu suchen. Nach einer Studie im Auftrag des Bundesverbraucherministeriums ziehen 28 Prozent der Unternehmen das Internet bei der Vorauswahl von Bewerbern zurate. Bei größeren Firmen ist es sogar fast jede zweite. Vor allem Hobbys und soziales Engagement interessieren die Personalentscheider. Wer bei der Internetrecherche negativ auffällt, wird gar nicht erst zum Vorstellungsgespräch eingeladen.
Zur Jobsuche gehört daher inzwischen, nicht nur das Internet nach Stellenangeboten zu durchforsten, sondern auch Online-Reputation-Management zu betreiben. Das bedeutet: die Informationen über sich im Internet zu kontrollieren. Am besten ist es, wenn Sie hin und wieder Ihren Namen in eine Suchmaschine eingeben. Sobald Sie Einträge finden, die negativ auf Sie zurückfallen können, nehmen Sie Kontakt mit der jeweiligen Webseite auf und bitten darum, diese zu löschen. Das Einfachste ist natürlich vorzubeugen. Es ist verständlicherweise denkbar ungünstig, sich unter vollem Namen online über den Chef zu mokieren, feuchtfröhliche Partybilder ins Netz zu stellen oder Beiträge in Foren für Hypochonder oder andere auffällige Zeitgenossen zu posten. Achten Sie auch bei sozialen Netzwerken darauf, welche Informationen über sich Sie aller Welt zur Verfügung stellen.

Links

http://www.arbeitsagentur.de
An dieser Seite kommt kein Arbeitsloser vorbei. Sämtliche Merk- und Pflichtblätter stehen hier zum Download.
Die Merkblätter stehen alle unter »Bürgerinnen & Bürger«, »Arbeitslosigkeit« unter dem jeweiligen Thema.

http://www.existenzgruender.de
Wer je daran denken sollte, sich selbstständig zu machen, ist hier richtig. Die Seite ist vom Bundeswirtschaftsministerium und enthält viele Tipps und Vorlagen (zum Beispiel auch für einen Businessplan).

http://www.erwerbslos.de
Diese Webseite wird von der »Koordinierungsstelle gewerkschaftlicher Arbeitslosengruppen« angeboten. Das ist eine gute Anlaufstelle für die erste Zeit nach der Kündigung. Hier gibt es Ratgeber und Links zu Beratungsstellen und Selbsthilfegruppen.

http://www.jobrapido.de
Die Jobsuchmaschine durchforstet das Internet laufend nach Stellenanzeigen. Sie liegt laut einem Ranking des Branchenverbands Bitkom auf Rang vier der beliebtesten Jobseiten. Ebenfalls gut besucht: www.arbeitsagentur.de, www.meinestadt.de und www.stepstone.de.

http://www.pub.arbeitsagentur.de/alt.html
Die Bundesagentur für Arbeit bietet einen Online-Rechner an, mit dem man die Höhe seines Arbeitslosengelds selbst berechnen kann.

http://www.tacheles-sozialhilfe.de/
Der Verein Tacheles informiert im Internet über Arbeitslosengeld II. Es gibt unter anderem ein Adressverzeichnis von Beratungsstellen und ein Diskussionsforum.

Literaturempfehlungen

Frank Jäger, Martin Künkler: Erste Hilfe bei (bevorstehender) Arbeitslosigkeit, Koordinierungsstelle gewerkschaftlicher Arbeitslosengruppen, 2009.
Der Ratgeber kann per Post, Fax oder E-Mail unter folgender Adresse bestellt werden: Koordinierungsstelle gewerkschaftlicher Arbeitslosengruppen, Märkisches Ufer 28, 10179 Berlin, Tel.: 030/8687670–0, Fax: 030/8687670–21, info@erwerbslos.de, oder unter http://www.erwerbslos.de – unter »Ratgeber und Flyer« gibt es einen Bestellzettel in Word- und PDF-Format.

Marie Jahoda, Paul F. Lazarsfeld, Hans Zeisel: Die Arbeitslosen von Marienthal. Ein soziografischer Versuch. Suhrkamp Verlag 1975.
Die Forschungsgruppe hat erstmals untersucht, wie sich Arbeitslosigkeit auf das Leben der Betroffenen im Einzelnen und als Gemeinschaft auswirkt. Das war 1930. Ihre Studie ist ein Klassiker der empirischen Sozialforschung und auch heute unbedingt lesenswert.

»Hinweise und Hilfen zur Existenzgründung. Gründungszuschuss. Ein Wegweiser für den Schritt in die Selbstständigkeit«. Bundesagentur für Arbeit, August 2009.
Zu erreichen ist die Publikation unter der Web-Adresse www.arbeitsagentur.de unter dem Menüpunkt »Bürgerinnen & Bürger«, »Arbeitslosigkeit«, »Existenzgründung«, »Beratung zur Existenzgründung«.

»Jobprofi – Ihr Trainingsprogramm zum neuen Job«. Bundesagentur für Arbeit, 2008.
Dieser Bewerbungsratgeber der Bundesagentur für Arbeit kann als PDF-Datei kostenlos heruntergeladen werden. Gegen eine geringe Gebühr wird er auch verschickt.
Zu erreichen ist die Publikation unter der Web-Adresse http://www.ba-bestellservice.de – einfach den Begriff »Jobprofi« in die Suchmaske eingeben.

Oliver Mest: Schmerzfrei sparen. Campus 2009.

Verbraucherzentrale Nordrhein-Westfalen: Das Haushaltsbuch. »Unternehmen Haushalt« – alle Finanzen im Griff. Ausgaben und Einnahmen für 12 Monate. Düsseldorf 2009.

Der Ratgeber kann bei der Verbraucherzentrale Nordrhein-Westfalen online bestellt werden. Die Adresse ist www.vz-nrw.de, auf den Menüpunkt Ratgeber klicken.